《冰冻圈变化及其影响研究》系列丛书得到下列项目资助

- 全球变化国家重大科学研究计划
  "冰冻圈变化及其影响研究"项目（2013CBA01800）

- 国家自然科学基金创新群体项目
  "冰冻圈与全球变化"（41421061）

- 国家自然科学基金重大项目
  "中国冰冻圈服务功能形成过程及其综合区划研究"（41690140）

本书由下列项目资助

- 全球变化国家重大科学研究计划"冰冻圈变化及其影响研究"项目课题
  "气候系统模式中冰冻圈分量模式的集成耦合及气候变化模拟试验"
  （2013CBA01805）

全球气候系统中冰冻圈的模拟研究

林岩銮　王　磊　苏　洁　董文浩等　著

科学出版社

北京

内 容 简 介

本书从冰冻圈分量模式与气候系统的关系入手,介绍了国际上包括积雪、冻土、海冰、冰川冰盖等模式的发展经历以及我国近些年在冰冻圈模式方面取得的一些成果和进展;结合冰冻圈观测介绍了过去几十年全球冰冻圈变化事实,并在此基础上利用全球和区域模式的结果分析评估了模式对冰冻圈要素的模拟能力和改进;展望了冰冻圈分量模式的未来发展趋势。

本书可供气象、地理、环境、水文、生态、社会经济尤其是侧重全球气候模式、冰冻圈气候模拟、冰冻圈分量模式开发等相关领域的科研人员、政府管理部门有关人员以及高校师生参考。

图书在版编目(CIP)数据

全球气候系统中冰冻圈的模拟研究 / 林岩銮等著 . —北京:科学出版社,2019.1

(冰冻圈变化及其影响研究 / 丁永建主编)

"十三五"国家重点出版物出版规划项目

ISBN 978-7-03-058135-8

Ⅰ. ①全… Ⅱ. ①林… Ⅲ. ①冰川学–气候模拟–研究 Ⅳ. ①P343.6

中国版本图书馆 CIP 数据核字(2018)第 135030 号

责任编辑:周 杰 / 责任校对:樊雅琼
责任印制:张 伟 / 封面设计:黄华斌

科学出版社 出版
北京东黄城根北街 16 号
邮政编码:100717
http://www.sciencep.com

北京虎彩文化传播有限公司 印刷
科学出版社发行 各地新华书店经销
*
2019 年 1 月第 一 版 开本:787×1092 1/16
2019 年 1 月第一次印刷 印张:12 1/2
字数:300 000
定价:138.00 元
(如有印装质量问题,我社负责调换)

全球变化国家重大科学研究计划
"冰冻圈变化及其影响研究"（2013CBA01800）项目

项目首席科学家　丁永建
项目首席科学家助理　效存德

项目第一课题 "山地冰川动力过程、机理与模拟"，课题负责人：
　　　　　　　　任贾文、李忠勤
项目第二课题 "复杂地形积雪遥感及多尺度积雪变化研究"，课题
　　　　　　　　负责人：张廷军、车涛
项目第三课题 "冻土水热过程及其对气候的响应"，课题负责人：
　　　　　　　　赵林、盛煜
项目第四课题 "极地冰雪关键过程及其对气候的响应机理研究"，
　　　　　　　　课题负责人：效存德
项目第五课题 "气候系统模式中冰冻圈分量模式的集成耦合及气候
　　　　　　　　变化模拟试验"，课题负责人：林岩銮、王磊
项目第六课题 "寒区流域水文过程综合模拟与预估研究"，课题负
　　　　　　　　责人：陈仁升、张世强
项目第七课题 "冰冻圈变化的生态过程及其对碳循环的影响"，课
　　　　　　　　题负责人：王根绪、宜树华
项目第八课题 "冰冻圈变化影响综合分析与适应机理研究"，课题
　　　　　　　　负责人：丁永建、杨建平

《冰冻圈变化及其影响研究》丛书编委会

《全球气候系统中冰冻圈的模拟研究》
著 者 名 单

主　　笔

　　　林岩銮

成　　员（按姓氏汉语拼音排序）

　　　曹殿斌　陈莹莹　董文浩　黄建斌

　　　齐　嘉　苏　洁　宋　蕾　王澄海

　　　王　磊　肖　遥　姚　瑶　张　通

总序一

　　1972 年世界气象组织（WMO）在联合国环境与发展大会上首次提出了"冰冻圈"（又称"冰雪圈"）的概念。20 世纪 80 年代全球变化研究的兴起使冰冻圈成为气候系统的五大圈层之一。直到 2000 年，世界气候研究计划建立了"气候与冰冻圈"核心计划（WCRP-CliC），冰冻圈由以往多关注自身形成演化规律研究，转变为冰冻圈与气候研究相结合，拓展了研究范畴，实现了冰冻圈研究的华丽转身。水圈、冰冻圈、生物圈和岩石圈表层与大气圈相互作用，称为气候系统，是当代气候科学研究的主体。进入 21 世纪，人类活动导致的气候变暖使冰冻圈成为各方瞩目的敏感圈层。冰冻圈研究不仅要关注其自身的形成演化规律和变化，还要研究冰冻圈及其变化与气候系统其他圈层的相互作用，以及对社会经济的影响、适应和服务社会的功能等，冰冻圈科学的概念逐步形成。

　　中国科学家在冰冻圈科学建立、完善和发展中发挥了引领作用。早在 2007 年 4 月，在科学技术部和中国科学院的支持下，中国科学院在兰州成立了国际上首次以冰冻圈科学命名的"冰冻圈科学国家重点实验室"。是年七月，在意大利佩鲁贾（Perugia）举行的国际大地测量和地球物理学联合会（IUGG）第 24 届全会上，国际冰冻圈科学协会（IACS）正式成立。至此，冰冻圈科学正式诞生，中国是最早用"冰冻圈科学"命名学术机构的国家。

　　中国科学家审时度势，根据冰冻圈科学的发展和社会需求，将冰冻圈科学定位于冰冻圈过程和机理、冰冻圈与其他圈层相互作用以及冰冻圈与可持续发展研究三个主要领域，摆脱了过去局限于传统的冰冻圈各要素独立研究的桎梏，向冰冻圈变化影响和适应方向拓展。尽管当时对后者的研究基础薄弱、科学认知也较欠缺，尤其是冰冻圈影响的适应研究领域，则完全空白。2007 年，我作为首席科学家承担了国家重点基础研究发展计划（973 计划）项目"我国冰冻圈动态过程及其对气候、水文和生态的影响机理与适应对策"任务，亲历其中，感受深切。在项目设计理念上，我们将冰冻圈自身的变化过程及其对气候、水文和生态的影响作为研究重点，尽管当时对冰冻圈科学的内涵和外延仍较模糊，但项目组骨干成员反复讨论后，提出了"冰冻圈—冰冻圈影响—冰冻圈影响的适应"这一主体研究思路，这已经体现了冰冻圈科学的核心理念。当时将冰冻圈变化影响的脆弱性和适应性研究作为主要内容之一，在国内外仍属空白。此种情况下，我们做前人未做之事，大胆实践，实属创新之举。现在回头来看，其又具有高度的前瞻性。通过这一项目研究，不仅积累了研究经验，更重要的是深化了对冰冻圈科学内涵和外延的认识水平。在此基础上，通过进一步凝练、提升，提出了冰冻圈"变化—影响—适应"的核心科学内涵，并成为开展重大研究项目的指导思想。2013 年，全球变化研究国家重大科学研究计划首次设立了重大科学目标导向项目，即所谓的"超级973"项目，在科学技术部支持下，丁永建研究员担任首席科学家的"冰冻圈变化及其影响研究"项目成功入选。项目经过4年实施，已经进入成果总结期。该丛书就是对上述一系列研究成果的系统总结，期待通过该丛书的出版，对丰富冰冻圈科学的研究内容、夯实冰冻圈科学的研究基础起到承前启后的作用。

该丛书共有9册，分8册分论及1册综合卷，分别为《山地冰川物质平衡和动力过程模拟》《北半球积雪及其变化》《青藏高原多年冻土及变化》《极地冰冻圈关键过程及其对气候的响应机理研究》《全球气候系统中冰冻圈的模拟研究》《冰冻圈变化对中国西部寒区径流的影响》《冰冻圈变化的生态过程与碳循环影响》《中国冰冻圈变化的脆弱性与适应研究》及综合卷《冰冻圈变化及其影响》。丛书针对冰冻圈自身的基础研究，主要围绕冰冻圈研究中关注点高、瓶颈性强、制约性大的一些关键问题，如山地冰川动力过程模拟，复杂地形积雪遥感反演，多年冻土水热过程以及极地冰冻圈物质平衡、不稳定性等关键过程，通过这些关键问题的研究，对深化冰冻圈变化过程和机理的科学认识将起到重要作用，也为未来冰冻圈变化的影响和适应研究夯实了冰冻圈科学的认识基础。针对冰冻圈变化的影响研究，从气候、水文、生态几个方面进行了成果梳理，冰冻圈与气候研究重点关注了全球气候系统中冰冻圈分量的模拟，这也是国际上高度关注的热点和难点之一。在冰冻圈变化的水文影响方面，对流域尺度冰冻圈全要素水文模拟给予了重点关注，这也是全面认识冰冻圈变化如何在流域尺度上以及在多大程度上影响径流过程和水资源利用的关键所在；针对冰冻圈与生态的研究，重点关注了冰冻圈与寒区生态系统的相互作用，尤其是冻土和积雪变化对生态系统的影响，在作用过程、影响机制等方面的深入研究，取得了显著的研究成果；在冰冻圈变化对社会经济领域的影响研究方面，重点对冰冻圈变化影响的脆弱性和适应进行系统总结。这是一个全新的研究领域，相信中国科学家的创新研究成果将为冰冻圈科学服务于可持续发展，开创良好开端。

系统的冰冻圈科学研究，不断丰富着冰冻圈科学的内涵，推动着学科的发展。冰冻圈脆弱性和风险是冰冻圈变化给社会经济带来的不利影响，但冰冻圈及其变化同时也给社会带来惠益，即它的社会服务功能和价值。在此基础上，冰冻圈科学研究团队于2016年又获得国家自然科学重大基金项目"中国冰冻圈服务功能形成机理与综合区划研究"的资助，从冰冻圈变化影响的正面效应开展冰冻圈在社会经济领域的研究，使冰冻圈科学从"变化—影响—适应"深化为"变化—影响—适应—服务"，这表明中国科学家在推动冰冻圈科学发展的道路上不懈的思考、探索和进取精神！

该丛书的出版是中国冰冻圈科学研究进入国际前沿的一个重要标志，标志着中国冰冻圈科学开始迈入系统化研究阶段，也是传统只关注冰冻圈自身研究阶段的结束。在这继往开来的时刻，希望《冰冻圈变化及其影响》丛书能为未来中国冰冻圈科学研究提供理论、方法和学科建设基础支持，同时也希望对那些对冰冻圈科学感兴趣的相关领域研究人员、高等院校师生、管理工作者学习有所裨益。

秦大河

中国科学院院士

2017年12月

总序二

冰冻圈是气候系统的重要组成部分，在全球变化研究中具有举足轻重的作用。在科学技术部全球变化研究国家重大科学研究计划支持下，以丁永建研究员为首席的研究团队围绕"冰冻圈变化及其影响研究"这一冰冻圈科学中十分重要的命题开展了系统研究，取得了一批重要研究成果，不仅丰富了冰冻圈科学研究积累，深化了对相关领域的科学认识水平，而且通过这些成果的取得，极大地推动了我国冰冻圈科学向更加广泛的领域发展。《冰冻圈变化及其影响》系列专著的出版，是冰冻圈科学向深入发展、向成熟迈进的实证。

当前气候与环境变化已经成为全球关注的热点，其发展的趋向就是通过科学认识的深化，为适应和减缓气候变化影响提供科学依据，为可持续发展提供强力支撑。冰冻圈科学是一门新兴学科，尚处在发展初期，其核心思想是将冰冻圈过程和机理研究与其变化的影响相关联，通过冰冻圈变化对水、生态、气候等的影响研究，将冰冻圈与区域可持续发展联系起来，从而达到为社会经济可持续发展提供科学支撑的目的。该项目正是沿着冰冻圈变化—影响—适应这一主线开展研究的，抓住了国际前沿和热点，体现了研究团队与时俱进的创新精神。经过4年的努力，项目在冰冻圈变化和影响方面取得了丰硕成果，这些成果主要体现在山地冰川物质平衡和动力过程模拟、复杂地形积雪遥感及多尺度积雪变化、青藏高原多年冻土及变化、极地冰冻圈关键过程及其对气候的影响与响应、全球气候系统中冰冻圈的模拟研究、冰冻圈变化对中国西部寒区径流的影响、冰冻圈生态过程与机理及中国冰冻圈变化的脆弱性与适应等方面，全面系统地展现了我国冰冻圈科学最近几年取得的研究成果，尤其是在冰冻圈变化的影响和适应研究具有创新性，走在了国际相关研究的前列。在该系列成果出版之际，我为他们取得的成果感到由衷的高兴。

最近几年，在我国科学家推动下，冰冻圈科学体系的建设取得了显著进展，这其中最重要的就是冰冻圈的研究已经从传统的只关注冰冻圈自身过程、机理和变化，转变为冰冻圈变化对气候、生态、水文、地表及社会等影响的研究，也就是关注冰冻圈与其他圈层相互作用中冰冻圈所起到的主要作用。2011 年 10 月，在乌鲁木齐举行的 International Symposium on Changing Cryosphere, Water Availability and Sustainable Development in Central Asia 国际会议上，我应邀做了 *Ecosystem services*, *Landscape services and Cryosphere services* 的报告，提出冰冻圈作为一种特殊的生态系统，也具有服务功能和价值。当时的想法尽管还十分模糊，但反映的是冰冻圈研究进入社会可持续发展领域的一个方向。令人欣慰的是，经过最近几年冰冻圈科学的快速发展及其认识的不断深化，该系列丛书在冰冻圈科学体系建设的研究中，已经将冰冻圈变化的风险和服务作为冰冻圈科学进入社会经济领域的两大支柱，相关的研究工作也相继展开并取得了初步成果。从这种意义上来说，我作为冰冻圈科学发展的见证人，为他们取得的成果感到欣慰，更为我国冰冻圈科学家们开拓进取、兼容并蓄的创新精神而感动。

  在《冰冻圈变化及其影响》系列丛书出版之际，谨此向长期在高寒艰苦环境中孜孜以求的冰冻圈科学工作者致以崇高敬意，愿中国冰冻圈科学研究在砥砺奋进中不断取得辉煌成果！

中国科学院院士

2017 年 12 月

前　　言

　　全球气候变化是世界性的重大课题之一。作为全球气候系统重要的组成部分和气候变化的指示器，冰冻圈各个分量在全球和区域气候模式中的表达和模拟至关重要。同时鉴于冰冻圈分量自身的特点和区域上的差异性，冰冻圈各分量的模拟及其同气候系统其他分量之间的关系尤为复杂。本书从冰冻圈分量与气候系统的关系入手，介绍了冰冻圈分量模拟的进展和存在问题，分别回顾了当前主流的积雪、冻土、海冰和冰川冰盖等参数化方案以及我国在这些方面取得的发展和进步，并利用全球和区域气候模式对三极的模拟进行了评估和改进，最后对冰冻圈分量模式的未来发展趋势进行了展望。

　　本书共分 9 章。第 1 章为绪论，介绍了冰冻圈与气候变化的联系；第 2 章介绍了当前气候模式冰冻圈分量的模拟能力和存在的问题；第 3~6 章分别介绍了气候模式中积雪、冻土、海冰和冰川冰盖模式的参数化；第 7 章介绍了区域气候模式在南北极的模拟情况；第 8 章介绍了全球和区域模式在青藏高原的降水模拟情况；第 9 章展望了冰冻圈分量模式的未来发展趋势。参加本书编写的人员共有 13 人，他们来自不同部门和单位，包括清华大学、中国科学院青藏高原研究所、中国海洋大学、中国气象科学研究院、兰州大学等。本书同时得到多位领域内权威专家的审阅，他们提出了很多宝贵的意见和建议。全书由林岩銮、董文浩组织撰稿和定稿，林岩銮、董文浩负责全书统稿。本书各章节主要撰稿人员为：第 1 章林岩銮、董文浩、曹殿斌；第 2 章董文浩、林岩銮；第 3 章王磊、宋蕾、齐嘉；第 4 章陈莹莹、肖遥；第 5 章苏洁；第 6 章王澄海；第 7 章黄建斌、董文浩、姚瑶；第 8 章董文浩、林岩銮；第 9 章林岩銮、王磊、苏洁、张通、董文浩。

　　衷心感谢本书的每一名贡献者、审稿专家、项目办和秘书组成员，感谢他们辛勤的劳动和认真负责的科学态度，感谢部门领导的大力支持。本书集结了多部门、多学科专家学者共同的智慧，书中素材大部分也来源于各学科专家的研究结果。因此，本书是大家共同努力的成果和结晶。此外，科学出版社负责本书的编辑与出版，他们认真细致的工作使得本书的质量得到保证。在此，我们一并表示衷心感谢！

　　由于气候变化科学的复杂性，模式发展的快速性，以及目前仍然存在的学科上的不确定性，加之受限课题研究成员编写汇总水平能力等，本书必然存在不足与疏漏之处。我们期待广大读者的批评与指正，因为你们的批评建议将是我们开展下一次科学评估工作的动力！

作　者

2017 年 12 月于北京

目　录

第1章 绪 论

冰冻圈是指地球表层水以固态形式存在的圈层（秦大河等，2014），包括冰川（山地冰川、冰帽、极地冰盖、冰架等）、冻土（季节冻土和多年冻土）、积雪、海冰、河冰、湖冰和固态降水等（图1-1）。冰冻圈具有显著的时空分布特征。全球有3/4的淡水资源储存在冰冻圈中，陆地表面积约有10%被冰盖和冰山覆盖，另外有14%的陆地表面积受多年冻土影响或处于冰缘地带，而海洋表面积的7%被海冰覆盖（IPCC，2007）。尽管冰川和多年冻土主要分布在高海拔地区和高纬度地区，但还有相当大一部分地区受季节性冰冻圈的影响，如季节性的积雪和海冰。由于冰雪的高反照率和相变潜热以及巨大的冰储量，

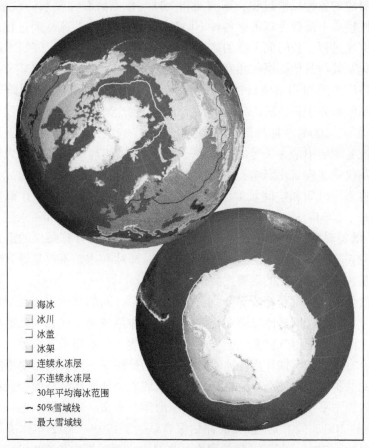

图1-1 南北半球极地地区冰冻圈覆盖分布（IPCC，2013）

图中北半球显示的是夏秋季海冰最低值时期；南半球显示的是秋冬季最高值时期

冰冻圈在地球气候系统中发挥着极为重要的作用。冰冻圈各组分的快速变化对地表能量平衡、大气环流、海洋环流、水循环、海平面变化、碳源、碳汇乃至区域社会经济都有深远影响（秦大河等，2006）。冰雪变化通过影响能量平衡及水循环过程改变区域尺度或全球尺度的气候动力过程进而影响气候变化；海冰冰量变化通过改变海洋盐度和温度影响大洋环流进而改变全球气候格局；多年冻土变化不仅通过改变地-气水热交换过程影响气候系统，而且还会通过改变冻土碳库影响全球碳循环和气候变化；冰盖冰川消融是未来海平面升高最重要的影响因子。因此，近几十年来越来越多的科学家开始关注冰冻圈。

作为一门新兴学科，冰冻圈科学研究的是其各组成部分的形成机理、演化规律、与其他圈层之间的相互作用，以及对经济社会的影响（秦大河和丁永健，2009）。冰冻圈与大气圈、水圈、陆地表层和生物圈共同组成全球气候系统。作为全球气候系统的一个重要组成部分，冰冻圈影响地表能量、水分收支，并进一步影响大气和海洋环流。冰冻圈影响气候的主要因子包括：积雪和冰面的高反射率；冰水相变的潜热；积雪对覆盖陆面和浮冰对下面海水或淡水的保温作用；冰盖和冰川中存储的水；冻土中存储的大量温室气体等。通过这些因子和对应的各种反馈过程，冰冻圈和全球气候系统存在复杂的联系和相互作用。因此，全球气候模式中需要合理考虑各种不同种类和时空尺度的冰冻圈过程，如时间尺度较短的积雪、海冰过程，长时间尺度的冰川和冻土，以及更长时间尺度的冰盖变化过程。

冰冻圈变化及其与其他圈层的相互作用关系是认识气候系统的重要环节，而且冰冻圈对气候变化有高度敏感性和重要反馈作用，在全球变暖背景下，冰冻圈研究受到广泛关注，成为气候系统研究中最活跃的领域之一，也是当前全球变化和可持续发展最关注的热点之一（秦大河等，2006）。冰冻圈对气候变化敏感，响应迅速且具有极强的指示性，被认为是气候系统各圈层中最为关键的因素之一（IPCC，2007）。冰冻圈作为气候系统的重要组成部分，不仅受气候变化影响，而且极地冰盖、山地冰川、积雪、海冰、湖冰、河冰等冰冻圈要素在不同时间和空间尺度上通过复杂的反馈过程对气候也有重要的调节作用（Alexander et al.，2004；施雅风，2005；秦大河等，2006；秦大河和丁永健，2009；姚檀栋等，2013）。随着观测技术的进步、观测资料的日益增多和计算条件的迅速改善，国内外已有大量研究表明，作为冰冻圈组成要素的积雪、海冰和冰盖不仅是导致气候异常的重要原因，而且是预测气候变化的重要先兆因子。

冰冻圈是气候系统的重要组成部分，它与其他圈层之间的互相作用在全球和区域气候变化中发挥着重要作用，因此冰冻圈在气候变化中的作用成为目前和未来冰冻圈研究中的关注焦点。冰冻圈一方面对气候变化十分敏感，是气候变化的指示器；另一方面冰冻圈自身变化对气候也有巨大的反馈作用。冰雪具有很高的反照率、巨大的相变潜热和低导热率等特点。冰冻圈的扩展或缩减会导致参与局地、区域或全球能水循环的能量和水量减少或增加，并伴随着能水平衡的改变，使其与大气、海洋、水文、环境和生态等之间产生一系列相互作用过程。IPCC（2013）第五次评估报告认为，1993～2012年冰冻圈退缩对海平面升高的贡献量约为30%。最近几年的研究结果显示，冰冻圈融化产生的水当量已超过海水热膨胀成为海平面上升的首要贡献者。积雪和海冰由于地表覆盖面积很大，且具有很大的自然变率，是地表能量平衡中最为关键的影响因子。海冰的冻融过程可以改变海洋表层海水的盐度，对大洋环流和海洋生物产生重要影响。研究显示，极地冰盖融化注入海洋的低温淡水对海洋环流产生越来越大的影响。山地冰川变化造成的高寒地区、干旱半干旱地区的水资源变化对生态系统演变具有决定性的意义。冻土变化对地表水分循环、生态环境及地–气间碳交换的影响极为重要（Zimov et al.，2006）。国内外诸多研究结果表明，作为冰冻圈组成部分的积雪和海冰不仅是导致气候异常的重要原因，也是预测气候变化的重要先兆因子。近 20 年来，随着全球变暖，全球大部分区域的冰冻圈要素发生了显著的变化。这些变化通过一系列的冰–海–气相互作用，影响大气环流和气候变化，造成极端气候事件的增加。冰冻圈要素通过直接和间接过程影响大气环流和气候变化，但是利用直接观测研究监测冰冻圈要素对大气环流的反馈作用非常困难。因此气候模式成为研究冰冻圈影响大气环流和气候变化的有效途径。

利用气候系统模式开展数值模拟研究，是定量评估冰冻圈在全球和区域气候变化中的作用，深入研究冰–海–气相互作用的物理过程与反馈机制，进而科学预估未来气候与冰冻圈变化的主要研究方法和手段之一。

当前国际上冰冻圈科学研究态势主要体现在两条主线上：一条是以 WCRP（世界气候研究计划）-CliC（气候与冰冻圈）国际研究计划为主线，核心目标是提高对冰冻圈与气候系统之间相互作用的物理过程与反馈机制的理解，评估和量化过去和未来气候变化所导致的冰冻圈各分量变化，提高冰冻圈对气候影响的认识水平。实现和解决上述目标和关键科学问题的前提条件是强化冰冻圈的观测与监测。另一条主线是以"冰冻圈科学"为核心，着力推动冰冻圈科学向体系化方向发展（秦大河等，2006）。在上述两条主线上，冰冻圈科学研究目前主要面临 3 个方面的重大科学问题，即冰冻圈变化机理、冰冻圈与气候相互作用关系、冰冻圈变化的影响及适应。其中，冰冻圈与气候相互作用是 WCRP-CliC关注及着力推动的重点，这部分研究离不开耦合冰冻圈分量的全球气候模式。

1.1　冰冻圈现状

冰冻圈现状研究主要从海冰、陆地冰川和冻土展开。海冰是气候系统重要的组成部分，海冰的存在会改变海洋的反照率，阻止海洋向大气释放热量，而且会减少大气与海洋之间能量和热量的交换。在海冰形成的过程中会结晶析出盐分，这些盐分会影响海洋盐度的分布，甚至改变海洋环流特征。气候变化会引起海冰覆盖范围的变化，反过来，海冰的变化也会作用于整个气候系统。另外，海冰还是极地生态系统的重要组成部分，很多动植物的生存与生活都依赖于海冰。

图 1-2 反映了 1979～2012 年 34 年间北极海冰的季节循环和年代际变化。一般情况下，北极海冰的覆盖范围在 2 月或 3 月达到最大值，在 9 月达到最小值。夏季的年代际变化较冬季更大。年代际的变化没有明显规律。例如，在 1989～1998 年，海冰变化可以忽略不计。但在 21 世纪最初 10 年，冬季海冰的覆盖范围减少了约 $0.6 \times 10^6 \, \text{km}^2$。而从变化趋势上来看，除了白令海以外，其他区域海冰都呈现减少趋势，尤其是在北极盆地的东部及海洋

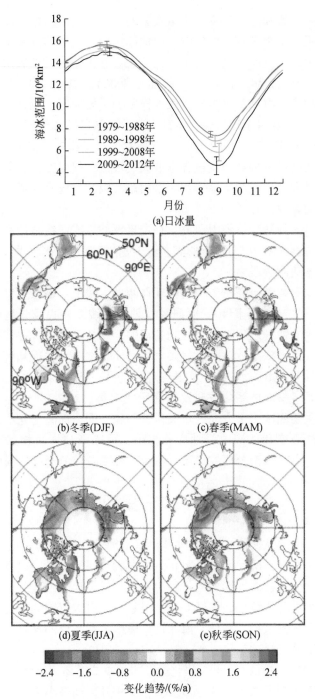

图 1-2　1979～2012 年年代际平均的北极海冰范围和北极海冰在四季的变化趋势（IPCC，2013）

边缘地带，减少的趋势在冬季和春季更为明显。总体来看，从 1978～2012 年，北极海冰范围以每 10 年 3.8%±0.3% 的速率减少，不同区域变化速率差异很大，在 +7.3%（白令海）～ −13.8%（劳伦斯湾）。造成这些差异的原因在于北极地区复杂的大气和海洋环流。海冰变化的趋势在各个季节也不尽相同，在夏季和秋季减少最显著。对应的海冰范围也是夏季和秋季最为明显。近几十年北冰洋秋冬季变暖与北极海冰的减少密切相关。研究揭示，冬季喀拉海、巴伦支海、格陵兰海的海冰变化与北半球副热带高压、ENSO（厄尔尼诺）事件、东亚冬季风，以及中国气候年际和年代际变化密切相关（武炳义等，2000，2004）。

同样地，南极海冰范围也具有很强的季节性，从 2 月最低的 $3 \times 10^6 \mathrm{km}^2$ 变化到 9 月最高的 $18 \times 10^6 \mathrm{km}^2$（秦大河等，2014）。在南半球，夏季海冰大量融化，仅能在威德尔海发现部分海冰以及小部分海冰分布在南极半岛西边。相比于北极海冰，南极海冰更薄，温度更高，含有更多的盐分，也更容易移动（Wadhams et al.，1992）。图 1-3 反映了南极海冰在 1979~2012 年 34 年间的季节循环。与北极相比，年代际上基本没有太大变化，仅在 1999~2008 年的冬季略微高于其他值。在长期趋势上来看，海冰覆盖的边缘位置变化更显著。在南极洲附近交替表现为增加或者减少趋势。在冬季，减少的趋势明显，尤其是在南极半岛顶端和威德尔海西部，在罗斯海则显著增加。春季的趋势与冬季类似。在夏季和秋季，减少的趋势主要出现在阿蒙森海，而增加的趋势主要出现于罗斯海和威德尔海。以南极整体来看，从 1978~2012 年，南极海冰缓慢增加，速率仅为 1.55%/10a±0.3%/10a，秋季增加速率最快。

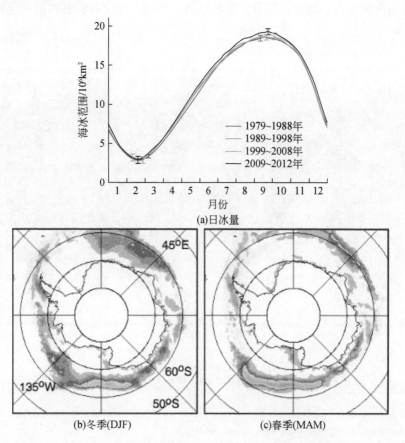

(a)日冰量

(b)冬季(DJF)　　　　　　　　　(c)春季(MAM)

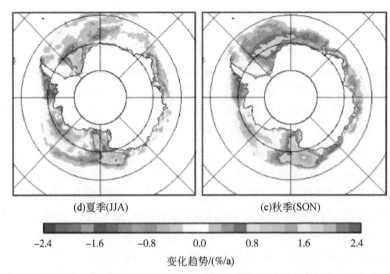

(d)夏季(JJA)　　　　　　　　　(e)秋季(SON)

-2.4　　-1.6　　-0.8　　0.0　　0.8　　1.6　　2.4
变化趋势/(%/a)

图 1-3　1979～2012 年年代际平均的南极海冰范围和南极海冰在四季的变化趋势（IPCC，2013）

　　冰川存在于气候条件或者地形条件允许降雪积累数年并最终成冰的地方。在重力作用下，冰川流向海拔较低的地方。随着温度的增高，冰川会经历各种各样的融化过程。上述

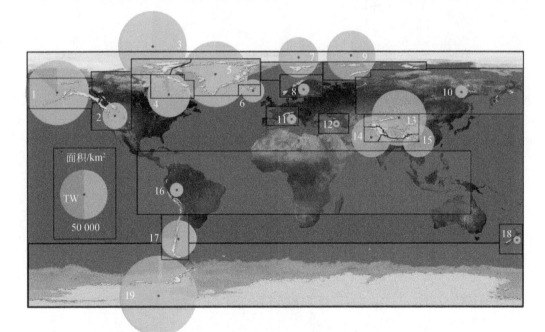

图 1-4　全球冰川分布情况①②
冰川分布详细信息参见表 1-1，数字与表 1-1 中数字对应

　　① Arendt A, et al. 2012；Randolph Glacier Inventory［v2.0］：A Dataset of Global Glacier Outlines. Global Land Ice Measurements from Space，Boulder Colorado，USA. Digital Media.
　　② Gardner A S，Moholdt G，Cogley J G，et al. 2013. A reconciled estimate of glacier contributions to sea level rise：2003 to 2009. Science，340.

累积和融化的过程被称为冰川的物质平衡，它最终决定了冰川的质量。冰川增长主要来源于固态降水（主要是雪），部分也来自液态水的凝固，液态水的凝固主要发生在温度较低的极地地区和高海拔地区。能量伴随着冰川物质增长和消融在大气和地表之间进行交换。由于冰川受温度和降水影响变化迅速，因此冰川对气候变化非常敏感。此外，冰川储量无论是在区域尺度还是在全球尺度都是非常重要的淡水资源。

实地观测的冰川资料仅仅局限于容易获取的那些冰川，而更多的、较小的冰川以大碎片的形式存在于低洼地带，因此很难去实地观测。尽管遥感数据提供了广阔的视野，但目前还不足以区分不同种类的冰川。一些已知冰川的空间分布（图 1-4）、数目、面积，以及物质平衡最大值和最小值等信息见表 1-1。

表 1-1　不同地区已知冰川的数目、面积及各个冰川物质平衡最小值和最大值等信息

区域序号	区域名称	冰川数量/条	面积/km²	占总面积百分数/%	潮水分数/%	平衡质量最小值/Gt	平衡质量最大值/Gt	海平面等效高度/mm
1	阿拉斯加州	23 112	89 267	12.3	13.7	16 168	28 021	54.7
2	美国和加拿大西部	15 073	14 503.5	2	0	906	1 148	2.8
3	加拿大极区北部	3 318	103 990.2	14.3	46.5	22 366	37 555	84.2
4	加拿大极区南部	7 342	40 600.7	5.6	7.3	5 510	8 845	19.4
5	格陵兰岛	13 880	87 125.9	12	34.9	10 005	17 146	38.9
6	冰岛	290	10 988.6	1.5	0	2 390	4 640	9.8
7	斯瓦尔巴群岛	1 615	33 672.9	4.6	43.8	4 821	8 700	19.1
8	斯堪的纳维亚半岛	1 799	2 833.7	0.4	0	182	290	0.6
9	俄罗斯北极区	331	51 160.5	7	64.7	11 016	21 315	41.2
10	亚洲北部	4 403	3 425.6	0.4	0	109	247	0.5
11	欧洲中部	3 920	2 058.1	0.3	0	109	125	0.3
12	高加索	1 339	1 125.6	0.2	0	61	72	0.2
13	亚洲中部	30 200	64 497	8.9	0	4 531	8 591	16.7
14	亚洲西南部	22 822	33 862	4.7	0	2 900	3 444	9.1
15	亚洲东南部	14 006	21 803.2	3	0	1 196	1 623	3.9
16	低纬度地区	2 601	2 554.7	0.6	0	109	218	0.5
17	安第斯山脉南部	15 994	29 361.8	4.5	23.8	4 241	6 018	13.5
18	新西兰	3 012	1 160.5	0.2	0	71	109	0.2
19	南极和副南极	3 274	132 267.4	18.2	97.8	27 224	43 772	96.3
	总计	168 311	726 258.3	—	332.5	113 915	191 879	411.9

资料来源：IPCC, 2013

全球许多高海拔地区都分布着冻土，冻土也存在于一些山区冰川之下。冻土是寒冷天气和气候的产物，有季节性冻土和多年冻土两种形态。冻土层温度连续两年低于 0℃ 的冻

土叫多年冻土。多年冻土既可以存在于陆地上也可以存在于海床下。多年冻土对气候变化非常敏感，但不同地区多年冻土对气候变化的响应不一致（Osterkamp，2007）。季节性冻土每年结冻和解冻过程都伴随着能量和水汽在陆表和大气之间进行交换。由于多年冻土层和季节性冻土层含有大量的冰，当这些冻土层发生变化时，相应的地表覆盖、生态环境以及水循环都会发生很大变化（Jorgenson et al.，2006；Gruber et al.，2007）。此外，冻土层中还含有大量的碳，冻土含碳量大约是大气含碳量的两倍（Tarnocai et al.，2009），冻土的解冻过程会将冰冻状态的碳以气体的形式释放到大气中（如 CO_2、CH_4），这会进一步加速全球变暖。对于冻土状态而言，温度是决定性的控制因素。冻土的温度一般在没有季节变化的边界处测得，用于表征平均状态的地表温度（Romanovsky et al.，2010）。一般情况下，这个深度位于地下 20m 左右。在南半球，观测到的冻土最低气温为 -23.6℃，而在北半球观测到的最低温度仅为 -15℃。全球主要冻土变化信息见表 1-2。

虽然对冻土与气候相互作用的研究开始较早，但由于冻土水热过程的复杂性，研究工作主要集中在气候变化对冻土的影响方面（金会军等，2000；Cheng and Wu，2007；Wu and Zhang，2008；Zhao et al.，2010；Guo and Wang，2013），而关于冻土变化对区域气候影响研究，特别是关于冻土变化对中国区域气候影响的研究还相对较少。

表 1-2　全球主要多年冻土区温度范围和变化

区域		IPY 期间冻土温度/℃	冻土温度变化/℃	深度/m	记录期	资料来源
北美洲	阿拉斯加北部	-10 ~ -5.0	0.6 ~ 3	10 ~ 20	20 世纪 80 年代初至 2009 年	Osterkamp，2005，2007；Smith et al.，2010；Romanovsky et al.，2010a
	麦肯齐三角洲和波弗特沿海地区	-8 ~ -0.5	1.0 ~ 2.0	12 ~ 20	20 世纪 60 年代末至 2009 年	Burn and Kokelj，2009；Smith et al.，2010
	加拿大北极高地	-14.3 ~ -11.8	1.2 ~ 1.7	12 ~ 15	1978 ~ 2008 年	Smith et al.，2010，2012
	阿拉斯加内陆	-5 ~ 0	~0.8	15 ~ 20	1985 ~ 2009 年	Osterkamp，2008；Smith et al.，2010；Romanovsky et al.，2010a
	麦肯齐河谷中南部	>-2.2	0 ~ 0.5	10 ~ 12	1984 ~ 2008 年	Smith et al.，2010
	加拿大魁北克省北部	>-5.6	0 ~ 1.8	12 ~ 20	1993 ~ 2008 年	Allard et al.，1995；Smith et al.，2010
欧洲	欧洲阿尔卑斯山	>-3	0 ~ 0.4	15 ~ 20	1990 ~ 2010 年	Haeberli et al.，2010；Noetzli and Vonder Muehll，2010；Christiansen et al.，2012
	俄罗斯欧洲北部	-4.1 ~ -0.1	0.3 ~ 2.0	8 ~ 22	1971 ~ 2010 年	Malkova，2008；Oberman，2008；Romanovsky et al.，2010b；Oberman，2012
	北欧国家	-5.6 ~ -0.1	0 ~ 1	2 ~ 15	1999 ~ 2009 年	Christiansen et al.，2010；Isaksen et al.，2011

续表

区域		IPY 期间冻土温度/℃	冻土温度变化/℃	深度/m	记录期	资料来源
亚洲中北部	雅库特北部	-10.8 ~ -4.3	0.5 ~ 1.5	14 ~ 25	20 世纪 50 年代初至 2009 年	Romanovsky et al.，2010b
	跨贝加尔湖地区	-5.1 ~ -4.7	0.5 ~ 0.8	19 ~ 20	20 世纪 80 年代末至 2009 年	Romanovsky et al.，2010b
	青藏高原	-3.4 ~ -0.2	0.2 ~ 0.7	6	1996 ~ 2010 年	Cheng and Wu, 2007；Li et al.，2008；Wu and Zhang, 2008；Zhao et al.，2010
	天山	-1.1 ~ -0.4	0.3 ~ 0.9	10 ~ 25	1974 ~ 2009 年	Marchenko et al.，2007；Zhao et al.，2010
	蒙古	<-2 ~ 0	0.2 ~ 0.6	10 ~ 15	1970 ~ 2009 年	Sharkhuu et al.，2007；Zhao et al.，2010；Ishikawa et al.，2012
其他	南极海洋	-3.1 ~ -0.5	NA	20 ~ 25	2007 ~ 2009 年	Vieira et al.，2010
	南极大陆	-19.1 ~ -13.9	NA	20 ~ 30	2005 ~ 2008 年	Vieira et al.，2010；Guglielmin et al.，2011
	东格陵兰岛	-8.1	NA	3.25	2008 ~ 2009 年	Christiansen et al.，2010

资料来源：IPCC，2013。

1.2　全球气候模式

全球气候模式是理解过去和现在气候演变机理、预估未来全球气候可能变化的重要工具。当前的全球气候模式主要包括大气、海洋、陆地、海冰等部分，并进一步加入气溶胶、大气化学传输模式以及陆地生物和海洋生物地球化学模式，成为复杂的地球系统模式（图1-5）。冰冻圈不同分量在气候模式中的发展和考虑也不尽相同。积雪、冻土、

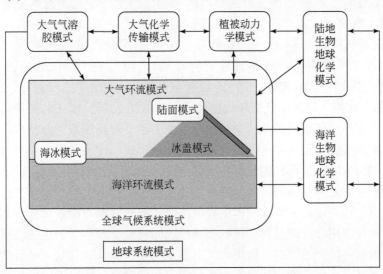

图1-5　地球系统模式示意图（王斌等，2008）

冰川通常作为陆面模式的一个有机组成部分，但海冰和冰盖模型通常是相对独立的。由于冰盖的时空尺度大，目前的全球气候模式还没有完全耦合冰盖模型的，但这是未来发展的一个重要方向。后面几个章节将专门介绍积雪、冻土、海冰，以及有关冰川和冰盖模型的发展。

气候系统是由大气圈、水圈、岩石圈、冰冻圈、生物圈5个主要部分所组成的高度复杂的系统。内部各圈层之间的相互关系十分复杂，涉及不同介质和不同尺度间的相互作用和物质交换、相变过程、物理和化学过程以及不同尺度的反馈过程等。气候系统随时间演变的过程还要受到外部强迫的影响，如火山爆发、太阳活动等，以人为强迫的影响（不断变化的大气成分和土地利用变化等）。

人类对气候变化和影响的高度关注，使得人类渴望对气候变化及其影响的事实和成因有更加全面、准确的认识和把握。其实，人类能够立刻感知的气候及其变化只是气候系统内很少要素的分布和演变，而这样的演变却涉及整个气候系统多时空尺度的复杂非线性相互作用过程。所以，虽然我们一般认为，气候与环境变化是气候系统自然变率与人类活动共同影响的结果，但要真正掌握气候系统的变化规律，既要能够把握气候系统内各圈层之间复杂的相互作用，又要能掌握外部因素和人类活动自身的复杂影响。这就要求人类要找到一种能够整体考虑到这些复杂影响过程的方法或手段。目前来看，发展和完善气候系统模式是唯一的不可替代的途径（宇如聪，2014）。

气候模式是建立在物理、化学、生物学等基础上的，其用数学方程式表现地球气候系统各个圈层相互作用和反馈的主要过程以及与外强迫的关联，并广泛应用在气候与气候变化研究中，是气候变暖研究的核心技术。气候变暖的预估几乎完全依赖模式的模拟（王绍武等，2013）。历届IPCC第一工作组的评估报告，均把气候模式研究放在中心位置。建立耦合模式比较计划（CMIP）是气候模式研究的里程碑。1994年10月世界气候研究计划（WCRP）在美国加利福尼亚州组织了一次会议，研究当时的全球耦合气候模式的现状，提出模式比较研究的问题。几乎同时，Lambert及Boer等一批科学家为了编写IPCC第二次评估报告（SAR），开始收集、分析不同模式模拟的结果。经过上述努力，WCRP中的"气候变率与可预报性研究计划"（CLIVAR）的数值试验组重组为WCRP耦合模式工作组（WGCM），于1995年开始建立CMIP（王绍武等，2013）。

自IPCC第四次报告以来，气候模式已经有了很大的发展。模式的发展是一个复杂迭代的过程，因为它不仅仅要改进模式中的物理过程，还要提高模式的分辨率。各种模式过程和参数要不断调整，直至获得一个相对稳定的气候模式。图1-6展现了全球不同气候模式发展的情况和包含的分量模式的分辨率及复杂度（IPCC，2013）。

气候系统模式的复杂性等同于气候系统的复杂性，气候系统模式的准确性取决于气候系统数学和物理过程表述的正确性，即主要取决于人类对气候系统各圈层物理、化学和生物学性质及其相互作用和反馈过程认识的准确性，同时也受到数学表述方法是否有效和计算机能力等技术条件限制的影响。由于人类对复杂气候系统认识和技术条件的局限性，气候系统模式的不确定性将长期存在。气候系统模式的发展也将始终围绕能够更完整地描述气候系统和尽可能地减小模式的不确定性而不懈努力（宇如聪，2014）。

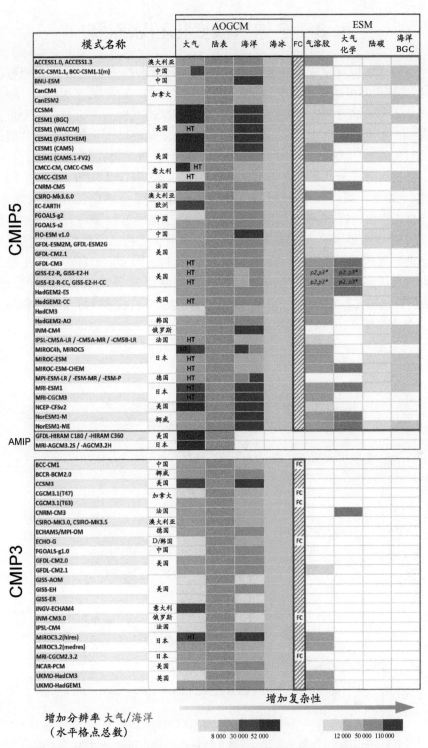

图 1-6 CMIP3 与融合了 AOGCMs、ESMs 的 CMIP5 的比较（IPCC，2013）

1.3　全球气候变化和冰冻圈

　　全球气候模式模拟发现未来气候增温趋势在高纬度和高海拔地区会表现更明显。例如，IPCC 报告指出北极地区在 20 世纪增加了 5℃（Anisimov et al.，2001），海冰范围和厚度大幅减小。同时高海拔地区冻土和积雪覆盖加速减退（Serreze et al.，2000），这些都会加速冰冻圈的消融。这也使得冰冻圈研究成为当前全球气候变化和可持续发展最为关注的热点之一（效存德，2008；秦大河和丁永建，2009）。气候模式预测增温趋势在 21 世纪将会持续，冰冻圈各要素几乎都处于冰量持续损失的状态（秦大河等，2006）。IPCC 第五次评估报告（AR5）第一工作组报告（IPCC，2013）综合评估了全球冰冻圈的变化（图 1-7）。报告指出，近 20 年来格陵兰冰盖和南极冰盖的冰储量一直在减少，且在进入 21 世纪后减少速度明显加快，全球山地冰川普遍退缩，北极海冰范围明显缩小。20 世纪中叶以来，北半球积雪范围缩小。自 20 世纪 80 年代初，大多数地区多年冻土层的温度升高。阿拉斯加北部多年冻土温度在 20 世纪 80 年代早期至 21 世纪最初 10 年的升温幅度达到 3℃，俄罗斯欧洲北部在 1971～2010 年温度升高达 2℃，且多年冻土厚度和范围也在大幅度减小（秦大河等，2014）。未来随着全球气候进一步变暖，北极海冰

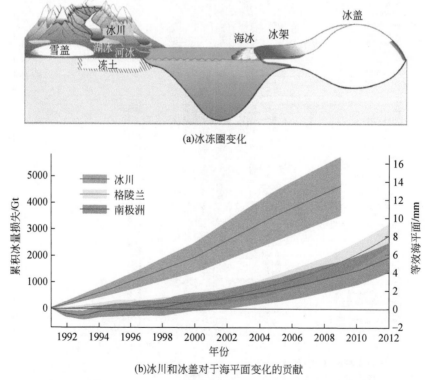

(a)冰冻圈变化

(b)冰川和冰盖对于海平面变化的贡献

图 1-7　IPCC 2013 年第一工作组报告观测到的冰冻圈变化（秦大河等，2014）

将继续消融，全球冰川体积和北半球春季积雪范围以及多年冻土范围也将继续缩小，冰盖、冰山融化将引起海平面上升。冰冻圈中的显著气候变化也会引起一系列正反馈气候响应机制，并进一步增强和加快以上过程。例如，冻土的消融会释放大量温室气体到大气中从而进一步加强温室效应，而这不仅会对生态系统带来巨大危胁，也会对人类生产生活产生不可忽视的影响。

　　我国是中、低纬度地区冰冻圈最发育的国家，冰冻圈的状态与我国的水安全息息相关。我国冰冻圈主要由冰川、冻土和积雪三大类组成。我国现有冰川 46 377 条，总面积为 59 425km^2，冰储量达到 5600km^3，主要分布在我国西部地区（施雅风，2005）；冻土面积占国土面积的 70% 以上，其中多年冻土面积达 220 万 km^2，约占国土面积 23%，季节性冻土面积约占 50%（秦大河等，2014）；中国 90% 以上的地区有降雪，其中稳定积雪区（积雪日数超过 60d）面积为 340 万 km^2，非稳定积雪面积为 480 万 km^2（车涛和李新，2005）。与全球变化一致，在气候变暖背景下，我国大部分山地冰川普遍退缩。20 世纪 60 年代以来，约 82% 的冰川处于退缩和消失状态，面积退缩量在 10% 以上，90 年代以来冰川退缩速率加速（第二次气候变化国家评估报告编写委员会，2011）。过去几十年来，以青藏高原为主体的多年冻土也发生了显著变化，主要包括冻土温度普遍上升和冻土直接退化两方面（秦大河等，2014）。

第2章　气候模式冰冻圈分量模拟存在的问题

全球气候模式是理解过去气候与环境演变机理、预估未来潜在全球变化情景的重要工具。气候模式本身的发展是经历了一个从简单到复杂，从早期的大气–海洋耦合模式发展到现在包含地球生物化学过程的复杂地球系统模式。冰冻圈组成成分多样，各组分的内部动力机制、时空分布和气候响应都不相同，且在现实世界里，这些组分往往叠加出现，过程与影响复合，增加了冰冻圈在气候模式中的表达和模拟的复杂性及不确定性（丁永建和效存德，2013）。由于冰冻圈各组分成份时空尺度不一致，不同成份分散到模式不同分量过程中加以考虑。例如，积雪、冻土、冰川主要是作为冰冻圈陆面过程加以考虑的，但海冰和大陆冰盖主要以一个相对独立的模式来考虑。由于大陆冰盖演变具有长时间性，目前的全球气候模式或地球系统模式还没有直接耦合冰盖模型的（IPCC，2013）。而海冰模型却比较早就作为气候模式的一个有机部分，得到充分的考虑和耦合。目前对冰川变化的模拟主要是单条冰川或区域尺度的，在气候模式中主要作为陆面模型的一种下垫面类型来处理。因此，本章主要围绕目前气候模式中已经充分包含和考虑积雪、冻土和海冰三方面的模拟进行一些总结。

本章以南北极海冰模拟评估（Shu et al.，2015）、欧亚大陆积雪模拟评估（Xia et al.，2014）与青藏高原冻土的模拟评估（常燕等，2016）为例，分析当前全球气候模式冰冻圈分量模拟存在的问题和不足，对未来冰冻圈分量模式的发展提供一些指导意义。

2.1　气候模式极地海冰模拟能力评估

IPCC 模式结果 CMIP5 为研究气候变化包括冰冻圈的变化提供了丰富的数据和有利的平台。其中，有 49 个气候模式提供了极地海冰变量的输出（Shu et al.，2015）。对于南极地区而言，CMIP5 模式最大的问题在于模式模拟结果不能重现观测到的近期海冰微弱增加的趋势。Turner 等（2013）利用 CMIP5 中 18 个模式的南极海冰模拟总结出大部分模式模拟结果显示南极海冰量偏少，而且在 1979 ~ 2005 年，模式模拟出海冰减少的趋势，这和卫星观测的结果相反。Zunz 等（2013）则认为观测到的南极海冰增加趋势可能是由气候系统的内部变率造成的。而模式对北极海冰的模拟相对南极模拟要好。Stroeve 等（2012）利用 20 个 CMIP5 模式评估了北极海冰的趋势，发现模式能够抓住北极海冰的季节特征，尽管模拟的北极海冰减少趋势较 CMIP3 模式有提高，但减少趋势仍然小于卫星观测到的变化趋势。在这些研究的基础上，Shu 等（2015）利用更丰富的模式数据对极地海冰的模拟进行了全面描述。

图 2-1 表明多模式平均的南极海冰气候态模拟能够较好地与观测吻合，但模式间差异较大。卫星观测显示，南极海冰在 2 月达到最小值（$3 \times 10^6 \text{km}^2$），在 9 月达到最大值（18.7×

$10^6 \mathrm{km}^2$），而模式模拟的最小值和最大值分别为 $3.3 \times 10^6 \mathrm{km}^2$、$18.7 \times 10^6 \mathrm{km}^2$。尽管平均态上模式模拟结果接近于实际观测值，但变化趋势差异巨大。

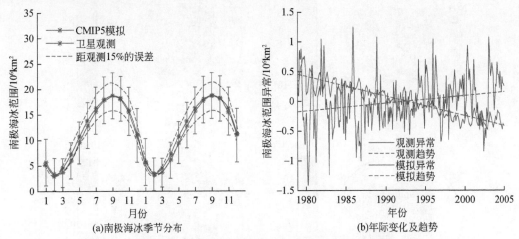

图 2-1　1979~2005 年南极海冰季节分布和年际变化及趋势（Shu et al.，2015）

图 2-2 展示了逐月和每个季节南极海冰覆盖面积的变化趋势，与之前工作结论一致，可以看出南极海冰在 1979~2005 年有微弱增长趋势，增长趋势达到 1.29（±0.57）× $10^5 \mathrm{km}^2/10\mathrm{a}$，而多模式南极海冰覆盖面积变化趋势的平均结果为 -3.36（±0.15）× $10^5 \mathrm{km}^2/10\mathrm{a}$，且仅有 8 个模式表现出增加趋势。

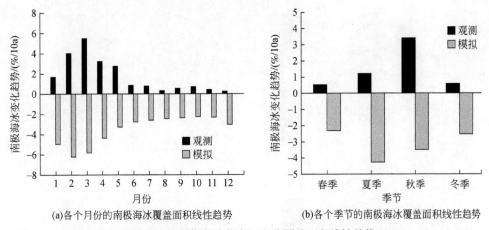

图 2-2　1979~2005 年各个月份和各个季节南极海冰覆盖面积线性趋势（Shu et al.，2015）
卫星观测（黑色）及多模式平均（红色）

从空间上来看，南极海冰变化趋势也存在较大差异。观测到的南极海冰覆盖面积减少趋势主要集中在南极半岛，这是由局地温度快速增加引起的（图 2-3）。在夏季和秋季，别林斯高晋海和阿蒙森海的海冰也呈现减少趋势，而增加趋势主要分布在罗斯海和威德尔海。而模式模拟的结果显示，几乎在整个南极地区海冰覆盖面积均表现为下降趋势（图 2-4），仅有的增加趋势出现在春季和冬季的阿蒙森海海岸和罗斯海部分区域。

15

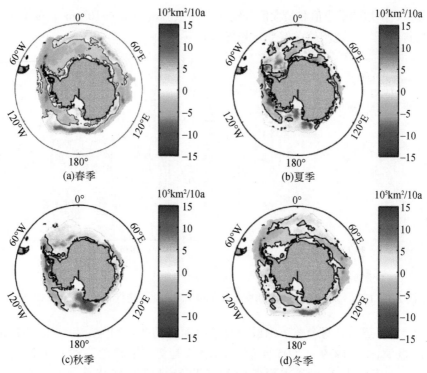

图 2-3 1979～2005 年各个季节卫星观测的南极海冰覆盖面积线性趋势（Shu et al.，2015）

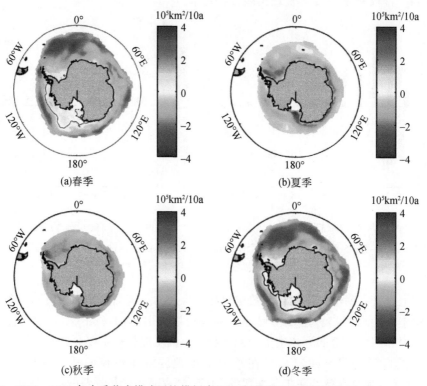

图 2-4 1979～2005 各个季节多模式平均模拟南极海冰覆盖面积线性趋势（Shu et al.，2015）

　　尽管整体来说，CMIP5 模式在北极海冰的模拟上表现更好，但模式间的差异依然很大，而且模式在冬季的模拟误差比夏季大（图 2-5）。北极海冰在 3 月达到最大值（15.7×10^6km²），在 9 月达到最小值（6.9×10^6km²），模式模拟的最大值和最小值分别为 17.2×10^6km²、6.8×10^6km²。各个月模式模拟的误差均低于观测值的 15%。

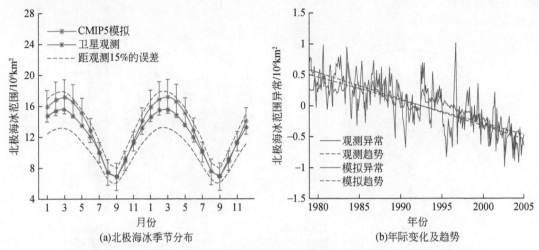

(a)北极海冰季节分布　　　　　　　(b)年际变化及趋势

图 2-5　1979～2005 年北极海冰季节分布和年际变化及趋势（Shu et al.，2015）

　　同卫星观测一致，多模式平均的模拟结果显示北极海冰覆盖面积在 1979～2005 年呈现下降趋势，但下降趋势强度略小于观测值（图 2-6）。卫星观测到的趋势达到（-4.35±0.41）×10^5km²/10a，而多模式平均的结果为（-3.71±0.15）×10^5km²/10a，共有 31 个模式的减少趋势小于观测值。观测和模式结果都显示减少趋势在秋季达到最大值。

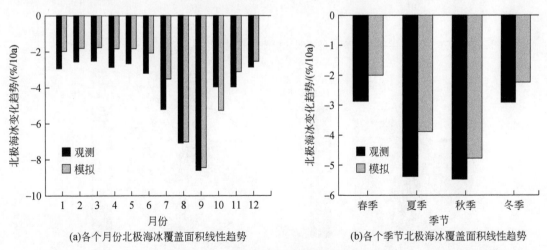

(a)各个月份北极海冰覆盖面积线性趋势　　　　(b)各个季节北极海冰覆盖面积线性趋势

图 2-6　1979～2005 年各个月和各个季节北极海冰覆盖面积线性趋势（Shu et al.，2015）
卫星观测（黑色）及多模式平均（红色）

　　从空间分布上来看，模式模拟的结果与观测较接近。在春季和冬季，北极海冰下降趋势主要集中在鄂霍次克海、巴芬湾、格陵兰海和巴伦支海。而在夏季和秋季，下降趋势主要集中在楚科奇海、巴伦支海和喀拉海。整体上看，尽管模式模拟的下降趋势较观测小，但在北冰洋中部，模式模拟的下降趋势更大（图2-7和图2-8）。综上所述，CMIP5 模式模拟在气候态上能够抓住极地海冰变化的特征，多模式平均也能较好地反映观测到的变化趋势，但依然存在不少问题。

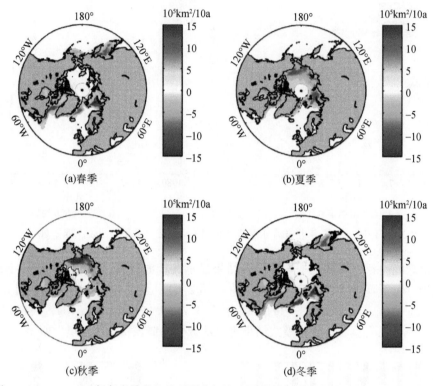

图 2-7　1979～2005 年各个季节卫星观测北极海冰覆盖面积线性趋势（Shu et al.，2015）

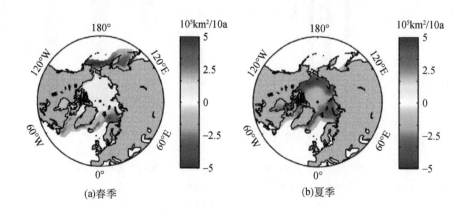

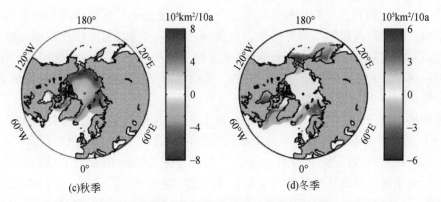

图 2-8　1979~2005 年各个季节多模式平均模拟北极海冰覆盖面积线性趋势（Shu et al. , 2015）

2.2　气候模式欧亚大陆积雪的模拟评估

积雪作为冰冻圈的主要组成之一，是气候系统的重要组成部分，由于其具有高反照率、低热传导率及融雪等特性，这使得积雪变化对陆气间的能量平衡和水循环过程有着重要影响，从而影响整个陆-气系统的水资源平衡、大气环流和气候变化（Zhang et al. , 2005；Vavrus et al. , 2007）。欧亚大陆积雪在全球地表雪盖中面积最大，且具有明显的季节、年际及年代际尺度的变化特征，它的异常不仅与我国东部夏季降水出现的"南涝北旱"有很好的相关性（Zhu et al. , 2009），而且对东亚地区的季风降水也有重要的影响（Wu et al. , 2009），甚至还与北半球的天气、气候异常有着紧密的联系。IPCC 第四次评估报告（AR4）指出，1966~2005 年北半球年平均积雪覆盖率以 1.4%/10a 或 $0.33\times10^6\,km^2/10a$ 的速率减少（Lemke et al. , 2007）。因此，鉴于积雪对气候有重要影响以及在全球变暖背景下积雪出现的异常，未来积雪的可能变化是一个非常值得关注的问题。

积雪作为青藏高原的下垫面，它具有高反射率、低热导率的特点。融雪产生的雪水对地面水文状况和大气热状况有着深刻的影响。青藏高原积雪对东南亚季风系统、东南亚干旱灾害的长期影响都是科学家研究的重点。我国的高原地区气象观测网从 1957 年开始建设。卫星遥感技术为全球雪冰监测开辟了新的道路，现如今已经积累了 30 多年的资料。尽管如此，青藏高原积雪监测仍然是全球积雪研究中的难题，揭示高原积雪空间分布、季节变化与年际波动依然是现在研究的重点。最近数十年，研究者多采用卫星遥感与地面台站观测相结合的方法综合得出最佳高原积雪资料。

积雪受气候条件和地表特征两个方面的影响，在全球气候变化背景下研究积雪对气候变化的响应及其反馈机理是理解冰冻圈变化不可或缺的内容，因此必须准确掌握积雪空间分布及其不同时间尺度的变化。光学遥感具有空间分辨率高、重访周期短等特点，一直以来是积雪遥感的主要方法，在提取积雪面积信息方面有很大优势。但是云层覆盖是光学遥感面临的最大困难，而且光学遥感无法获取积雪深度信息。微波遥感则不受云层的影响可以快速提取积雪覆盖面积及雪水当量信息，是近 30 年来研究的热点。但是其空间分辨率较低（约 25km），而且积雪粒径和密度的变化可以显著影响积雪的微波辐射和散射特性，加之微波像元内积雪参数的空间异质性，反演得到的雪水当量精度往往较低且难以验证。虽然美国国家冰雪数据中心发布了近 30 年来全球尺度的积雪水当量数据产品，但是大量研究表明其误差较大且区域差异明显。因此，发展适用于不同区域的雪水当量反演算法是当前急需解决的科学问题。

随着遥感传感器的协同观测能力提高，如 Terra 卫星同时携带光学（MODIS）和微波（AMSR-E）两种传感器，利用光学与微波遥感数据融合的方法增强积雪覆盖面积识别和雪水当量反演成为当前国际上研究的热点。我国学者在光学遥感提取积雪覆盖面积方面有较多研究，近年来在微波遥感反演雪水当量方面也取得了一定的进展，但是在光学和微波遥感融合方面的研究还处于起步阶段。随着我国自主研发的光学和微波协同观测卫星——风云 3 号的升空，亟待开展遥感反演相关研究以提高积雪数据的获取能力。

夏坤等（2014）在评估 CMIP5 模式对 20 世纪积雪覆盖率模拟能力基础上，针对不同排放情景对未来积雪的变化做出了预估。在分析中采用了 NOAA 可见光遥感的积雪覆盖率数据。图 2-9 反映了 1956～2005 年 CMIP5 各模式模拟及三种不同集合平均结果与观测的欧亚大陆冬季积雪覆盖率的空间分布对比情况。有关集合方法和集合预估不确定性问题会在第 9 章进行分析和讨论。图 2-9 显示，大部分模式能够呈现出欧亚大陆积雪覆盖率由北向南递减的趋势以及青藏高原地区高于同纬度其他区域的空间分布形态。但各模式模拟的积雪覆盖结果与观测结果相比，在青藏高原地区的数值差异较大。观测的积雪覆盖率在高原地区为 0.3 左右，而模式模拟的值均超过了这一数值。值得注意的是，由于高原是多云地区，云会影响卫星的可见光观测。因此，云会导致大面积的积雪覆盖被漏测。此外，高原地形复杂，模式本身在复杂地形区域的模拟也存在一定的偏差。

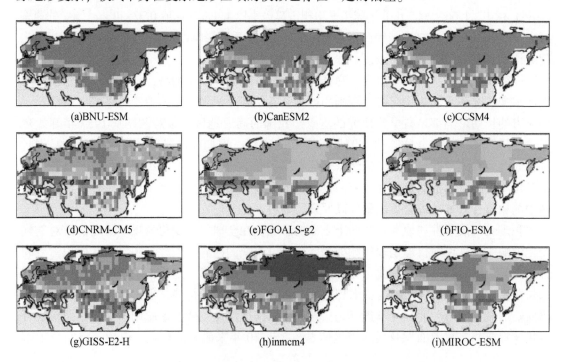

(a)BNU-ESM   (b)CanESM2   (c)CCSM4

(d)CNRM-CM5   (e)FGOALS-g2   (f)FIO-ESM

(g)GISS-E2-H   (h)inmcm4   (i)MIROC-ESM

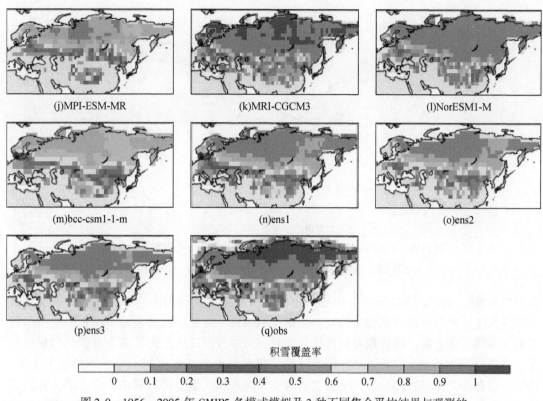

图 2-9   1956~2005 年 CMIP5 各模式模拟及 3 种不同集合平均结果与观测的
欧亚大陆冬季积雪覆盖率对比情况（Xia et al.，2014）

　　为了定量地表示各模式模拟的积雪覆盖率空间形态与观测的一致性程度，绘制了图 2-10，该图反映了计算的各模式与观测的积雪覆盖率的相关系数在每个月的分布。可以看出，模式模拟的与观测的积雪覆盖在积雪较多的冬季达到 0.85，大于积雪较少的夏季。从量值上来看，几乎所有模式模拟的 60°N 以北的地区的积雪覆盖率都低于观测值。除了空间形态外，图 2-11 还检验了各模式对欧亚大陆积雪覆盖率季节变化的模拟能力。基本上所有模式模拟的积雪覆盖率的季节变化与观测结果在相位上都能吻合得较好，两者相关系数超过 0.95。然而，各模式模拟的积雪覆盖率在各个月的模拟值都大于观测值，也就是说大部分模式都高估了积雪覆盖率的季节变化。

　　根据 Li 等（2009）针对不同积雪覆盖率方案的对比工作可知，在同一大气强迫和陆面过程的物理框架下，使用不同的积雪覆盖率方案，得到的模式模拟积雪覆盖率差别很大。此外，根据 Xia 等（2014）针对 FGOALS-g2 和 FGOALS-s2 两个模式对积雪覆盖率模拟情况的分析可知，模式对积雪覆盖的模拟既要考虑积雪覆盖率参数化本身的影响，还要考虑大气强迫的影响。本书的 13 个模式中，其中 BNU-ESM、FGOALS-g2、FIO-ESM、bcc-csm1-1-m 模式使用了 NCAR CLM3.0 中的积雪覆盖率方案，MRI-CGCM3 模式使用了 SIB 中的积雪覆盖率方案，这两个积雪覆盖率方案都仅考虑了积雪深度的影响，CCSM4 和 NorESM1-M 模式使用了 CLM4.0 中的方案，除考虑了积雪深度的影响外，还考虑了积雪密

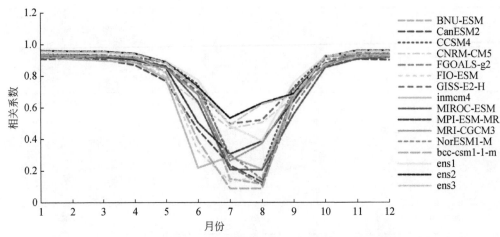

图 2-10　CMIP5 各模式模拟与观测的欧亚大陆平均的积雪覆盖率的
空间相关系数随季节的变化情况（Xia et al.，2014）

度的影响，CanESM2 和 GISS-E2-H 模式中的积雪覆盖率仅与雪水当量有关，而雪水当量
和积雪深度是两个可以相互转化的量。根据文献调研，尚未找到其余几个模式中使用的积
雪覆盖率的具体方案，但从现有的调研结果看，大多数模式的积雪覆盖率方案都与积雪深
度有关。由图 2-11（b）可知，各模式模拟的积雪深度也基本上都大于观测的积雪冻度，
特别是在冬季，而积雪深度模拟优劣主要取决于降水和气温。可以看出，在冬季，各模式
模拟的欧亚大陆降水都明显偏多，而气温在冬季也呈现出明显的正偏差，温度偏高不利于
积雪的积累。但由于模式模拟的冬季气温一直低于 0℃，因此，更多的降水在低温下以降
雪的方式降落，这导致过多的积雪生成。然而，积雪覆盖率模拟偏大的原因是否与积雪覆
盖率参数化方案的本身有关，还需要开展一系列敏感性试验继续深入分析。

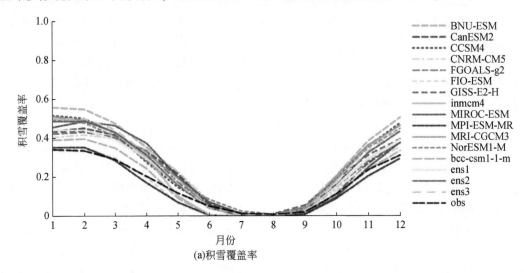

(a)积雪覆盖率

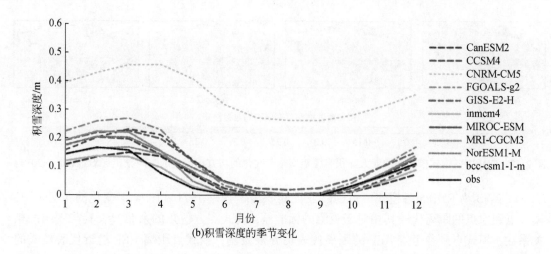

(b)积雪深度的季节变化

图 2-11　CMIP5 各模式模拟和观测的欧亚大陆平均的积雪覆盖率和积雪深度的季节变化（Xia et al.，2014）

由于各模式积雪覆盖率的季节变化与观测的差异较大，因此，计算得到的各模式的 RMSE 也较大。为了分析 RMSE 的空间分布特征，对欧亚大陆中每个点的积雪覆盖率的季节变化的 RMSE 进行了分析。从图 2-12 可以看出，各模式 RMSE 空间分布呈现出的共同特点是，最大的 RMSE 区域基本都集中在青藏高原附近，这主要由模式和观测的积雪覆盖率在高原处的不确定性较大造成的，而 RMSE 最大区域的分布范围，在不同模式之间是不一致的。例如，BNU-ESM 模式模拟的我国东北、华北、高原地区基本上都是 RMSE 较大的区域，而 FGOALS-g2、GISSE2-H 等模式模拟的 RMSE 区域就小了很多，这反映了积雪的空间异质性。因此，在模式中要充分考虑次网格过程对积雪覆盖率的影响。

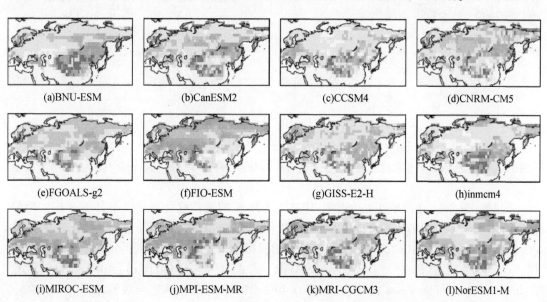

23

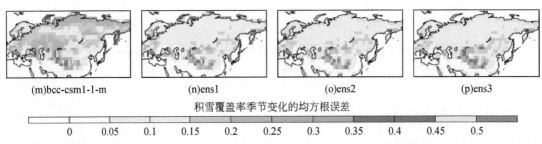

(m)bcc-csm1-1-m (n)ens1 (o)ens2 (p)ens3

积雪覆盖率季节变化的均方根误差

0   0.05   0.1   0.15   0.2   0.25   0.3   0.35   0.4   0.45   0.5

图 2-12　CMIP5 各模式模拟的欧亚大陆积雪覆盖率季节变化的均方根误差的空间分布（Xia et al., 2014）

图 2-13 为 CMIP5 各模式模拟的欧亚大陆积雪覆盖率 1971～1994 年变化的 Taylor 图，模式点到原点的距离代表其相对于观测的标准差，模式点方位角的余弦代表其与观测的相关系数，模式点到参考点 REF 的距离代表均方根误差，模式点距离 REF 越近代表模式的模拟性能越好。可以看出所有模式模拟结果与观测的时间相关系数都很小（0～0.5），这意味着模式模拟的欧亚大陆积雪覆盖率 1971～1994 年变化与观测的相位吻合较差，积雪覆盖率年际变化的模拟弱于季节变化的模拟，这与 Xia 等（2014）的结论一致。另外，各个模式模拟结果与观测的标准差的比值均小于 1，说明模式模拟的欧亚大陆积雪覆盖率的变化幅度小于观测的结果，模式低估了积雪覆盖率的年际变化。

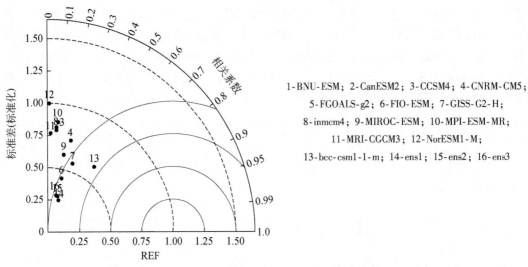

1-BNU-ESM；2-CanESM2；3-CCSM4；4-CNRM-CM5；5-FGOALS-g2；6-FIO-ESM；7-GISS-G2-H；8-inmcm4；9-MIROC-ESM；10-MPI-ESM-MR；11-MRI-CGCM3；12-NorESM1-M；13-bcc-csm1-1-m；14-ens1；15-ens2；16-ens3

图 2-13　CMIP5 各模式模拟的欧亚大陆积雪覆盖率 1971～1994 年变化的 Taylor 图（Xia et al., 2014）

同时，图 2-13 还反映了每个模式 1971～1994 年的线性变化趋势，总体看来模式能够对整个欧亚大陆在 1971～1994 年的线性变化趋势做出较好模拟，除 FGOALS-g2 模式（0.05%/10a）和 MRICGCM3 模式两个模式的模拟结果呈现出非常弱的增加趋势外，其余模式均呈现减小趋势，其中 NorESM1-M 模式（-0.54%/10a）、BNU-ESM 模式（-0.52%/10a）和 bcc-csm-1-m 模式（-0.49%/10a）的减小趋势与观测结果（-0.65%/10a）最为接近。除此之外，还对欧亚大陆每个点上积雪覆盖率在 1971～1994 年的变化趋势进行了研究（图 2-14），观测结果显示积雪覆盖率除在贝加尔湖的南部、青藏高原的南部及西欧南部的小部分区域有弱的增加趋势外，西欧和青藏高原一带积雪覆盖率呈现出显著的减少趋势。尽管模式能够对 1971～1994 年欧亚大陆平均的线性变化趋势做出较好模拟，但不同模式模拟的积雪覆盖率变化趋势的空间分布差异较大，其中 BNUESM 模式、CCSM4 模式和 CNRM-CM5 模式能够对西欧地区积雪覆盖率减少的趋势做出较好模拟，但这 3 个模式模拟的西欧地区积雪覆盖率减少的范围略大于观测结果，其余的模式对西欧地区积雪覆盖率的减少趋势模拟得较弱（如 GISS-E2-H 模式），或是模拟呈现出弱的增加趋势（如 FIO-ESM 模式），而各模式对青藏高原地区积雪覆盖率的变化模拟与观测相比也较弱。整体看来，不同模式在积雪覆盖率变化趋势的空间分布模拟方面还存在着一定的差异。

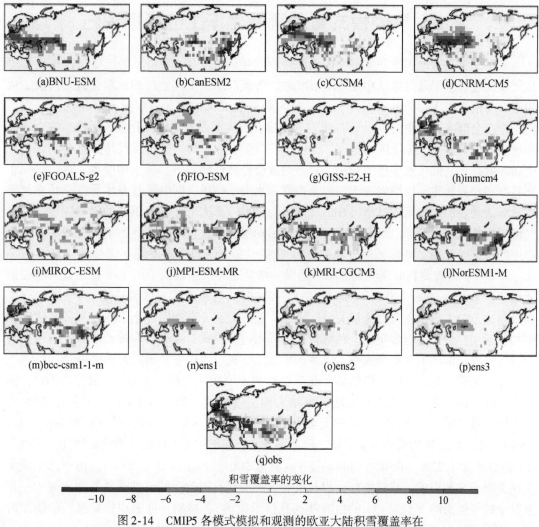

图 2-14　CMIP5 各模式模拟和观测的欧亚大陆积雪覆盖率在
1971～1994 年的线性变化趋势（Xia et al. , 2014）

通过上述分析可知，CMIP5 中大多数模式能够对积雪覆盖率的空间分布形态、季节变化及年际变化特征做出较好模拟。然而，一方面由于目前尚无对于积雪插值的统一或可推荐的方法，将所有模式结果通过双线性方法插值到同一网格会给模式结果带来一定的误差，同时，由于模式和观测资料在高原的不确定性，导致各个模式模拟的积雪覆盖率与观测相比在青藏高原上的差异较大；另一方面，积雪的空间异质性导致不同模式模拟的积雪覆盖率变化趋势的空间分布与观测结果存在一定的差异，尽管如此，考虑到 21 世纪气温持续升高是影响积雪变化的显著因子，这也许会弱化其他不确定因素的影响。另外，还可以看出，多模式集合平均的结果能够对积雪覆盖率的特征做出较好模拟，因此，可通过多模式集合平均的方式减少不同模式间的不确定性，对未来积雪覆盖率的变化进行预估。有关集合方法和集合预估不确定性问题会在第 9 章进行分析和讨论。

2.3 气候模式青藏高原上冻土的模拟评估

多年冻土是指地表下一定深度内地温持续两年以上处于 0℃ 以下的土层，是地质历史和气候变迁背景下通过地气相互作用形成的。青藏高原由于其独特的地理位置和海拔，成为中纬度地区冻土面积分布最广、厚度最大和温度最低的地区。高原上多年冻土分布广泛，约占全部冻土面积的 70%。冻土对环境变化，尤其是对温度变化极为敏感。在全球气候增温的大背景下，冻土区的范围、深度都在发生变化。这一变化反过来必然会引起当地生态环境甚至气候也发生重大变化，对当地社会经济造成影响。冻土中的水、冰、汽三相态共存和相互转化不仅影响着土壤的热力学和水力学性质，同时通过非传导性热传输的方式影响活动层的水热运输过程（Hinkel et al.，2001）。冻土是陆面重要的强迫因子，也是气候变化的敏感指示器。研究表明，冻土区活动层冻融过程对相变热的消耗形成了对地表温度的负反馈作用，降低了地气温差，致使多年冻土区的感热呈现下降趋势（Eugster et al.，2000）；而青藏高原观测到的感热通量、潜热通量及地表向下的土壤热通量与净辐射通量的余差可达 10%~20%（Foken et al.，2006）。可以看出，区域陆面地–气能水交换通量与冻土的水热过程有着密切关系。因此，通过监测，在阐明冻土水热过程及其物理机制的基础上，构建适应多年冻土独特特征的陆面过程模式，准确获取陆面参数，进而提高全球气候模式的模拟和预测水平，成为多年冻土学现阶段的主要研究方向之一。

冻土的碳库是大气圈的两倍多，介于植被和土壤碳库之间（Zimov et al.，2006），而且多年冻土区土壤有机碳库具有随深度增大而显著增加的特征（Tarnocai et al.，2009）。在全球气候变暖背景下，冻土退化无疑会加速多年冻土区的碳源效应转换（Ping et al.，2008）。在北极地区的观测事实表明，随地温升高，冻土中 CH_4 释放速率持续增加，近 30 年 CH_4 排放增加了 22%~60%（Christensen et al.，2004；Ping et al.，2008）。由于冻土碳库变化受制于多种因素，其碳循环过程与机理尚不清楚。因此，如何准确估算冻土碳库变化及其全球气候影响（如对 CO_2 的估算就遇到技术瓶颈），特别是冻土中长期累积的碳库所释放的碳量与时间以及冻土碳源汇转换的时间节点等是关注的核心问题（Zimov et al.，2006；Tarnocai et al.，2009）。

　　我国有关冻土的研究较少，相关资料稀缺。2010 年 7～12 月开展了"青藏高原多年冻土本地调查"，取得了较为全面的冻土资料。该调查以青藏高原西部为主体，该地区地理环境恶劣，自然灾害频发。区内有昆仑山脉、昆仑山脉和喜马拉雅山脉等。北部为东西走向的昆仑山冻漠土带，属于高原大陆性寒带干旱气候，终年低温，甚至在暖季的一天早晚都会出现冻结现象，是稳定的多年冻土发育区。考虑到高原地区复杂的下垫面和恶劣的气候环境，气象水文资料匮乏，这使得冻土的观测研究非常困难。数值模式的发展，使其成为研究冻土的重要工具。在此研究中，使用了 CMIP5 计划中的 20 个耦合模式的历史模拟对高原冻土进行了分析评估。所用的 20 个耦合模式信息见表 2-1。

表 2-1　20 个耦合模式信息

模式名称	国家	水平分辨率	陆面过程模式
ACCESS1-0	澳大利亚	1.875°×1.25°	MOSES2
bcc-csm1-1	中国	2.8°×2.8°	BCC_AVIM1.0
BNU-ESM	中国	2.8°×2.8°	CoLM+BNU-DGVM（C/N）
CanESM2	加拿大	2.8°×2.8°	CLASS2.7 和 CTEM1
CCSM4	美国	1.25°×0.94°	CLM4
CESM1-CAM5	美国	2.5°×1.9°	CLM4
CSIRO-MK3-6-0	澳大利亚	1.875°×1.875°	CSIRO
FGOALS-g2	中国	2.8°×2.8°	CLM3
FIO-ESM	中国	2.8°×2.8°	CLM3.5
GFDL-ESM2M	美国	2.5°×2.0°	LM3
GISS-E2-H	美国	2.8°×2.0°	Model H-LS
GISS-E2-R	美国	2.8°×2.0°	Model H-LS
HadGEM2-CC	英国	1.875°×1.25°	MOSES2 ans TRIFFID
HadGEM2-ES	英国	1.875°×1.25°	MOSES2 ans TRIFFID
inmcm4	俄罗斯	2.0°×1.5°	—
MIROC5	日本	1.4°×1.4°	MATSIRO
MIROC-ESM	日本	2.8°×2.8°	MATSIRO
MPI-ESM-LR	德国	1.9°×1.9°	JSBACH
MRI-CGCM3	日本	1.1°×1.1°	HAL
NorESM1-ME	挪威	2.5°×1.875°	CLM4

资料来源：常燕等，2016。

　　通常，多年冻土界限和年平均温度0℃线基本一致，季节性冻土和1月的0℃线对应（王澄海等，2014）。同再分析资料对比，大多数模式模拟结果较好地反映了高原地区0℃线的范围（图2-15）。气温和积雪是与冻土变化密切相关的气候要素——气温是冻土形成的主导因素，温度的上升会引起冻土分布的变化，而积雪状况也与冻土的存在或消退密切相关。这是因为积雪的厚度、密度以及持续时间对土壤热状况有极大影响（常燕等，2016）。因此，为了更好地评估冻土的分布，需要对各模式气温和冬季积雪深度的模拟结果进行简单的比较分析。

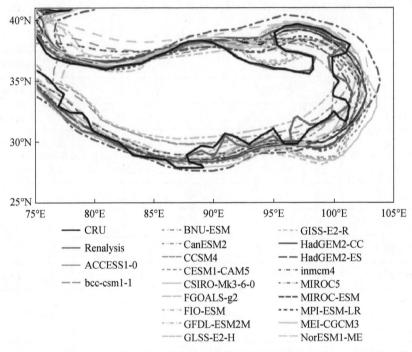

图2-15　CMIP5各模式模拟，CRU资料和再分析资料平均的高原年平均温度0℃线位置（常燕等，2016）

　　图2-16反映了各模式模拟和再分析资料的年平均气温、年平均最高和最低气温，冬季平均积雪深度相对于1986～2005年气候平均值的距平。再分析资料年平均气温、年平均最高和最低气温距平最大值均未超过0.5℃［图2-16（a）～（c）］，而年平均冬季积雪深度距平差异较大［图2-16（d）］。CMIP5多模式集合平均结果显示，年平均气温、年平均最高和最低气温的距平值分别为–2℃、–0.5℃、–4℃，平均冬季积雪深度距平值为0.23m。各模式模拟结果显示，对于年平均气温，20个模式中有11个模式存在2℃或者更大的冷偏差，只有一个模式的暖偏差超过了0.5℃。除BUN-ESM和FIO-ESM两个模式外，其余模式均表现为冷偏差［图2-16（a）］。考虑气温的季节性［图2-16（b）～（c）］，模式和再分析资料之间的偏差主要体现在冬季。年平均最低气温的变化幅度超过了10℃，而年平均最高气温的变化值超过7℃。在某些特定区域，积雪模拟能力下降。15个模式的平均冬季积雪深度距平绝对值大于0.1m［图2-16（d）］。CMIP5各模式模拟的高原积雪深度距平差异也较大，最大值达到–0.38m（HadG EM2-ES），最小值只有–0.02m（bcc-csm1-1）。

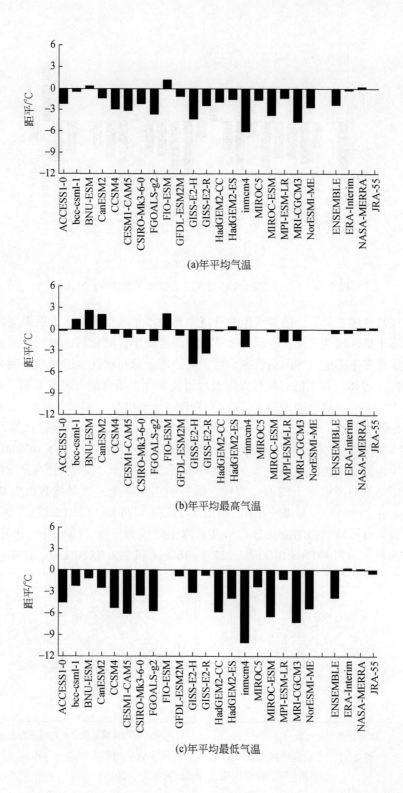

(a)年平均气温

(b)年平均最高气温

(c)年平均最低气温

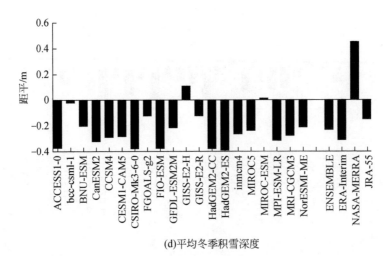

(d)平均冬季积雪深度

图2-16　1986～2005年各模式模拟偏差（常燕等，2016）

在全球气候变暖背景下，随着气温的升高，高原多年冻土区的活动层厚度发生了显著变化，多年冻土呈区域性退化，表现为季节冻结深度减小，融化深度增大，而多年冻土的退化主要发生在多年冻土边界的岛状冻土区。高原冻土分布状况也随之发生明显变化。李树德和程国栋（1996）利用已有钻探资料及地形信息等，结合前人研究编制了青藏高原冻土图［图2-17（a）］，较合理地展示了高原冻土的分布模态（赵林，2004）。Li和Cheng（1999）对该青藏高原冻土图进行了矢量栅格化处理，根据经纬度坐标计算面积，扣除DEM无值区后得到高原多年冻土和季节性冻土的面积分别为 $127.3 \times 10^4 \, km^2$ 和 $114.6 \times 10^4 \, km^2$。文中他们利用地面冻结模型方法还计算了20个模式当前冻土的分布状况。为保持多模式模拟结果与高原冻土图的一致性，研究中多年冻土的冻结指数取为0.58，接近Nelson和Outcal（1996）文章里的0.6。由图2-17（b）可见，CMIP5模式尽管分辨率较低，但多模式集合平均模拟的冻土分布与高原冻土图较为一致。1986年、1996年和2005年多年冻土面积分别为 $131.0 \times 10^4 \, km^2$、$127.8 \times 10^4 \, km^2$ 和 $123.0 \times 10^4 \, km^2$。1986～2005年平

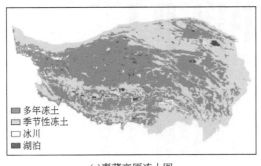

(a)青藏高原冻土图

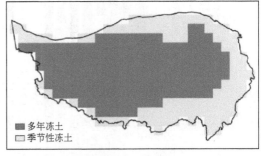

(b)CMIP5多模式集合平均模拟的冻土分布

图2-17　青藏高原冻土图和CMIP5多模式集合平均模拟的冻土分布
（李树德和程国栋，1996；常燕等，2016）

均多年冻土面积为127.5×10^{4}km^2，而图2-17（a）反映的多年冻土面积为129.2×10^{4}km^2，模式集合平均结果与 Li 和 Cheng（1999）对图2-17（a）矢量栅格化处理后的多年冻土的面积也较为接近。可见，地面冻结模型方法可用于冻土空间分布的计算。

与再分析资料相比较（1986～2005 年），高原区域冻土的相关气候偏差（近地面气温、雪深）非常显著。在使用地面冻结模型计算冻土面积时，范围越大的偏差对计算结果的影响越明显。CMIP5 模式在冬季显示出较大范围的气温偏差，平均冬季积雪深度距平的差异也很大。采用地面冻结模型，对 CMIP5 多模式模拟结果计算出当前近地面多年冻土面积，并和多年冻土图进行了对比，结果显示二者吻合较好。需要说明的是，再分析资料在高原等特殊地形区域的准确性较低，所以模拟结果与再分析资料有一定的偏差。

第3章　气候模式中的积雪参数化

积雪指覆盖在陆地和海冰表面的雪层，根据积雪稳定程度，它又分为：①永久积雪。在雪平衡线以上降雪积累量大于当年消融量，积雪终年不化。②稳定积雪（连续积雪）。空间分布和积雪时间（60d 以上）都比较连续的季节性积雪。③不稳定积雪（不连续积雪）。虽然每年都有降雪，而且气温较低，但在空间上积雪不连续，多呈斑状分布，在时间上积雪日数在 10～60d，且时断时续。④瞬间积雪。主要发生在我国华南、西南地区。这些地区平均气温较高，在季风特别强盛的年份，当寒潮或强冷空气侵袭时，发生大范围降雪，但积雪很快消融（一般不超过 10d）。作为冰冻圈的重要组成部分，积雪的分布约占全球陆地面积的 23%，全球 98% 的积范围于北半球，最大覆盖范围达 $4.5 \times 10^7 \text{km}^2$。积雪是冰冻圈中分布最广泛、年际变化和季节变化最显著的一员。

积雪水当量、分布范围及其时间变化等信息不仅是水资源管理的重要依据，更具有指示气候变化的重大科学价值（李弘毅和王建，2013），在全球或区域气候系统中起着极其重要的作用。由于积雪面的高反照率、固态与液态之间相变过程中潜热的释放和吸收，以及因其面积变化引起的水分和能量循环等因素，积雪面的变化将直接影响地表能量和水汽通量、云、降水、水文及大气环流和洋流（图 3-1）（杨兴国等，2012）。积雪变化对陆气间的能量平衡和水循环过程有着重要的影响，从而会对整个陆气系统的水资源平衡、大气环流和气候变化产生影响。

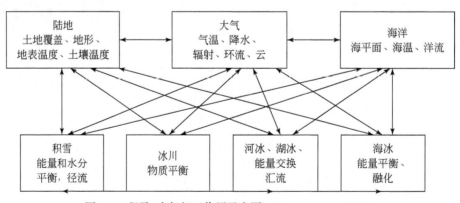

图 3-1　积雪-大气相互作用示意图（Moran et al.，2009）

通常我们通过雪盖范围（snow cover extent，SCE）、日降雪的季节性总和（the seasonal sum of daily snowfall，SSDS）、积雪深度（snow depth，SD）、积雪持续时间（snow cover duration，SCD）、雪水当量（snow water equivalent，SWE）来表征积雪变化过程。卫星数据和观测数据都表明，过去 90 年内，尤其是在 20 世纪 80 年代，北半球 SCE 明显减少。

通过观察和研究表明影响北半球 SCE 和美国西部 SWE 的主要因素是人。然而这种现象的发生并不能通过自然内部气候变化或者太阳辐射强迫，抑或者火山活动来解释。通过 13 个 CMIP5 模式模拟 1922～2005 年北半球 SCE，Rupp 等（2013）发现一些 CMIP5 模式模拟的结果可以通过外部自然因素和人为强迫解释 SCE 下降的原因（IPCC，2013）。对中国地区积雪的研究，主要集中于青藏高原、新疆地区和东北地区，其中对青藏高原积雪的研究主要集中于青藏高原积雪的时空分布，以及高原积雪对气候、季风、降水等的影响。有研究指出，青藏高原积雪在 20 世纪呈普遍增加的趋势，之后经历了一次由多到少的转变（希爽等，2013）。

3.1 积雪参数化简介

在模式中，各种微物理过程（如积云对流等）相对于模式网格点是一个次网格过程，需要用可显式求解的网格点上的大尺度变量描述其整体效应，即参数化。

20 世纪 80 年代以来，不少数值试验研究均提出了雪盖对气候异常的重要性。Yeh 等（1983）指出，雪盖影响不仅在于其高反照率造成的地面辐射收支变化，而且还在于融雪导致土壤湿度增加而形成的更长时间的气候效应。但在近年来的一些模拟分析中仍存在不同观点。例如，Cohen 和 Rind（1991）认为，异常雪盖的影响主要局限于降雪当地，且影响时间很短；而 Yasunari（1991）则认为，异常雪盖的影响可波及大尺度跨季节乃至跨年度的气候异常。造成这些观点差异的原因与不同学者的试验方式及解释有关，但更重要的原因可概括为如下两点：①雪盖变化本身的参数化不够准确，许多模式不包含雪盖，有关参数则大多是极其简化的概念性公式。由于缺乏长期系统的观测资料，要较好地解决这个问题还需一定的时间。②雪盖作为一种特殊的地表形态，其效应如何恰当地反映在整个陆面过程模式中也是很重要的（严中伟和季劲钧，1995）。

对积雪物理过程的认识随着观测资料的不断丰富而逐渐深入，反映不同精度的积雪内部水、热物理过程的模型不断发展（Jordan，1991；Sun et al.，1999；Dai et al.，2003）。Anderson（1976）和 Jordan（1991）最早发展了垂直分辨率高的一维积雪模式，该模式主要侧重于研究雪层内部的复杂物理过程。由于该模式计算量大，目前尚不能直接用于全球格点的气候模拟研究。自 20 世纪 90 年代初以来，一些积雪研究者开始把注意力主要集中在建立、发展和完善适用于气候研究的积雪参数化模式上。Sun 等（1999）和 Jin 等（1999）发展了一个一维雪盖-大气-土壤传输模式——SAST（雪盖与大气相互作用模型），根据地面雪深把积雪层划分为 1～3 层，考虑了积雪压实、热传导、雪粒增长和融化等发生在积雪内部的许多重要物理过程，计算量不大，且具有较好的积雪模拟能力（吴统文等，2004）。世界上现有的积雪模型中，一类是用于水文和工程（Anderson，1976；Jordan，1991）的研究，这类模型由于复杂难用于 GCM；另一类是 GCM 耦合的下垫面模型（如 SSIB、BATS）中的积雪方案，该方案的参数化过于简单，无法刻画出重要的积雪特征（孙菽芬等，1999）。

现代气候模式对积雪具备了一定的模拟能力，但是由于模式对积雪、海冰等变化机理的处理过于简单，对冰冻圈自身物理过程和气候系统有机耦合的考虑也不够全面，所用外强迫与实际强迫偏差较大，所以模式模拟还存在明显的差距，尤其是在地形复杂的高原，模式对积雪面积的年际变化模拟较差。因此，气候模式中的积雪参数化进一步发展是很有必要的。后面主要介绍目前流行的几种积雪参数化方案，分别是：SAST（雪盖与大气相互作用模型）、SNOW17（基于能量平衡的模型）、SSIB（简化生物圈陆面模式）、BATS（生物圈–大气圈传输方案）、Noah（Noah 陆面水文模式）、CLM（陆面过程模式）、VIC（可变下渗容量大尺度水文模型）。

3.2　积雪模式参数化的发展

3.2.1　积雪模型的发展和分类

当前存在许多针对陆地表面融雪过程的研究，众多学者尝试从不同角度将融雪模块引入陆面模式中，包括简单的度–日模型以及复杂的多层能量平衡方程。从模型建立的基础来看，大体上可以分为两大类：概念性模型和物理性模型。度–日模型属于概念性模型，能量平衡模型则属于物理性模型。下面将分别介绍两类模型的研究进展，包括度–日模型和能量平衡模型。

度–日模型是根据冰雪消融与气温之间的线性关系建立的，Flerchinger 等（1989）首次引入该模型研究了阿尔卑斯山的冰川变化。随着模型的发展，考虑到不同因素对度–日因子的影响作用，度–日因子而不再是常数。其主要考虑两方面的影响：一是考虑积雪表面的状况对度–日因子的影响。例如，Singh 等（1996）在计算 Himalayan 区积雪融化时，考虑了干净的雪和表面被污染的雪消融时度–日因子的差异；Arendt 等（1999）在研究北极地区冰川消融的过程中，指出度–日因子的变化取决于冰面反射率的变化。二是考虑森林植被的覆盖作用对积雪融化的影响。森林植被的覆盖作用增加了大气的长波辐射，但同时也减少了太阳的短波辐射，总体上影响了积雪的融化。Martinec（1986）等建议无植被覆盖区度–日因子可根据积雪的密度确定，植被覆盖区度–日因子要根据覆盖状况进行适当的调整。当然，为了模型模拟的精度，可将风速、辐射等多种因素考虑进来。Lang（1968）、Zuzel 和 Cox（1975）运用多元回归方法分析发现，度–日模型在融入了太阳辐射和水汽压两个变量之后，模型模拟效果比仅有气温这一变量时有显著提高。但是，通过数据统计的方式得到的度–日因子具有时间和空间的局限性，不具有广泛通用性。对于一些复杂情况（如降雨情况下的融雪，某些区域气温不能作为雪盖能量获得的主要指标）的融雪状况就很难做到准确模拟。另外，由于在小时尺度上气温变化剧烈，这些度–日因子无法按照小时尺度进行变化，从而不能很好地反映积雪小时尺度的变化规律。

1956 年，美国陆军工程兵团首次基于雪盖和环境的能量交换计算了融雪量。随后，Anderson（1973）、Mae 和 Granger（1981）、Morris（1983、1985）等对其进行了完善，形成了基于物理点尺度的能量平衡融雪模型。根据他们的研究可知，如果通过大气的相关数据可估算雪面的能量交换，那么就可以计算融雪量。Flerchinger 和 Saxton（1989）、郭东林和杨梅学（2010）将由 Anderson 开发的积雪参数化方案引入到 SHAW 模型（水热耦合模型）中，将土壤和雪盖作为整体进行了能量和物质平衡计算。Yamazaki（1992）考虑雪盖中液态水夜间重新凝结的过程，发展了一套基于能量平衡的多层积雪模型。Jordan（1991）开发的 SNTHERM 模型考虑了多种相态动态变化过程，是最复杂的基于能量平衡的积雪模型之一。该模型需要输入较多的数据，所以它难以应用到较大尺度。这些模型总结起来可以分为三类。

1) 相对简单的强迫-恢复（force-restore）法，计算雪盖和土壤复合层的温度变化（Pitman et al.，1991；Douville et al.，1995；Yang et al.，1997）。另外，有的学者通过简单的一层雪盖模型，将雪盖和土壤的热力学以及热通量分开来考虑（Verseghy et al.，1991；Slater et al.，2015；Sud and Mocko，1999）。

2) 复杂精细模型。这类模型分层很细，能够刻画雪层内部的详细物理过程（Anderson，1976；Jordan，1991），但需要的输入数据较多，计算量大。

3) 基于物理过程的中等复杂模型（Loth et al.，1996；Lynch-Stieglitz，1994；Sun et al.，1999）。这类模型抽象概括出了雪盖内部水量能量变化的主要物理过程，忽略次要影响，用较少的分层来模拟雪盖内部的变化过程（孙立涛等，2015）。

3.2.2　积雪模型的参数化方案：SAST 和 SNOW17

雪盖与大气相互作用模型（snow-atmosphere-soil transfer model，SAST）和 SNOW17 都是与美国国家气象局（National Weather Service，NWS）降水径流模型的耦合以及通过季节性变化的集合预报和每周雪水当量运算出结果的。SAST 和 SNOW17 集合预报均高于气候学预报，而且在大多数情况下二者预报质量水平相当，只有在积雪部分融化的情况下才能辨出二者的差别（Franz et al.，2008）。下面先介绍模式 SAST 和 SNOW17。

SAST 是基于一维的积雪特性及物理过程的模型（Jordan，1991；Anderson，1976），目前已经发展应用于气候和水文的研究（Sun et al.，1999）。它是雪盖分层小于或等于 3 层的方案，有 4 个预报变量（体积比熔 H_{snj}、体积雪水当量 W_{snj}、雪层厚度 D_{z_j} 及雪密度 ρ_{snj}）及几个诊断量（如温度、体积雪水当量中干雪质量比数 $f_{i,j}$ 及雪粒直径 d_j），分别由质量、能量和雪盖压实及雪密度变化速率控制方程及有关的参数化方案和给定的参数确定，预报它们在大气条件驱动下，进行季节性变化（孙菽芬等，2002）。SAST 不同于大多数 GCMs 中的各种积雪参数化，它可以辨识土壤中的雪热状态，并且包含许多发生在雪盖（如压实雪）中的重要的物理过程，如热传导、雪晶增长、积雪融化等（Sun et al.，1999）。

SAST 模型计算输入的变量有：入射短波辐射、发生反射的短波辐射、入射长波辐射、气温、降水、风速和相对湿度。输出的变量有：SWE、积雪密度、径流、雪温廓线和雪表面湍流热通量（Franz et al.，2008）。

　　雪盖的热力作用受太阳辐射、长波辐射、感热通量、潜热通量、降水、地表热通量、表层间的热传导以及相态之间互相转换时能量释放等作用影响。在 SAST 中的能量平衡方程，用焓代替温度的变化，融水的焓值定义为 0。因此，渗入地下的、土壤层的或者形成径流、排水的雪融水的焓均为 0。这样会使相变的过程处理起来更简便，并且可以促使能量平衡方程计算更精确，不会因雪融水流而校正计算结果。

　　定义 273.15K 时水的体积比焓 H（J/m^3）=0，其控制方程为

$$\frac{\partial H}{\partial t}=\frac{\partial}{\partial Z}\left[K\frac{\partial T}{\partial Z}-R_S(Z)\right] \tag{3-1}$$

式中，K 为热传导系数 $[W/(m\cdot K)]$；R_S 为雪层短波辐射通量（W/m^2）；Z 是深度（m）；T 为次表层的温度，R_S 定义为

$$R_S(Z)=R_S(0)\times(1-\alpha)\times e^{(-\lambda Z)} \tag{3-2}$$

式中，α 为反照率；λ 为太阳辐射的消光系数（m^{-1}）。消光系数会影响表面能量平衡，也会影响表层融雪速率。次表层的温度 T 可以由以下关系式推算出：

$$H=C_v\times(T-273.16)-f_i\times L_{li}\times W\times\rho_1 \tag{3-3}$$

式中，L_{li} 为冰雪的融化潜热（J/kg）；ρ_1 为液态水密度（kg/m^3）；W 为体积雪水当量；f_i 为第 i 层的干雪质量分数，它介于 $0\sim1$；C_v 为平均体积热容 $[J/(m^3\cdot K)]$，

$$C_v=1.9\times10^6\frac{\rho_s}{\rho_i} \tag{3-4}$$

式中，ρ_s 为雪体积密度（kg/m^3）；ρ_i 为冰密度，即 $920kg/m^3$。

　　式（3-1）和式（3-3）含有一些未知变量（H、T、f_i）。受实际积雪状况的约束，必须补充一个附加物理限制条件使解唯一。实际存在的雪盖有三种状态：①冻雪层，气温低于冰点，干雪质量分数 f_i 为 1；②部分融化的积雪层，气温等于冰点，$0<f_i<1$；③完全融化的积雪层，气温等于冰点，即 $f_i=0$。

　　在解能量平衡方程的过程中，我们首先假设 $f_i=1$，计算出雪温（积雪状态 1）。如果得到的雪温不低于冰点，这就说明第一种状态假设是不正确的，然后再假设积雪发生了融化，求得 f_i 的解（积雪状态 2、3）。如果计算出的焓大于 0，意味着输入能量大于整层积雪融化所需的能量，那么积雪完全融化。在这一假设中，多余的输入能量传输到下层面，设 $f_i=0$。

　　质量平衡方程控制雪水当量（单位体积的液态水及气态水质量之和）变化中忽略气态水运动对雪水当量的贡献。雪层的雪水当量变化由降雪、降雨、雪内部融化液态水流进流出、径流及雪表面蒸发所引起。在 SAST 中，整个雪盖分层不超过三层（实际分层数多少取决于雪盖总厚度）。定义第 j 层厚度为 D_{zj}，该层中雪水当量为 w_j，则表层（$j=1$）总的雪水当量变化为

$$\frac{\partial(w_1 D_{zj})}{\partial t}=P_{sn}+IF_0-IF_1-RF_1-E_0 \tag{3-5}$$

　　而表层之下各层（$j=2$，3）的方程则为

$$\frac{\partial(w_j D_{z_j})}{\partial t} = \mathrm{IF}_{j-1} - \mathrm{IF}_j - \mathrm{RF}_j \tag{3-6}$$

式中，E_0 为发生在雪层表面且向上的蒸发率（m/s），即为正。IF_0 为降雨产生下渗到表层速率；IF_{j-1} 为层 j 上界面液态水实际入渗率；RF_j 为从下层 j 下界面处出流径流量率（m/s），层 j 单位时间内出流速率 $W_j = \mathrm{IF}_j + \mathrm{RF}_j$。在 SAST 中，引进一个单位质量干雪内最大蓄水能力的临界值，称为持水能力 C_r。Wf 等于该层总的液态水总量减去该层总的最大蓄水能力。从上层液态水流出量并不一定等于能够渗至下层的入渗量，SAST 引用饱和入渗速率：

$$\mathrm{IF}_p = 4.2129 \times 10^5 \times d^2 \times \mathrm{e}^{-\mathrm{CE}} \tag{3-7}$$

式中，$\mathrm{CE} = 7.8 \times 10^{-3} \gamma_i$，$\gamma_i$ 为冰密度；d 为雪晶粒径大小；IF 为实际渗透率，$\mathrm{IF} = \min(\mathrm{IF}_p, W_f, \mathrm{avs})$；avs 为积雪层有效空间能够容纳的入渗水。

雪层压缩过程包括三方面：破坏性变形压缩（主要产生于新雪），重量产生的压缩由于融化雪水出流产生的雪层变薄。对于变形压缩，Anderson（1976）提出：

$$\left[\frac{1}{D_z}\frac{\partial D_z}{\partial t}\right]_m = -2.778 \times 10^6 \times C3 \times C4 \times \exp[-0.04(273.16 - T)]$$

$$
\begin{aligned}
C3 &= 1, & \gamma_i &\leqslant 150 \\
C3 &= \mathrm{e}^{[-0.06(\gamma_i - 150)]}, & \gamma_i &\geqslant 150 \\
C4 &= 2, & \gamma_1 &> 0 \\
C4 &= 1, & \gamma_1 &= 0
\end{aligned}
\tag{3-8}
$$

式中，γ_i 和 γ_1 分别为固态水密度和液态水密度（kg/m³）。$C3$、$C4$ 为经验常数，应由实验校测而定。

当雪盖压实时，重量荷载使雪盖以较慢速率致密压实，压实速率经验公式（Anderson，1976）为

$$\left[\frac{1}{D_z}\frac{\partial D_z}{\partial t}\right]_w = -\frac{P_s}{\eta} \tag{3-9}$$

式中，η 是与雪密度有关的黏滞系数；P_s 是总的重量压力。重量压实的作用应包括自重，故总的重量压力 P_s 为

$$P_s = P_{\mathrm{top}} + P_{\mathrm{self}} \tag{3-10}$$

式中，P_{top} 为雪层上表面荷载压强；P_{self} 为本层雪自重产生附加压强；η 为与雪密度有关的黏滞系数（N·s/m²）。

$$\eta = \eta_0 \times \mathrm{e}^{C4} \tag{3-11}$$

式中，$\eta_0 = 3.6 \times 10^6$ Ns/m²，$C4 = C5(273.15 - T) + C6 \times \rho_s$，$C5 = 0.08 \mathrm{K}^{-1}$，$C6 = 0.021 \mathrm{m}^3/\mathrm{kg}$。总的压缩速率 CR1 即以上两项之和，为

$$\mathrm{CR1} = \left[\frac{1}{D_z}\frac{\partial D_z}{\partial t}\right]_m + \left[\frac{1}{D_z}\frac{\partial D_z}{\partial t}\right]_w \tag{3-12}$$

而雪层中雪的密度 ρ_s 由于压实过程，所产生的变化速率为

$$\frac{\mathrm{d}\rho_s}{\rho_s \mathrm{d}t} = -\mathrm{CR1} \tag{3-13}$$

由于冰的融化不能改变干雪的密度，但融化水的流走会减少雪层厚度，其层厚度减小的速率 CR2 满足：

$$\left[\frac{1}{D_z}\frac{\partial D_z}{\partial t}\right]_{ml} = -\frac{\mathrm{d}\,h_i}{h_i} = CR2 \tag{3-14}$$

式中，h_i 为融化前层内干雪质量；$\mathrm{d}h_i$ 为层中融化而流走的干雪质量。所以，总厚度减少速率 CR 为

$$CR = CR1 + CR2 \tag{3-15}$$

对于表层，它的总厚度因压实而减小，但也会因新降干雪而增加。

雪粒径 d 在质量平衡方程和能量平衡方程中起重要作用。它会影响融雪水的渗透率和雪层内辐射传输的消光系数。SAST 中引用 Anderson（1976）的经验公式：

$$
\begin{aligned}
d &= 0, & \gamma_i &> 920 \\
d &= 2.796 \times 10^{-3}, & 400 &\leqslant \gamma_i \leqslant 920 \\
d &= 1.6 \times 10^{-4} + 1.1 \times 10^{-13} \gamma_i^4, & \gamma_i &< 400
\end{aligned}
\tag{3-16}
$$

式中，γ_i 是雪密度（kg/m^3）。

定义雪层持水能力为单位质量干雪能够存储的水量。利用 Loth 和 Graf（1993）建议的公式：

$$C_r = \begin{cases} C_{\min}, & \gamma_i \geqslant \gamma_e \\ C_{\min} + \dfrac{(C_{\max} - C_{\min})\ (\gamma_e - \gamma_i)}{\gamma_e}, & \gamma_i \leqslant \gamma_e \end{cases} \tag{3-17}$$

式中，C_r 是雪层持水能力；$C_{\min} = 0.03$；$C_{\max} = 0.10$；$\gamma_e = 200 kg/m^3$。

雪面反照率是决定雪盖能量平衡的重要因子。它影响积雪温度，雪面热通量以及积雪消融时间。SAST 模型中，对雪深小于 25cm 的浅雪及大于 25cm 的深雪用了不同的方案。先规定晴朗天气下雪面的反照率 ALB0 为雪龄的函数：

$$ALB0\ (t) = 0.5 + \left[ALB0\ (t-1)\ -0.5 \right] e^{(-0.01\Delta t/3600)}$$

对于深层雪：

$$ALB0\ (t) = ALB0\ (t-1)\ -0.071/86\ 400\Delta t$$

对于浅层湿雪和浅层干雪：

$$ALB0\ (t) = ALB0\ (t-1)\ -0.006/86\ 400\Delta t \tag{3-18}$$

实际反照率 ALB 是通过云量和太阳高度角校正而来的，引用 Siemer（1988）方程：

$$ALB = ALB0 + ALB0^3\ (1 - ALB0)\ F\ (N,\ AG) \tag{3-19}$$

$$F\ (N,\ AG) = N^2 + e^{\{1 - [sin^2(AG)]\}} - 1.3N^2 e^{\{1 - [sin^2 - (AG)]\}} \tag{3-20}$$

式中，t 为时间；N 为云量；AG 为太阳高度角和 $\pi/3$ 中的小值。新雪会迅速提高表面反照率。SAST 规定每覆盖 1cm 新雪，晴朗天气下反照率增加 0.1，但最大不超过 0.92。

雪盖上边界驱动条件本应由地气耦合作用（或地气耦合模型）产生。但是在雪盖模型发展研究中，往往在给定的大气条件下研究雪盖变化，SAST 要求大气压强、温度、湿度、风速、降水及太阳辐射作为上边界条件。

SNOW17 是基于能量平衡的模型（Anderson，1968，1976），原名为 HYDRO-17。它具

有比大多数传统度–日法更为复杂的计算方法，传统度–日法是连续计算积雪储热以及液态水滞留和传输，但是SNOW17完全根据温度计算模式积雪过程，其结果被称为温度指数模型（Anderson，1976）。

美国国家气象局积雪的业务预报概念均基于模型SNOW17，几十年都不曾改变（Franz et al.，2008）。美国业务预报之所以采用SNOW17有以下两大原因：①美国各地实时气温数据完整；②SNOW17 预报结果至少和能量–空气动力学方法计算出的结果相似（Anderson，1973，1976）。但也有科学家指出，SNOW17不能准确地预报一个复杂盆地融雪的时间，因为该模型没有考虑盆地阴面对太阳辐射的影响（Lundquist et al.，2006）。

表3-1 提供了式（3-21）到式（3-40）所用到的积雪能量平衡方程的重要参数及其描述。

表3-1　积雪能量平衡方程重要参数

参数	描述	参数	描述
A	反照率	S_i	流域积雪水的指标值
A_i	反照率指数	T_a	空气温度
C_v	测量平均海拔流域蒸汽压的校正值	T_d	露点温度
E	向雪盖输送的水汽量	T_v	新降水温度
K	$=K' \cdot K''$	T_s	雪表温度
K'	调整风从点到面的经验常数	T_{sk}	雪表华氏温度
K''	在一个点上经验风速公式守恒	T_w	湿球温度
K_H	显热涡导系数	W	部分覆盖再次发生之前融化的部分新雪
K'_s	有效热传导率	a	通过温度计算蒸汽压的系数
K_w	水汽涡传导系数	b	通过温度计算蒸汽压的系数
L	蒸发潜热（cal/gm）[1]	c	通过积雪计算反向辐射的系数
L_v	体积水中的蒸发潜热 [cal/（cm² · inch）] [2]	c_i	冰的比热
L_s	体积水中的升华潜热 [cal/（cm² · inch）]	c_p	干空气的比热
M	融雪水	c_w	水的比热
P	新降水量	d	通过积雪计算反向辐射的系数
P_a	气压	e	蒸汽压
Q_a	地球辐射	e_a	空气中的蒸汽压
Q_c	积雪层内热量传输	e_s	雪面蒸汽压
Q_e	蒸发、凝结、升华引起的潜热变化	$f(u)$	水汽输送的风力函数
Q_h	感热传输	$f(u)'$	显热输送的风力函数
Q_i	太阳辐射	$f(u_w)$	一点的风速延伸到整个流域风速的风力函数
Q_l	融化或结冰引起的潜热变化	g	计算反照率的经验常数

参数	描述	参数	描述
Q'_1	积雪表层融化或结冰引起的潜热变化	m	计算反照率的经验常数
Q'_m	表层融化释放的热量	n	计算反照率的经验常数
Q_r	净辐射热传输	q	比湿
Q_s	雪陆之间净热传导	t	时间（s）
Q_w	雪水当量吸收或释放的热量	u	风速
Q'_w	表层雪水当量吸收或释放的热量	z	高度
Q_{wr}	雨的热量	β	Bowen 比
Q_{ws}	新雨的热量	γ	维系数
Q_θ	雪盖热储量	ρ	空气密度
R	暂态水的路径系数	ρ_s	每单位体积雪水当量密度
S	新雪量	ρ'_s	雪盖表层密度
S_b	水当量前的新雪	σ	Stefan-Boltzmann 常数 $[5.67\times10^{-8}\,\text{W}/(\text{m}^2\cdot\text{K}^4)]$

①1calmean（平均卡）= 4.190J。

②1in = 2.54cm。

资料来源：Anderson，1968。

任何时间积雪能量方程都可以表达为

$$Q_\theta = Q_r + Q_h + Q_e + Q_1 + Q_s + Q_w \tag{3-21}$$

式中，+表示雪热增益。

如果 Q_s 暂时忽略，剩余能量在积雪表层转换有 3 个形态：积雪径流热含量、积雪中的液态水结冰释放的潜热、太阳辐射穿透引起的热增益。因为流出积雪的融水一般都是 32℉①，如果 32℉用来当作储热计算的零点，那么第一种形态可以忽略。

如果假设雪表层没有太阳辐射的穿透，其引起的热增益忽略，那么该层积雪的能量平衡方程可以表达为

$$Q_r + Q_h + Q_e + Q'_1 + Q_c + Q'_w = 0 \tag{3-22}$$

因为流出积雪的融水一般都是 32℉，Q'_w 为降雨传输到积雪的热量，因此 $Q'_w = Q_w$。另外，由于积雪表层可冻结的液态水很少，可以忽略，因此 Q'_1 仅为融雪引起的潜热损失。

雪面上物质在物态变化（相变）过程中，在温度没有变化的情况下，吸收或释放的能量称为潜热。积雪融化、蒸发、凝结取决于气压梯度力的方向。如果积雪没有发生融化，那么一定存在气-固相态之间的转换。当空气中气压大于雪面气压时，那么大气向雪盖传输水汽，导致潜热释放。当气压梯度力相反的时候，水汽和热量的传输方向也相反。在此过程中水汽的传输可以表达为

————————

① 1℉ = -17.22℃。

$$E = f(u)(e_a - e_s) \tag{3-23}$$

通常假设e_s等于雪面温度下的饱和水汽压。

大气与积雪的热量交换称之为显热传输，也称为湍流交换过程。显热的传输方向受温度梯度力的影响。当雪面上空气温度高于雪面时，存在大气向雪面传输热量的过程。反之亦然。显热传输表达式与水汽传输相似：

$$Q_h = f(u)'(T_a - T_s) \tag{3-24}$$

如果可以测量出水汽得失量、气温、积雪温度、风速，$f(u)$就可以求得。因此，Q_e也可以计算出来。但是Q_h不能被直接求出，通过以下方法可以求得Q_h，即 Bowen 比（1926）：

$$\beta = \frac{Q_h}{Q_e} = -\rho \cdot C_v \cdot K_H \cdot \left(\frac{\partial T_a}{\partial z}\right) \Big/ \left[-L \cdot \rho \cdot K_W \cdot \left(\frac{\partial q}{\partial z}\right)\right] \tag{3-25}$$

而β又可以从以下方程中算出：

$$\beta = \gamma \cdot \frac{T_a - T_s}{e_a - e_s} \tag{3-26}$$

假设K_H和K_W相等。其中，

$$\gamma = C_v \cdot P_a / 0.622 \cdot L \tag{3-27}$$

式中，$C_p = 0.133\,\text{gal} \cdot \text{gm} \cdot \text{℉}$；$L = 597.3\,\text{cal/gm}$；在 32 ℉时，$\gamma = 0.000\,36\,P_a$。

降水传热，新降水的热量可以表示为

$$\text{snow} \qquad Q_{ws} = P \cdot T_v c_i \tag{3-28}$$

$$\text{rain} \qquad Q_{wr} = P \cdot T_v c_w \tag{3-29}$$

因为降水的温度通常无法测量，所以假设$T_v = T_w$。

式（3-22）中最难的部分应该是计算热传导。Yeh（1962）总结了不同密度雪的热传导率。二者之间的关系可以表示为

$$K_s = 0.0077 \cdot \rho_s^2 \tag{3-30}$$

即使雪密度为 0.5，其热传导率也很小。因此，相对于雪气之间的热传导，雪内部的热传导很小。因此，雪内部热传导的测量结果很难得到保证。根据 Wilson（1941）就可以算出热传导率，即

$$Q_c = 2 \cdot K_s \cdot (T_s - 32) \cdot \frac{\sqrt{t}}{\sqrt{K_s \cdot \dfrac{\pi}{C_i} \cdot \rho'_s}} \tag{3-31}$$

若已知Q_r、$f(u)$、e_a、T_a、P_a、P、T_w、ρ'_s。我们只需要知道Q'_1、Q_c就可以求解方程（3-22）了，净辐射热传输可以表达为

$$Q_r = Q_i \cdot (1 - A) + Q_a - \sigma \cdot T_{sk}^4 \tag{3-32}$$

式中，A为反照率。

现有两种情况可以求解方程（3-22）：第一种是积雪以 32 ℉等温融化，那么$T_a = 32\,℉$，$Q_c = 0$。Q'_m取代$-Q'_1$，热量引起积雪融化，因为在这种情形下任何形式的降水都有可能是降雨，因此方程也可以表达为

$$Q'_m = Q_r + Q_h + Q_c + Q_{wr} \tag{3-33}$$

再从式 (3-23)、式 (3-24)、式 (3-26)、式 (3-29) 出发，得

$$Q'_m = Q_r + L_v \cdot f(u) \cdot [\gamma \cdot (T_a - T_s) + (e_a - e_s)] + P \cdot c_w \cdot (T_v - T_s) \tag{3-34}$$

进而

$$Q'_m = Q_r + 1517 \cdot f(u) \cdot [0.00036 \cdot P_a \cdot (T_a - 32) + (e_a - 0.1804)] + 1.41 \cdot P \cdot (T_w - 32) \tag{3-35}$$

因为雪在 32℉ 时吸收 202.4cal/cm² 才能融化成水当量，雪融量为

$$M = \frac{Q'_m}{202.4} \tag{3-36}$$

第二种是积雪以 32℉ 等温存在，但不发生明显融化现象，那么 $Q'_1 = 0$，Q_c 可以表达为式 (3-31)，再从方程式 (3-23)、式 (3-24)、式 (3-26)、式 (3-29) 出发，可得

$$Q_r + L_s \cdot f(u) \cdot [\gamma \cdot (T_a - T_s) + (e_a - e_s)] - 2 \cdot K_a \cdot (T_a - 32.0) \cdot \frac{\sqrt{t}}{\sqrt{K_a \cdot \frac{\pi}{C_i} \cdot \rho'_s}} + Q'_w = 0 \tag{3-37}$$

进而

$$T_s = \frac{Q_r + L_s \cdot f(u) \cdot (\gamma \cdot T_a + e_a - a) + \left(64 \cdot K_s \cdot \sqrt{\frac{t}{\sqrt{K_s \cdot \frac{\pi}{C_i} \cdot \rho'_s}}}\right) + Q'_w}{L_s \cdot f(u) \cdot (\gamma + b)} + 2 \cdot K_s \cdot \frac{\sqrt{t}}{\sqrt{K_s \cdot \frac{\pi}{c_i} \cdot \rho'_s}} \tag{3-38}$$

再根据式 (3-30)，雪表面温度可以表示为

$$T_a = [Q_r + (0.00036 \cdot P_a \cdot T_a + e_a - a) \cdot 1719.5 \cdot f(u) + 260 \cdot \rho'^{\frac{3}{2}}_s] \tag{3-39}$$

其中 a，b 分以下三种情况：$20℉ \leq T_a \leq 32℉$，$a = 0.0175$ 且 $b = 0.00618$；$0℉ \leq T_a \leq 20℉$，$a = -0.042$ 且 $b = 0.0032$；$T_a < 0℉$，$a = -0.043$ 且 $b = 0.0014$。

$\sigma \cdot T^4_{sk}$ 可以改为 $c + d$ 的形式，因此式 (3-39) 又可以写成：

$$T_s = \frac{Q_i \cdot (1-A) + Q_a - c + (0.00036 \cdot P_a \cdot T_a + e_a - a) \cdot 1719.5 \cdot f(u) + 260 \cdot \rho'^{\frac{3}{2}}_s + Q'_w}{d + (0.00036 \cdot P_a + b) \cdot 1719.5 \cdot f(u) + 8.1 \cdot \rho'^{\frac{3}{2}}_a} \tag{3-40}$$

其中，c、d 分以下两种情况：$20℉ \leq T_a \leq 32℉$，$c = 246$ 且 $d = 2.54$；$T_a < 20℉$，$c = 249$ 且 $d = 2.31$。

两种积雪模式都利用 Reynolds Mountain 东部流域雪枕 1984~1996 年的 SWE 观测数据进行人工校正。SAST 是首先使用默认参数的模式。但是，默认参数导致 SWE 超出了预估范围，1993 年、1995 年、1996 年 SWE 均异常增高。因为 SAST 的参数没有经过具体的指导也没有适当的参数范围，一系列的可能变量都是通过 Xue 等 (2003)、Sun 等 (1999)、

Jordan（1991）和 Anderson（1976）不断的校正作为指导（表 3-2）。

表 3-2　SAST 和 SNOW17 模式的参数

	参数	描述	范围	校正
SNOW17	MFMAX	最大融化因子 $[mm/(℃·6h)]$	0.5～2	0.85
	MFMIN	最小融化因子 $[mm/(℃·6h)]$	0.05～0.9	0.05
	PLWHC	液态含水量（%）	0.02～0.3	0.01
	MBASE	融化基础温度（℃）	0～1	0.0
	NMF	最大负融因子 $[mm/(℃·6h)]$	0.05～0.50	0.15
	DAYGM	日平均地面融化（mm/d）	0～0.3	0.1
	UADJ	风功能因子（mm/mb）*	0.03～0.19	0.15
	TIMP	前期雪温指数	0.1～1	0.4
SAST	$R3$	反射率衰减指数	0.3	0.4
	BEXT	近红外消光系数	400	320
	CV	可见光消光系数	0.003 036	0.003 000
	FLMIN	最小液态含水量（%）	0.03～0.10	0.01
	ZHAUGHT	粗糙度	0.001～0.002	0.001
	DZMAX	表层雪最大厚度（m）	0.02	0.01
	DZMIN	表层雪最大厚度（m）	0.01	0.005
	DZNMAX	一层雪最大厚度（m）	0.20	0.15
	DZNMIN	二层雪最大厚度（m）	0.18	0.10
	AVO	新雪反照率	0.95	0.90

＊mb 气压单位，同 hPa。
资料来源：Franz et al., 2008。

SNOW17 模式的校正是通过参数范围得到的，Anderson（2002）[①] 的工作也对其校正有所帮助，并且通过 NWRFC（North West River Forecast Center）预报流域而获得参数。各个模型中雨或雪的临界值都设为 1℃，这是为了确保各个模型输入的降雪量一样（Franz et al.，2008）。

SNOW17 参数有 MFMIN、MBASE、NMF、DAYGM、UADJ 和 TIMP，它们都不受 NWRFC 的影响，因为模式模拟对这些参数并不敏感（表 3-2）。MFMAX 和 PLWHC 受 NWRFC 影响变化分别为 +30% 和 -20%。MFMAX 的校正促进了积雪和融雪模拟的最大发展。PLWHC 的校正提升了 SWE 被高估的概率，但是降低了对融雪时间的影响。

SAST 模式模拟过程中对雪层厚度的最大值和最小值（DZMAX、DZMIN、DZNMAX、DZNMIN）（表 3-2）的变化最为敏感。在 SAST 中，新雪反照率的降低和液态水最低持水能力对雪的过度积累影响很小。对于 4 个参数（$R3$、BEXT、CV、ZHAUGNT）的校正只

[①] Anderson E. 2002. Calibration of Conceptual Hydrologic Models ForUse in River Forecasting. Rep. Nws. Hydro.

有很小的改进。SAST 参数的调整引起了融雪时间提前、融雪时间延长、日融雪量减少。

利用 1984～1996 水年适当气象数据获得了对未来的预测趋势，每份预测数据有 13 份事后预测，每份事后预测中又有 12 种不同的趋势变化，根据预报机构在美国西北部应用的方法，对 1 月 1 日（J1），2 月 1 日（F1），3 月 1 日（M1），4 月 1 日（A1），5 月 1 日（My1）的预报数据进行了评估。SNOW17 和 SAST 中经过校准的日平均 SWE 误差分别是 26.7mm 和 34.2mm，后报会影响模式校正的精确率，因为在历史模拟过程中初始状态被忽略而且没有实时更新资料。SAST 模式模拟中由于春季 SWE 高估导致融雪结果较为延迟（Franz et al.，2008）。Reynolds Mountain 东部盆地地区模拟结果和雪枕观测资料相比，SAST 中 J1 和 M1 预测偏差为正，A1 和 My1 中预测偏差为负（图 3-2）。SAST 对 SWE 模拟的结果相比 SNOW17 有较大的误差（图 3-2 和图 3-3），并且积雪融水现象发生延迟，在春季迅速融化（图 3-3，图 3-4，表 3-3）。SWE 模拟结果和雪枕观测资料进行对比，可以发现，在积雪阶段雪枕观测资料与雪核测量有很好的相关性，融雪阶段误差较多，在结冰期误差不确定（Sorteberg et al.，2001）。在 Reynolds Mountain 东部盆地水多的年份中 3～5 月雪枕资料的准确率较低。SAST 结合雪测量资料对 1984 年 1～3 月有了较好的模拟结果，但是不论是雪枕资料还是雪核测量资料，SAST 都高估了 SWE 值（图 3-3）。

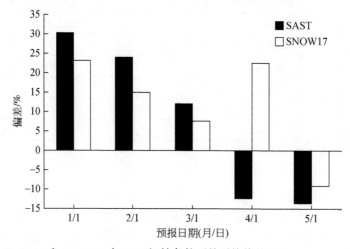

图 3-2　SAST 和 SNOW17 在 SWE 初始条件下的平均偏差（Franz et al.，2008）

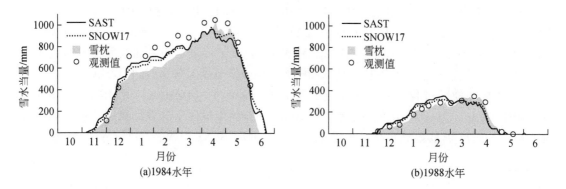

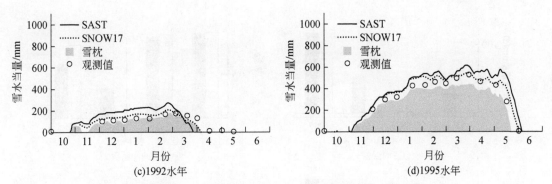

图 3-3　1984 水年、1988 水年、1992 水年和 1995 水年在东部盆地的日雪水当量（Franz et al.，2008）
阴影区域表示东部盆地雪枕的日观测 SWE；空心圆代表积雪调查的日观测 SWE。
1984 水年和 1995 水年是湿润年；1988 水年和 1992 水年是干热年

　　SNOW17 中日平均降水偏差为 2.6%，它低于 SAST，并且 SWE 平均误差峰值也较低，为 21.7mm（表 3-3）。SNOW17 相比 SAST 的纳什系数（0.84）具有较高值，为 0.95。从 1984~1991 水年以及 1994 水年，两模式对 SWE 模拟结果误差均不大，但是 13 年中的 9 年里，SAST 对模拟 SWE 的结果误差高于 SNOW17，SAST 与 SWE 也具有相对较低的相关性，尽管 1984 水年和 1988 水年两模式对 SWE 模拟结果相近［图 3-3（a），图 3-3（b）和图 3-4］。图 3-3 和图 3-4 中有两个湿润年（1988 水年，1992 水年）和干热年（1984 水年，1995 水年），可以看出 1992 水年十分干燥而 1995 水年水汽很充沛［图 3-3（c），图 3-3（d）和图3-4］，这两年的模拟误差不应该和雪盖面积的大小有关系。两模式都表明 1984 水年和 1988 水年模拟结果的高精确率。SNOW17 和 SAST 在具有最高积雪量的 1984 水年均有很好的模拟结果，即低的 Pbias 和高的 NSE［图 3-4（b）］。

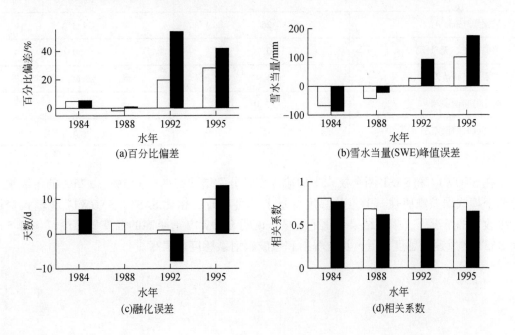

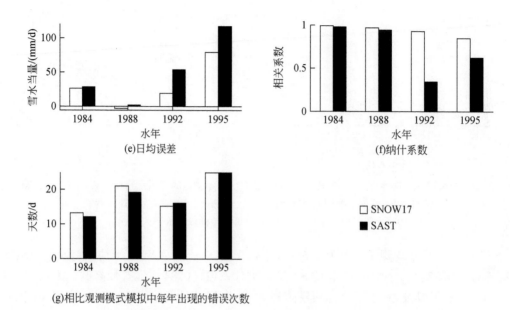

图 3-4 1984 水年、1988 水年、1992 水年和 1995 水年东部盆地研究
平均模式的雪盖数据（Franz et al.，2008）

表 3-3 SNOW17 和 SAST 通过 RME 雪枕 13 年记录的数据总结

模式	SNOW17	SAST
纳什系数（无量纲）	0.95	0.84
偏离率/%	9.40	13.00
融化量/（mm/d）	26.7	34.2
相关系数（无量纲）	0.74	0.60
雪水当量峰值误差/mm	3.90	25.60
融化时间误差/d	3.0	0.5
雪持续时间误差/d	16.8	17.5

资料来源：Franz et al.，2008。

在 SNOW17 和 SAST 两个模式中的输入变量分别增加 ±5%、±15%、±25% 的量级来进行两个模式误差敏感性试验。从温度变量上就可以看出相比 SAST，SNOW17 在输入变量量级改变的情况下，模式结果变化更明显，说明 SNOW17 有更高的温度敏感度（图 3-5）。而 SAST 中风速敏感度最低，长波辐射和短波辐射敏感度都很高。

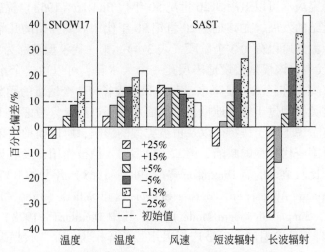

图 3-5　SNOW17 和 SAST 的输入数据中加入误差得到的运行结果（Franz et al.，2008）

虚线是原始模型模拟 SWE 时每日的平均百分比偏差

3.2.3　陆面模式中的积雪参数化方案

在现有的 20 多个用于 GCM 的陆面过程模型中，除了稠密植被下垫面研究得比较深入外，其他几类重要下垫面（如积雪、冻土、沙漠等）均未有很好的参数化方案。积雪下垫面是一个非常重要的陆面类型，其上反照率及其内热量及能量输送对于天气系统有很大的影响。

Anderson（1976）、Jordan（1991）等发展了用于水文学研究的复杂积雪模型，尽管这些模型对积雪本身的变化过程有了非常详细的考虑，但由于其复杂程度过高，很难用于气候变化及大尺度水文过程的研究，尤其很难用于 GCMs 中。相比之下，用于气候研究的绝大多数 GCMs 所采用的积雪参数化方案或模型则过于简单，这些简单的模型对积雪的变化很难作出准确的刻画，显然也很难满足当代气候研究的需要。20 世纪 90 年代以来，Loth等（1993）、Lynch-Stieglitz（1994）、孙菽芬等（1999）在以上复杂积雪模型的基础上提出了中等复杂程度的积雪模型，完善了数值模式对积雪变化过程的描述。这些模型既考虑了积雪的内部变化过程，又进行了必要的简化，从而能够更好地用于气候研究（陈海山等，2004）。

3.2.3.1　陆面模型的发展

陆地是气候系统中最复杂的组成部分，陆面过程是影响气候变化的基本理化过程之一。随着人们对全球气候变化认识的加深及计算机技术的发展，陆面过程已经成为一个重要的研究领域。陆面过程的研究主要是为了准确计算地气界面的各种通量，为天气模拟和大气环流模式等提供下边界条件，而这些通量的计算一般是通过陆面过程模式实现的（孙立涛等，2015）。

陆面模式的研究最早可以追溯到 20 世纪 50 年代 Budyko（1958）提出的"Bucket"方案。经过半个多世纪的发展，尤其是从 20 世纪 80 年代中后期开始的几十年，陆面模式获得了长足的进步，大致可以分为 3 个阶段（表 3-4）。第一代模型被称为"水箱模型"，以"Bucket"模型为代表。该模型假设地表层是一个大水箱，可以由这个水箱获得蒸发和径流，这两个变量（蒸发和径流）是降水、蒸发和地表径流 3 个通量的函数，地表蒸发与桶内水量成正比。这类模型过于笼统地概化了陆面水循环过程，只考虑了土壤和大气之间的水汽传输，并没有考虑不同土壤特征以及植被类型的影响，所以模型结果与现实状况往往有较大偏差。针对第一代模型的缺陷，第二代模型引入植被作用，发展为土壤植被大气传输模型。这类模型比较典型的有 Dickinson 等（1986，1988）开发的 BATS（生物圈-大气圈传输方案，Biosphere-Atmosphere Transfer Scheme）和 Sellers（1986，1996）开发的 SiB（生物圈陆面模式，Simple Biosphere Model）等。其中 Deardorff（1978）在大叶方案中采用了强迫-恢复法计算地表温度，后被广泛采用。总体来说，第二代模型是根据物理概念和理论建立起来的，尤其是较为真实地考虑了植被在水热过程中的作用。20 世纪 90 年代以来，随着全球气候研究的不断深入，对碳循环的研究也大大加强。与此同时，植物生化学和生态学的研究也取得了显著进步。国际地圈-生物圈计划（International Geosphere-Biosphere Programme）提出将全球碳循环、水循环以及食物系统集成研究。由此考虑生化过程的第三代陆面模式得到迅速发展（Monteith et al.，1995）。第三代模式除了考虑土壤、植被、大气之间交换的物理过程之外，还引入了植物生化方案，包括对光合作用和气孔控制蒸发等处理，能够较为真实地响应大气中 CO_2 的变化（Sellers et al.，1992）。与第二代模型相比，第三代陆面模式能够使陆气相互作用的物理过程和生化过程紧密结合起来，适用于全球气候变化的研究（孙立涛等，2015）。

表 3-4　陆面过程模型的发展阶段

时期	时间	特点	代表模型
第一阶段	1970～1979 年	无清晰的植被处理，"水箱"水文	Bucket[1]、MIAMI[2]、Köppen[3]、Holdridge[3]
第二阶段	1980～1989 年	"大叶"方法，多层水文，植被功能型的概念，植物竞争，卫星遥感数据	BATS[1]、 SiB[1]、 ISBA[1]、 SECHIBA[1]、CASA[2]、TURC[2]、TEM[2]、BIOME-BGC[2]、CARAIB[2]、 SILVAN[2]、 CENTURY[2]、FBM[2]、BIOME[3]
第三阶段	1990～1999 年	植物生理，碳循环，植被功能型，次网格，植被动态，"二叶"方法	SiB2[1,2]、LSM[1,2]、MOSES[1,2]、DEMETER[2,3]、BIOME2/3[2,3]、LPJ[2,3]、IBIS、CLM[1,2,3]、CoLM[1,2,3]、ORCHIDEE[1,2,3]、JSBACH[1,2,3]

注：上标 1 为模型包含物理过程模块；上标 2 为模型包含生物地球化学模块；上标 3 为模型包含生物地理模块。
资料来源：罗立辉等，2013。

目前根据积雪模型来进一步了解积雪过程的研究很多。本书简单介绍几种目前陆面过程模型中的积雪参数化，分别是：SSiB（simplified simple biosphere model）；BATS（the biosphere-atmosphere transfer scheme）；Noah；CLM（community land model）；VIC（variable infiltration capacity）。其中，SSiB 通过阻力方程来计算陆表与大气之间的质量和能量交换；

BATS 依据能量平衡方程计算雪融水，强迫恢复法计算积雪温度；VIC 通过网格单元格计算水能平衡；CLM 通过网格嵌套解决了积雪变化过程；单柱雪热力模型 SNTHERM 基于积雪层混合理模拟了不同相态下水能输送过程。

3.2.3.2 SSiB

SSiB 是美国马里兰大学海–陆–气研究中心开发的简单生物全模式，自 20 世纪 80 年代建立以来，已先后通过不同下垫面的大量实测资料检验和校准。该模式由土壤、植被冠层和近地层大气 3 个模块组成（闫炎和陈效述，2012），主要模拟生物物理过程，并对大尺度环流模型和区域模型提供辐射通量、动量通量、潜热通量、感热通量（Xue et al.，2001）。SSiB 包含三层土壤层和一层植被层，模型可以预报三层土壤的土壤湿度（W_1、W_2、W_3 及土壤含水量相对饱和湿度）；冠层温度（T_c，K），表层土壤温度（T_{gs}，K），深层土壤温度（T_d，K）；雪深（W_g，m）以及冠层截留水量（W_c，m）。图 3-6 是 SSiB 模型的基本结构图以及对上述变量的描述。T_r（K）和 e_r（Pa）分别是某高度的温度和水汽压，而 T_a（K）和 e_a（Pa）是冠层间隙的气温和水汽压。除了传统大气模型中冠层和模型中最低大气层（r_a，s，m^{-1}）之间的空气动力阻力作用，SSiB 还考虑了地表和冠层（r_d，s，m^{-1}）以及冠层和冠层间隙（r_b，s，m^{-1}）的空气动力阻力作用。土壤阻力（r_{soil}，s，m^{-1}）和气孔阻力（r_c，s，m^{-1}）分别控制土壤蒸发和冠层蒸腾。以上参数以及预测的大气及陆面变量决定了表层间辐射传输和交换以及表面吸收能量后再分配（显热、潜热）比例，感热通量为 H_c+H_{gs}，潜热通量为 $\lambda E_{cl}+\lambda E_{gs}$。

SSiB 是 SiB2（Sellers et al.，1986）的简化版本，其通过减少物理参数从而提高计算效率。陆–气之间的质量和能量传输可以表达为

$$\begin{cases} LH=\dfrac{\rho\lambda}{r}（q_m-q_a） \\ H=\dfrac{\rho C_p}{r}（T_m-T_a） \end{cases} \tag{3-41}$$

式中，LH 和 H 分别为潜热通量和显热通量；ρ 为空气密度；C_p 为比热容；λ 为 T_m、q_m 条件下汽化潜热通量；T_a、q_a 分别为陆面或树冠上空的气温和比湿；γ 为空气阻力，它的大小取决于植被高度、表面粗糙长度和风速。而且 SSiB 中包含了一个相对简单的积雪子模式。当空气中的温度达到零点以下的时候地面和树冠上开始积雪。植被和雪盖多次散射辐射削减向下的太阳辐射，但是由于雪盖在模型模拟中是本征层，因此雪层内的辐射衰减可以忽略。积雪反照率大小取决于太阳入射辐射到达雪面时的光谱分布和角度分布（即红外光或可见光，反射或漫反射）、表层类型（土壤或植被）、太阳高度角及积雪量（Feng et al.，2007）。

3.2.3.3 BATS

Dikinson 等（1986）设计了一个生物圈–大气圈传输方案 BATS，经过不断的改进和完善，最后发展成 BATS1e 陆面模式，这是目前国际上比较流行的一个陆面模式。该模式为典型的单层大叶模式，它是在一系列可以直接观测到的陆面参数的基础上，根据物理概念

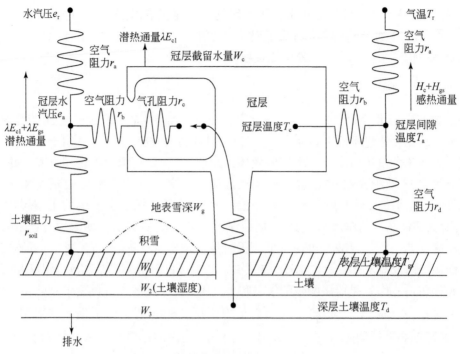

图 3-6 SSiB 模型基本结构（Xue et al.，2001）

和理论建立起来的关于植被覆盖表面上空的辐射、水分、热量和动量交换以及土壤中水热过程的参数化方案（黄安宁和张耀存，2007）。它可以：①计算不同表层吸收的太阳辐射部分，以及各表层之间热红外辐射的相互交换；②计算陆-气间动量、显热、水汽输送；③计算大气、树冠内以及一些复杂表层的风速、湿度和温度；④计算地球表面温度和水汽量（Dickinson et al.，1993[①]）。

BATS 依据能量平衡方程计算雪融水，强迫恢复法计算积雪温度（Jin et al.，1998）。BATS 中的积雪反照率是通过 Anderson（1976）的积雪模型和数据及 Wiscombe 和 Warren（1980）的计算方法得到的经验公式，总的积雪反照率（α_s）是 VIS 和 NIR 反照率的加权平均，它的大小取决于太阳辐射的光谱比。VIS 和 NIR 反照率 α_{vis}、α_{nir} 定义为

$$\begin{cases} \alpha_{vis} = \alpha_{vd} + 0.4 \cdot f_{zen} \cdot (1-\alpha_{vd}) \\ \alpha_{nir} = \alpha_{nird} + 0.4 \cdot f_{zen} \cdot (1-\alpha_{nird}) \\ \alpha_{vd} = \alpha_{vis0} \cdot (1-0.2 F_{age}) \\ \alpha_{nird} = \alpha_{nir0} \cdot (1-0.5 F_{age}) \end{cases} \quad (3-42)$$

式中，α_{vd}、α_{nird} 分别为 VIS 和 NIR 光谱带中短波辐射的反照率；α_{vis0}、α_{nir0} 分别为 VIS 和 NIR 光谱带中的新雪反照率（太阳天顶角小于 60°）；f_{zen} 为在太阳天顶角超过 60° 情况下随

---

① Dickinson E, Hendersonsellers A, Kennedy J. 1993. Biosphere-atmosphere Transfer Scheme（BATS）Version 1e as Coupled to the NCAR Community Climate Model. NCAR Tech. Note.

积雪可见光反照率的增加而变化的因子，介于 0～1；F_{age} 为雪龄，它受蒸汽扩散、污垢和煤烟的影响（Shrestha et al.，2010）。

其中，以下参数将被用到：

$$f_{zen} = \frac{1}{b}\left[\frac{b+1}{1+2b\,C_{zen}} - 1\right], \quad f_{zen} = 0, \quad C_{zen} > 0.5 \tag{3-43}$$

式中，b 在 $C_{zen} = 0.5$ 时无值，$C_{zen} = 0$ 时值为 0，式（3-43）中 $b = 0.2$。C_{zen} 为太阳天顶角余弦。

因为雪粒半径的增加以及烟尘的累积，积雪反照率会随着时间的推移而减小。因此，我们定义雪龄 F_{age} 为

$$F_{age} = \frac{\tau_{SNOW}}{1+\tau_{SNOW}} \tag{3-44}$$

雪的无量纲年龄 τ_{SNOW} 作为模型的预报变量增加如下：

$$\Delta\tau_{SNOW} = \tau_0^{-1}(r_1 + r_2 + r_3)\,\Delta t \tag{3-45}$$

式中，$\tau_0^{-1} = 1 \times 10^{-6}\,\mathrm{s}^{-1}$，而

$$r_1 = \exp\left[5000\left(\frac{1}{273.16} - \frac{1}{T_{g1}}\right)\right], \quad r_2 = r_1^{10} \leqslant 1 \tag{3-46}$$

式中，r_1 为水汽扩散下雪粒大小增加时的影响，温度与水汽压的变化成正比；r_2 为融水在冰点或临近冰点时的影响；r_3 为烟尘的影响，r_3 在南极为 0.01，其他情况下为 0.3。

3.2.3.4　Noah

Noah 最初开发是在 20 世纪 80 年代，它是由 OSU-LSM 发展而来的，经过多年不断完善，已经被广发用于陆面过程的综合模拟（田静等，2011）。因为 Noah 具有较低的复杂度和高的运算效率特点，它常常运用在业务预报和气候模式中。Noah 模式中包含陆面温度、雪深、雪水当量、树冠水含量、表面能量平衡和水分平衡、土壤温度及湿度的变化。积雪参数化是基于雪压实雪盖的能量平衡和质量平衡，以及次网格变化过程。积雪反照率由积雪表面和无雪表面两种状态组成：

$$\alpha = \alpha_0 + \sigma_s(\alpha_s - \alpha_0) \tag{3-47}$$

式中，α、α_0 和 α_s 分别为实际反照率、无雪反照率和最大积雪反照率；σ_s 为积雪覆盖度。积雪反照率的上限被定为积雪状态下最大反照率，即 0.44，而且植被的反照率、植被密度和覆盖率也要考虑在 Noah 模型中。但是树冠表层的积雪、融雪都忽略不计。植被之上的雪盖粗糙长度没有经过校正（Feng et al.，2007）。Noah 明确地解决了积雪内的液体水储存和渗透问题，它也解释了融水重新冻结形成的雪的液压性和热力特性（Koren et al.，1999[①]）。

3.2.3.5　CLM

CLM 是陆面过程模式，它起源于 20 世纪 90 年代中期。最初它是用来为 NCAR 和

① Bonan G B. 1996. A land surface model（LSM version 1.0）for ecological, hydrological, and atmospheric studies: Technical descriptional users guide.

CCSM 的陆面组成部分提供框架的（Dai et al.，2003），是 NCAR 发布的新一代陆面过程模式，是气候系统模式 CCSM（Community Climate System Model）的陆面模块。该模式是在 BATS（Dickinson et al.，1993）、IAP94（Dai and Zeng，1997）、LSM（Bonan，1996）等陆面模式的基础上发展起来的，综合了上述几个模式的优点。

CLM 模式整体结构分为 3 个部分：① 核心单柱土壤–雪–植被的生物物理编码；②陆面边界数据；③气候模式中的尺度过程需要接口大气模式格点数据输入陆面单柱过程中。把陆面模式和所需要的数据结构隔离开的接口程序很重要。这种功能性分离适用于科学中的各个元素，特别是可以确保核心模式用单点数据进行实验，可以合并最新的卫星遥感数据和全球观测数据，以及可以采用最新的尺度程序（Dai et al.，2003）。

CLM3 模式主要分为 3 个部分：①生物地球物理过程。主要描述了地气系统在能量、水分和动量等方面的交换，如辐射通量、土壤水热属性、积雪物理性质等。②生物地球化学过程。主要描述了地气系统在化学成分方面的交换，包括植被动态演变及相关碳循环过程。③水循环过程。主要描述了植被冠层截留、地表地下径流、土壤蓄水下渗等水文过程（陈渤黎等，2014）。CLM3 主要研究陆面生物地球物理过程，它包括植被动力作用和河水路径模块（Anderson 1976；Jordan 1991；Dai and Zeng，1997）。该模型包含取决于积雪深度的 10 层土壤层和 5 层积雪层。如果积雪深度小于 0.01m，那么雪可以存在于该模型中，但没有积雪层。CLM3 采用二流近似方法计算辐射传输，被树冠削弱的太阳辐射也被考虑在内。积雪反照率是基于式（3-42）（Dickinson et al.，1993）而得

$$\alpha_{diff} = (1-C \cdot F_{age})\ \alpha_{diff.0}\ (\text{for diffuse band})$$
$$\alpha_{dir} = \alpha_{diff} + 0.4f\ (\mu)\ (1-\alpha_{diff})\ (\text{for direct band}) \tag{3-48}$$

式中，$\alpha_{diff.0}$ 为新雪反照率；C 为经验常数；F_{age} 为雪龄；μ 为太阳天顶角；$f\ (\mu)$ 的值介于 0~1。CLM3 采用储能原则的连续方程计算所有层面上的土壤和积雪温度，并且采用 Darcy 定律的离散版本计算土壤层内垂直向下的水流量（Oleson et al.，2004[①]）。该模型计算积雪层之间的水传输、渗透、径流、地下排水以及土壤内部的再分配，其中雪盖的水汽输送可以忽略（Feng et al.，2007）。

CLM3.5 模式在 CLM3 的基础上主要进行了以下改进（陈渤黎等，2014）：①采用了基于 MODIS 产品新的地表资料集；②改进了植被冠层集水截留参数化方案；③加入了一个基于 TOPMODEL 的地表地下径流模型；④采用了一个新的冻土参数化方案等（Oleson et al.，2007[②]）。

CLM4.0 模式完全耦合进了 NCAR 的地球系统模式 CESM（Community Earth System Model）之中，而不再单独发行陆面模块。CLM4.0 模式在 CLM3.5 的基础上主要进行了以下改进（陈渤黎等，2014）：①对水文过程中的 Richards 方程的数值算法进行了修正；

---

① Oleson K W, Dai Y J, Bonan G, et al. 2004. Technical description of the community land model（CLM）. NCAR Tech. Noth TN-461+STR, Boulder, Colorado.

② Oleson K W, Niu G Y, Yang Z L, et al. 2007. CLM3.5 documentation. National Center for Atmospheric Research, Boulder, 34.

②雪盖模型进行了重大改进，包括修改了雪盖与密度的关系算法，低矮植被的积雪覆盖率及积雪压实的算法；③加入了碳-氮生物化学模型；④加入了城市模型；⑤在土壤层中加入了有机质的参数化方案，并在 10 层土壤下加入了 5 层基岩，使得岩石圈层从 3.4m 延伸到了 50m 等（Oleson et al.，2010）①。

地表反照率是由有雪情况下的反照率和无雪情况下的反照率加权平均得到的，而积雪覆盖率 f_{sno} 决定了加权系数。在 CLM4.0 中，用 Niu 和 Yang（2007）的密度相关参数来替换原先的 f_{sno} 参数。新的积雪覆盖率如下：

$$f_{sno} = \tanh\left(\frac{z_{sno}}{2.5 z_{0,g}\left(\frac{\rho_{sno}}{\rho_{new}}\right)^m}\right) \tag{3-49}$$

式中，z_{sno} 为雪深；$z_{0,g}$ 为裸土的粗糙度长度；ρ_{sno} 为预测的积雪体积密度；ρ_{new} 为新雪密度，值为 $100kg/m^3$；m 为一个可以通过 f_{sno} 校正的尺度依赖因子，值为 1。

3.2.3.6　VIC

VIC（Variable Infiltration Capacity）模型是一个用于大尺度陆面过程模拟的综合模型，包括地表热力过程（辐射及热交换过程）、动量交换过程（摩擦及植被的阻抗等）、水文过程（降水、蒸散发及径流等），以及地表以下的热量和水分输送过程。大尺度水文模型均假设网格内是均一平坦的，该假设符合平原流域，但并不符合山区流域的特点，因此，其适用性需要检验（何思为等，2015）。VIC 是计算格点上能量和水分平衡的宏观水文模型。其中 VIC4.0.5 有三层垂直土壤层。总的来说，VIC 模拟水汽变化的物理过程和能量通量的相关部分（Feng et al.，2007）。VIC 模型采用的是双层积雪参数化方案，该方案对积雪过程进行了大量简化。该方案中反照率只随时间变化，积雪表层与下积雪层的能量和质量交换仅当有固态冰的交换或当融雪水从上层进入下层时才发生。通过传导和扩散方式在上下积雪层之间和在地表与土壤之间进行的能量交换忽略不计。同时，雪盖内部温度按照线性方式处理（孙立涛等，2015）。VIC 中有两层不同厚度的雪盖，较薄的上层雪盖用于计算表面能量平衡，而下层积雪用于模拟更深层的积雪。VIC 运行全部能量参数，这意味着雪盖的热力过程与整个模型的能量传输过程进行耦合（Cherkauer and Lettenmaier，1999）。穿过树冠短波辐射发生衰减，其植被依赖性参数可以定义为

$$f = e^{-0.5LAI} \tag{3-50}$$

式中，LAI 为叶面积指数。空气阻力控制大气和植被表面的相互作用。树冠截取固态和液态两种降水，这反过来影响了雪盖质量平衡。

该模型中根据热量平衡方程计算土柱、土壤表面、雪盖表层的温度，根据水分平衡方程计算土壤、雪盖、植被、空气中的水分。为了计算雪盖范围，VIC 运用了次网格植被瓦片和海拔带技术，并且假设所有积雪均覆盖瓦片。积雪深度则取决于 SWE 和积雪密度

① Oleson K W, Lawrence D M, Gordon B, et al. 2010. Technical description of version 4.0 of the Community Land Model（CLM）. NCAR Tech. Note TN-478+ STR, Boulder, Colorado.

（Feng et al.，2007）。

3.2.3.7 SNTHERM

1989 年单柱 SNTHERM 雪热力模型升级（Cline，1997；Jordan et al.，1999）。SNTHERM 是通过一套复杂的理论公式计算不同相态水、干空气、干土壤的质量平衡的模型。质量守恒中又包括液态水、水汽通量、升华和融雪过程中相态的变化。SNTHERM 也把晶粒增长、雪层底部和土壤层顶部的能量交换、致密化和沉降考虑在内。热量平衡方程用比焓代表雪层的热量，蒸汽扩散过程中的热量传输，热传导，向下的短波辐射。基于 Marks's（1988）SNTHERM 的积雪反照率为

$$\alpha = \alpha_{vis} f_{vis} + \alpha_{nir} \, (1 - f_{vis}) \tag{3-51}$$

式中，f_{vis} 为可见光辐射比总辐射的分数；α_{vis} 和 α_{nir} 为晴朗天空可见光反照率和近红外反照率。a_{vis} 和 a_{nir} 可表达为

$$\alpha_{vis} = 1 - 2\sqrt{r} + f_{dir} 1.575\sqrt{r}\left(\frac{1}{\sqrt{3}} - \cos\theta_z\right)$$

$$\alpha_{nir} = 0.854\,47\, e^{-21.23\sqrt{r}} + f_{dir}\,(2.4\sqrt{r} + 0.12)\,\left(\frac{1}{\sqrt{3}} - \cos\theta_z\right) \tag{3-52}$$

式中，r 为光学等效半径；f_{dir} 为总辐射量中的直接辐射分数；θ_z 为太阳天顶角。太阳辐射随雪盖减小（Feng et al.，2007）。

3.3 积雪模式参数化的最新进展

3.3.1 WEB-DHM 水文模型中的三层积雪模块

王磊等（2009）借鉴了 SiB2 的能量平衡和生物物理机制，将其嵌入到基于地形描述坡面产汇流的分布式水文模型 GBHM 中，从而发展了基于能量和水量平衡的分布式水文模型（Water and Energy Budget-Based Distributed Hydrological Model，WEB-DHM）。如图 3-7 所示，WEB-DHM 模型考虑了微地形的影响，既提高了模型的计算精度，也保持了模型的运行效率。另外，WEB-DHM 模型耦合了能量平衡过程，其除了可用常规径流观测进行模拟验证之外，还可利用水和能量循环的全球卫星观测数据验证和改进模型，这也为多圈层水文模型在第三极地区等缺少资料流域的应用提供了可能。

Shrestha 等（2010）通过合并基于能量平衡的三层积雪模块和反照率模块，提升了 WEB-DHM 模型在积雪物理机制上的描述，提出了改善后的模型版本 WEB-DHM-S。改进后的模型在诸多流域已有实际应用，并有良好的表现。

以 WEB-DHM-S 模型在青藏高原典型高寒区域的应用为例。Xue 等（2013）将 WEB-DHM-S 模型应用于青藏高原中部的那曲河流域，模拟其水量及能量循环。该模型在流域出口处的径流模拟结果在 1998 年和 1999 年的纳什效率系数别为 0.60 和 0.62。模拟结果

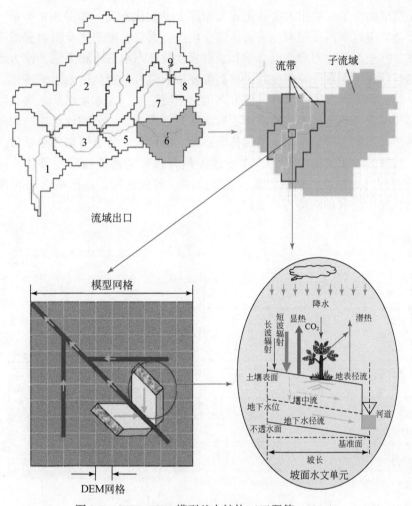

图 3-7　WEB-DHM 模型基本结构（王磊等，2014）

再现了地表温度的空间分布和 15 个站点观测到的土壤水含量。Zhou 等（2015）利用 WEB-DHM-S 模型结合蒸发算法，通过对模型进行点、面多尺度的校准和验证后，分析了色林错湖在 2003～2012 年的湖泊蓄水量变化及其影响因素的贡献。Makokha 等（2016）在拉萨河流域结合 WEB-DHM-S 模型对径流、土壤含冰量、土壤含水量等进行模拟，提出了将融雪和冰川消融对季节水储量的影响考虑在内的一个新的干旱评价指数。Wang 等（2016）利用 WEB-DHM-S 模型，在典型的寒区流域黄河源区通过对流域水文过程和积雪过程的模拟，评估了不同 NLR 参数化方案对于积雪过程和流域径流等的影响，发现采用基于卫星遥感（MODIS 夜间 LST）获取的 NLR 对于改进模型的模拟效果有显著作用。

3.3.2　WEB-DHM 水文模型中三层积雪模块与冻土模块的耦合

在第三代陆面模式的代表 SiB2 的基础上，以熵的观点，建立了积雪和冻土控制方程，

WEB-DHM 模型耦合了三层积雪参数化方案和冻土参数化方案，如图 3-8 所示。其中，三层积雪参数化方案对积雪反照率、雪盖压缩、出流、雪盖温度变化、辐射衰减等过程均有物理性描述。冻土参数化方案，以总焓和总质量代替液态水、冰和土温，作为新的预测变量。这样的目的在于，在计算相变对土壤温湿度影响时可以避免引入溶解潜热，减少很多不确定性，从而保证计算的稳定性。该方案根据土壤温度、含冰量以及土壤孔隙度等确定动态冻结临界温度，热传导系数则采用 Johansen 热导率方案，分别计算冻结期和非冻结期饱和土壤热传导系数，再结合干土的热传导系数，求出最终的土壤热传导系数。耦合之后的新模型，对寒区陆面过程中积雪、冻土过程都有相对完善的物理性描述。同时，结合 SiB2 在其他过程（如植被、辐射传输、光合作用）的优越性，新模型未来在寒区陆面模拟的应用会比较广泛（孙立涛等，2015）。

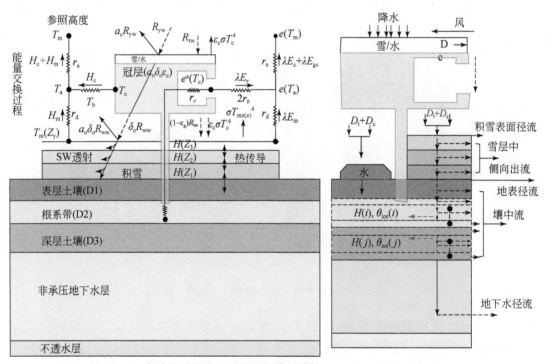

图 3-8　耦合积雪和冻土过程的新模型结构（Shrestha et al.，2010）

图中，H_c+H_m 为感热通量，$\lambda E_c+\lambda E_{gs}$ 为潜热通量，D1、D2、D3 分别为表层土壤、根系带、深层土壤的厚度，$H(Z_1)$、$H(Z_2)$、$H(Z_3)$ 分别为三层积雪的厚度，R_{sw} 为到达冠层的短波辐射，$\alpha_c R_{sw}$ 为冠层反射的短波辐射，R_{lw} 为到达冠层的长波辐射，$\varepsilon_c \sigma T_c^4$ 为冠层发出的长波辐射，$\delta_c R_{sw}$ 为到达积雪表层的短波辐射，$\alpha_s \delta_c R_{sw}$ 为雪层反射的短波辐射，$(1-\varepsilon_c) R_{lw}$ 为到达冠层的长波辐射，$\sigma T_{sn(Z_3)}^4$ 为雪层发出的长波辐射，T_m 和 $e(T_m)$ 分别为参照高度的温度和水蒸气，T_c 和 $e(T_c)$ 分别为冠层温度和水蒸气，T_a 和 $e(T_a)$ 分别为冠层间隙的温度和水蒸气，$T_{sn}(Z_3)$ 为积雪表层的温度，r_a 为冠层中最低大气层之间的空气动力阻力作用，r_d 为地表和冠层的空气动力阻力作用，r_b 为冠层和冠层间隙的空气动力阻力作用，r_c 为气孔阻力

以耦合了基于能量平衡的三层积雪模块以及冻土模块的一维水文模型为基础，课题组在青藏高原具有代表性的典型地区站点阿里站和冰沟站对模型进行了率定和验证，以检验

三层积雪参数化方案以及冻土参数化方案对冰冻圈物理过程描述的改进。两个站点都位于青藏高原多年冻土区，其中阿里站位于青藏高原西北部，气候干旱，年降水量极少，在该站评估冻土模块对模型模拟的改进；冰沟站位于青藏高原东北部，气候相对湿润，年降水量较大，雪层厚度大，在该站评估三层积雪方案对模型模拟的改进。模型采用阿里站和冰沟站的实地观测气象数据（风、温、湿、压、辐射等）作为驱动数据，以非冻结期的土壤含水量作为土壤水力学参数率定的依据并以冻结期的土壤温度作为土壤水热学参数率定的依据，以观测的各层土壤温度、土壤含水量、积雪深度及冻土深度等作为验证数据。

冰沟站的模拟结果验证了三层积雪模块对模型模拟结果的改进。考虑了三层积雪方案后，模型能够更准确地描述能量在雪层中的衰减，与原本的单层积雪方案相比，改善了积雪深度较大的时期（11 月到次年 4 月）模拟土壤温度偏高的问题，解决了原参数化方案下积雪消融提前（体现在土壤含水量的峰值提前到来）的问题，如图 3-9 所示。

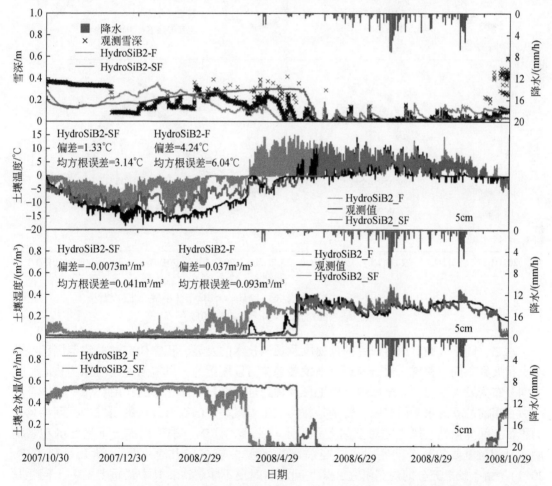

图 3-9 HydroSiB2-SF（三层积雪模块模块）与 HydroSiB2-F（单层积雪模块）
模拟结果的对比（Wang et al.，2017）

阿里站的模拟结果验证了冻土模块对模型模拟结果的改进，加入冻土模块后，能更好地模拟土壤的冻融过程。在冻结期土壤含水量由于相态的转化会有明显的下降，如图 3-10 所示。以上的研究也表明，将积雪与冻土过程进行耦合是非常必要的，尤其可以改进对以青藏高原为主的高寒地区的水文过程模拟准确性。

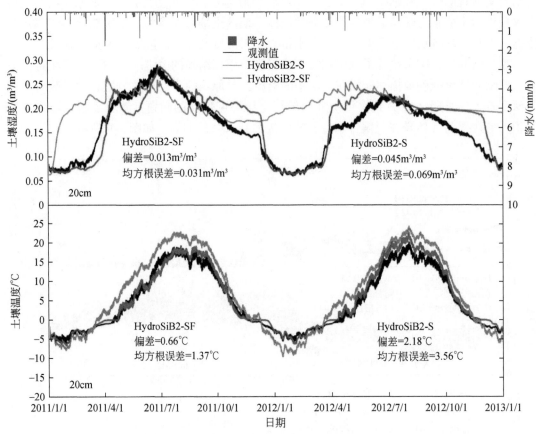

图 3-10   HydroSiB2-SF（含冻土模块）与 HydroSiB2-S（不含冻土模块）
模拟结果的对比（Wang et al.，2017）

总之，随着人们对积雪研究的重视以及观测技术的发展，积雪研究的关注范围已经从单点扩展到空间。积雪水文研究近年来发展趋势可以概括为：以能量过程模拟为核心，以空间分布为发展方向，更全面地考虑地形及周边环境在积雪演化中的作用。

在当前的积雪水文研究中，特别是在类似于青藏高原的高寒地区的研究中，网格尺度的积雪空间异质性、风吹雪对空间上积雪水热平衡的影响、季节性冻土下垫面的积雪消融，是相对重要的几个问题，也是当前国内外关注较多的几个问题（李弘毅和王建，2013）。由于缺乏充分的观测研究，某些问题暂时还不能解决，其中最重要的一个问题是沙性土壤地表蒸腾的参数化。蒸腾的阻抗和表层湿度的关系是高度非线性的，且很可能对蒸腾量有重要影响。目前，这方面还十分缺乏定量化的研究。另一个问题是地表与大气辐射交换的计算，特别是有云存在时需要较精确的大气辐射模式来提供解答，但这已不是陆面过程模式自身的问题了。最后，由于敏感性试验本身的局限性，模式试验中往往需要硬性加入一个降雪强迫，它与模式中其他条件不相适应（如降雪天气下的气温、云量等）。需要说明的是，因为卫星在高原等特殊地形地区获取的资料准确性较低，所以模拟结果与观测的偏差较大。尽管当前的全球气候模式较过去已有很大改进，但是仍存在着不确定性，尤其是对于受地形和风吹雪等因子影响显著的积雪，当前的模式对其模拟还存在较大的差距。同时，基于不同温室气体排放情景下未来的预估并未考虑自然变化的影响（严中伟等，1995）。

王绍武等在总结了气候模式到地球系统模式的发展后指出目前气候模式模拟结果存在很大的不确定性。目前的积雪模型根据积雪纵向温度、密度、传导率提升了一维模型中的积雪垂直热传导和融雪参数，有利于气候模拟，但是有许多物理过程也影响着雪盖发展的过程，如风向的改变、水汽传输（包括以洪涝和雪冰的形式传输）和雪晶粒子的增长，这些因素仍然制约着大多数气候模式积雪参数化的发展（IPCC，2013）。积雪过程等物理机制、模式的参数化方案的进一步完善，以及发展适合积雪的多模式集合方法将对提高预估准确度大有帮助。

第4章 气候模式中的冻土参数化

冻土在寒区水文循环和气候变化中扮演着重要角色。在短时间尺度内，由于冻土中水–冰的相变过程会释放（吸收）大量相变潜热，从而延长冬季变冷和夏季变热的过程，也因此在季节尺度上影响地表的热量传输过程（Poutou et al.，2004）。在冻土区发生较大降水事件后，由于降水（融雪水）无法下渗到深层土壤中，从而在山坡表层形成侧向流，汇流至山脚后形成洪水（Storey，1955）。在较长时间尺度上，冻土面积的扩张（或收缩）是对气候变冷（或变暖）的响应。调查多年冻土面积的变化历史是重现古气候及其变化的重要手段（Grab，2002；Ono and Irino，2004）。多年冻土面积和厚度的时空变化是气候变化重要的指示器（Romanovsky et al.，2002）。IPCC 第五次评估报告指出，随着北极地区的气候变暖，20 世纪 80 年代至 21 世纪初期阿拉斯加北部多年冻土的温度上升多达 3℃，1971～2010年俄罗斯北部多年冻土的温度上升多达 2℃（Stocker，2013）。

对于生态系统来说，冻土退化会导致生物多样性和初级生产力的减弱（Yang et al.，2010），会引起湖泊和湿地面积的减小进而影响野生动物的生活习惯和迁徙，特别是候鸟的迁徙（Smith et al.，2005）。从社会经济的角度来看，冻土消融会导致冻土区的民居、交通设施、管线等各类基础设施面临被破坏的风险（Schaefer et al.，2012；Cheng and Wu，2007）。因此，在高海拔及高纬度等寒区进行详细的冻土调查有助于对水资源进行综合管理和应对气候环境变化（Wang et al.，2010；Zhang et al.，2007）。

为了定量化研究冻土与气候变化之间的相互作用，以及描述冻土对生态和社会经济生活的影响，必须在水文模型和陆面过程模型中引入土壤的冻融参数化方案以描述冻土的水热传输过程。过去几十年，世界气象组织（WMO）和国际冻土协会（IPA）等国际组织以及各种独立科研机构在全球开展了一系列观测计划，积累了丰富的冻土水热观测数据。在此基础上，分析了冻土的水热传输特征，并在土壤冻融过程的模拟及其与水文模型和陆面过程模型的耦合方面取得了长足进展。本章将分别介绍冻土观测试验、冻土模型研究现状以及取得的一些研究进展。

4.1 冻土观测试验

多年冻土区的地表过程和水热过程主要发生在活动层。活动层每年随季节的变化发生冻结–融化过程，这一冻结–融化过程会导致水分和盐分的迁移、冰透镜体的形成以及土体结构不可逆的改变。因此，自然界长期反复的冻融循环会对冻土区土壤的物理性质、水热参数以及地–气之间的水热交换过程产生一定的影响。同时，气候系统通过影响活动层的水热平衡过程，能够间接与多年冻土层发生热量和水分的交换，从而进一步引起多年冻土层水热状态的变化。多年冻土区通常处于高纬度或者高海拔地区,气象站点稀少且分布不均,恶劣的气候条件对野外工作有很大的限制,这导致多年冻土区的观测资料相对匮乏。坚持开展高质量的野外调查和长期的监测工作是进行多年冻土区水热过程分析与参数化、时空分布特征和环境变化研究的重要基础。

4.1.1　国际观测计划

对全球多年冻土和地下冰的分布研究一直是国际冻土学研究的热点。过去的 50 年,世界气象组织和国际冻土协会等国际组织及各种独立科学团体在全球的多年冻土区开展了一系列监测计划,最新的监测计划包括环极地活动层监测网(The Circumpolar Active Layer Monitoring Program,CALM)(Shiklomanov et al.,2012)、多年冻土热状态项目(Thermal State of Permafrost,TSP)(Brown et al.,2010)、国际苔原实验计划(International Tundra Experiment,ITEX)(Elmendorf,2014[①])和全球冰冻圈监测网(Global Cryosphere Watch,GCW)(Goodison et al.,2008)。

CALM 计划主要在北半球的多年冻土区开展,南半球的相应计划(CALM-S)还处于起步阶段。其目标是监测活动层和表层多年冻土对气候因素的长期响应,以及活动层和表层多年冻土的时空变化特征。CALM III 计划除了维护现存的环北极、青藏高原和高寒山区的观测点之外,新的监测计划更强调对活动层的空间异质性进行长期观测,以便更好地阐明气候系统与活动层的相互作用机制。CALM 与 IPA 的 TSP 项目一起构成了全球多年冻土区域监测网(Global Terrestrial Network for Permafrost,GTN-P)(Smith et al.,2009),它是北半球多年冻土区最重要和最早的监测计划之一。

TSP 计划是 IPA 在 2007~2009 年的国际极地年(International Polar Year,IPY)上命名的研究计划,旨在建立一个对过去和未来多年冻土热状态和活动层厚度进行观测的分布式全球网络(Brown et al.,2010),TSP 是 GTN-P 的一部分,是对过去的多年冻土观测计划的整合和延续。目前已经在 25 个参与国中收集了 850 个钻孔的资料,在此基础上发布了全球多年冻土温度的权威监测数据,钻孔温度数据已经提供在线下载,其中 600 个钻孔拥有年平均地温的数据。

ITEX 计划是北半球苔原暖化实验的研究计划,由从事苔原研究的科学团体发起,其通过增温实验研究气候变暖对苔原生态系统和多年冻土热状态的影响。ITEX 起步于 20 世纪 90 年代,是较早由科学家个人为主体维护的国际分布式协作网络和观测系统。ITEX 数据是环北极植被数据集(arctic vegetation archive,AVA)(Raynold et al.,2013)的重要补充,它为环北极地区的植被分类、气候变化、生物多样性和多年冻土变化研究提供了重要的数据支撑。

GCW 计划(Goodison et al.,2008)是由 WMO 发起的综合全球观测系统(WMO

---

① Elmedorf S C. 2014. Overview of the International Tundra Experment(ITEX)data sets and discussion of point data. CAFF Designated Agencies.

Integrated Global Observing System，WIGOS）的一个重要组成部分，WMO 在 2012 年制订了该网络的实施计划，目标是融合 WMO 会员在全球冰冻圈的地基气象观测和空基卫星观测，提供描述冰冻圈过去、现在和未来状态的权威数据。GCW 强调集成性、交互性、长期性和权威性，以支撑其进行物理过程研究、模型模拟和未来预估的多个研究计划、组织和活动，包括世界气象组织全球集成极地预测系统（WMO Global Integrated Polar Prediction System，WMO GIPPS）、极地区域气候中心（Polar Regional Climate Centres，PRCCs）和极地气候展望论坛（Polar Climate Outlook Forums，PCOFs）等。按照计划，2012～2019 年为 GCW 的实施阶段，2020 年以后为运行阶段。目前已经在北美、欧洲、中国、南美和南极等国家和地区全面启动，其中由中国冰冻圈科学国家重点实验室负责建设的中国西部冰冻圈观测网络被 GCW 列为在高亚洲（亚洲中部以青藏高原为中心的高海拔区）地区建设参照站和超级站的区域标准。

4.1.2 我国观测现状

早在 20 世纪 60 年代，我国科学家就曾多次深入高原进行实地考察，并在青藏公路沿线的风火山地区建立了高原多年冻土长期监测的第一个野外站（赵林等，2008）。主要开展了高原多年冻土的野外调查和公路沿线的多年冻土分布特征考察及多年冻土地温监测工作，对青藏公路沿线典型区域多年冻土活动层进行了观测和研究（周幼吾，2000）。这期间对高原多年冻土活动层的观测主要集中在青藏公路沿线的几个点上，如西大滩、五道梁、两道河等。进入 20 世纪 90 年代，青藏高原多年冻土的研究工作主要围绕高原地区铁路、公路、光缆工程、调水工程和输油管线等工程建设及国土资源调查而进行（程国栋和赵林，2000；程国栋，2003；马巍等，2002；陈肖柏等，2006），研究工作主要着眼于高原的冻土工程稳定性问题、环境问题、生态问题和多年冻土分布区的改造利用问题，冻土研究开始与全球变化研究接轨（Jin et al.，2000）。始于 1997 年的 GAME/Tibet 和 2001 年的 CAMP/Tibet 获得了地面（大气和土壤）和探空资料，分析了青藏高原地气相互作用过程中的能量交换特征、大气边界层结构、降水的时空变化、高原冻土活动层内的冻融过程及土壤温度变化等。同时还发展和验证了利用卫星资料推算陆面参数的方法，提出了模式发展与观测（包括卫星遥感）资料分析的结合是高原陆面过程研究的重要方向之一（Ma et al.，2008，2009；Yang et al.，2002，2008；胡和平等，2006；丁永建等，2000）。自 2004 年起，中国科学院青藏高原冰冻圈观测研究站在高原上布设了数十个野外观测站点，对高原冰冻圈动态变化过程以及与高原冰冻圈相关的气候、水文、生态、寒区工程等陆面过程特征进行了全面系统的长期定位观测和研究，取得了大量的成果（Zhao et al.，2000，2010；Wu et al.，2004，2008；Pang et al.，2009）。2009 年科学技术部启动了基础性工作专项 "青藏高原多年冻土本底调查" 项目，在青藏高原的多年冻土典型区域如西昆仑、改则、温泉和杂多等地，布置了一系列的活动层观测系统和钻孔，采用踏勘、钻探、坑探、物探的方式在线路及点状区域上开展冻土、植被和土壤调查，取得了大量冻土环境和冻土特征资料，补充了青藏高原冻土研究的基础资料，并在数据资料的基础上制作了高精度的青藏高原多年冻土分布图。

随着全球的多年冻土监测网络的日益完善，监测活动逐渐从点尺度向区域尺度扩展，时间序列得以延长，监测手段也从单一的钻孔测温和气象站观测向探地雷达、航空遥感和卫星遥感等技术手段发展。最新的数据产品实现了对地基观测数据和空基遥感数据等多源数据的同化和融合，在时间序列和空间尺度上都有了很大的扩展。但与北半球其他地区的多年冻土监测相比，我国对青藏高原多年冻土的监测工作起步较晚，主要集中在交通线附近，青藏高原腹地的监测空白区较大，空白时间段较长。由于青藏高原的自然地理条件、气候特征、地表特征和水热条件与高纬度地区有很大的差异，这使得在其他多年冻土区总结的多年冻土分布特征与规律常常不适用于青藏高原，在青藏高原冻土区的水热过程的机理和机制方面仍然有很多方面不够清楚。推进这些研究工作一方面有赖于进一步扩展数据资料空白区的观测计划，另一方面也有赖于通过陆面过程模型等物理模型对多年冻土区的冻土环境进行建模，从而进一步分析高原冻土区水热过程的机理和机制，研究冻土的时空分布特征。

4.2　冻土模型研究现状

4.2.1　经验–统计关系冻土模型

限于缺乏细致的冻土水热传输过程观测资料，基于获取的冻土、积雪、高程、植被等环境要素观测资料建立了经验–统计关系冻土模型，用于制作多年冻土分布图，以研究多年冻土对气候变化的响应和反馈。Goodrich（1982）详细地研究了雪盖对长期、周期性和稳态平衡的地温状况的影响，结果表明年平均地温对预设的雪盖参数非常敏感。Goodrich 等（1982）使用一维地表热传递平衡模型分析计算了阿拉斯加两个地区气候变暖对多年冻土温度和活动层厚度的影响。Zhang（2005）在考虑风成雪和积雪场的热特性的基础上修正了 Goodrich 模型，并用来研究北阿拉斯加地区雪盖对地面热状况的影响，该研究结合阿拉斯加 Barrow 地区的野外观测数据，使用一维有限差分模型分析了北极冻原地区气温、季节性雪盖和土壤湿度等气候因子对土壤热状况的影响。加拿大多年冻土研究也是围绕气候、工程和环境问题开展，特别强调研究四者间的相互关系，他们将年平均气温−8.5℃的等值线作为连续多年冻土与不连续多年冻土的分界线，将年平均气温−1.0℃的等值线作为多年冻土分布的南界（Prowse and Ommaney，2010）。Haeberli（1993）估计阿尔卑斯山区多年冻土在 1880～1950 年温度上升了大约 1℃，经过 30 年的稳定后，开始加速变暖。Harris 等（2001）通过建立欧洲山地多年冻土温度剖面的反演模型，估算出该区多年冻土的平均温度上升了 0.5℃。针对高纬度冻土区进行模拟研究结果显示：全球变暖会逐渐加深冻土的融化深度，导致多年冻土退化，并改变土壤的热动力机制和作用，对生态系统的结构和功能产生影响，甚至影响人们的生活方式，而且这种变化可能随着气候变暖进一步加剧（Zhang et al.，2003；Osterkamp，2007）。

国内近年来逐渐开展了冻土过程的气候变化模拟研究。通过模型模拟多年冻土的水热过程、分布与变化，已经逐渐成为研究发展的主流方向，并取得了一些进展（张艳武等，2003；张世强等，2005a，2005b；辛羽飞等，2006）。李新和程国栋（1999）、南卓铜等（2004）及庞强强等（2006）通过高程模型和 TTOP 模型等估算了青藏高原多年冻土分布面积和活动层厚度，并预测了未来气候变化背景下高原多年冻土的可能变化。这些经验-统计模型的结构比较简单、涉及的环境参数较少、建模速度快，在野外数据充分的基础上，可以得到分辨率较高的多年冻土分布图。但是经验-统计模型很难反映多年冻土分布的区域差异，在一个区域确定的模型参数的空间可移植性较差，随着环境因素的改变，模拟的精度和准确度都会发生较大的变化（Oelke and Zhang，2007）。若要更精确地模拟高原冻土的分布与变化，必须使用包含考虑冻土过程的陆面过程模型来实现。

4.2.2　基于物理过程的冻土模型

经典的基于物理过程的冻土模型有 SHAW 模型（Flerchinger and Saxton，1989）和 COUPMODEL 模型（Jansson and Moon，2001）。SHAW 模型是最早能够较为全面系统反映冻土系统特点的模型。Flerchinger 和 Pierson（1991）在 SHAW 模型中加入了蒸腾作用和植物冠层，并将其应用到 SPAC（soil plant atmosphere continuum）系统中的水热传输研究中，模拟分析了作物蒸腾量和能量平衡的变化。在国内，SHAW 模型在黑河流域能量和水量平衡关系模拟中取得较好效果（康尔泗等，2004）。周剑等（2008）用 SHAW 模型进行了青藏高原多年冻土活动层变化的模拟分析，结果表明植被覆盖变化对水分运移通量有明显影响。SHAW 模型也能基本反映青藏高原高海拔多年冻土区活动层土壤的水热特征和青藏高原中部季节冻土区的土壤温湿及地表能量通量特征（赵林等，2008；郭东林和杨梅学，2010）。

COUPMODEL 模型是一个一维模型，它能够动态模拟水、热传输过程和 SPAC 系统中的碳、氮等养分的传输过程（Jansson and Karlberg，2004）。该模型用偏微分方程计算土壤中的水、热传输过程。对于冻融过程，当土壤温度高于 0℃ 或低于土壤完全冻结临界温度阈值时，土壤处于非冻结或完全冻结状态（液态含水量为残余含水量），此时不存在水分相变问题，用 Darcy 定律和热传导方程即可描述土壤中的水、热传输过程。但当土壤温度低于 0℃ 且高于土壤完全冻结临界温度阈值时，土壤水分的迁移与土壤温度和热状态紧密相连，土壤有效孔隙度、导热率、导水率则随土壤中液态水含量和含冰量的变化而变化，此时，必须通过土壤水热的耦合来描述水分的迁移过程。Scherler 等（2010）用该模型模拟了瑞士阿尔卑斯山区融水在活动层中的运动过程，发现冻土区积雪融化以及融雪水的下渗会引起地温在 0℃ 附近的急剧变化。阳勇等（2010）利用该模型分析了黑河源区高山草甸冻土带观测站日尺度上的各种基本水热状况，计算结果比较接近观测值。也有研究者对该模型在青藏高原多年冻土区的适用性进行了评估（胡国杰等，2013；张伟等，2012），结果表明模型在青藏高原多年冻土区具有较好的适用性。但上述应用大多只模拟了站点尺度上的土壤温度和水分的传输，还没有对整个青藏高原多年冻土区的地表能量和活动层厚度等进行详细分析。

4.2.3　考虑冻融过程的陆面过程模型

在陆面过程模型中包含冻融过程是非常重要的，冻融过程的缺乏将导致土壤水分模拟的高度不确定性（Pitman et al.，1999），夸大蒸散发量（Betts et al.，1998），夸大土壤温度日变化幅度以及冬季土壤的冷却效应等（Viterbo et al.，1999）。细致地模拟冻土中水、热传输过程需要耗时的迭代过程和高分辨率的有限差分技术，需要输入详细的积雪和冻土等参数。但当前的观测技术很难在区域上获取有效的积雪和冻土等参数。上述因素导致经典的冻土模型很难被耦合到气候模式中进行全球和区域尺度的模拟分析。一个折中的方法是在当前的陆面过程模式中以简化的参数化形式表达冻融过程。

早期的箱式陆面过程模型（Manabe，1969）并没有显性考虑土壤冻融过程。在 SSiB 模型（Xue et al.，1991）的三层土壤系统中则简单地考虑了冻土的影响，即如果第三层（深层）土壤的温度低于 0℃（冻结），那么所有的液态降水将以径流的形式流出。Robock 等（1995）发现上述机制在模拟融雪季节的土壤含水量时会出现问题。Xue 等（1996）引入 SiB2（Sellers et al.，1996）的导水率参数化方案改进了 SSiB 模型，即考虑了温度对导水率的影响。在 BATS 模型（Dickinson et al.，1993）中也简单地考虑了冻土过程，当土壤处于冻结状态时，土壤的导热率是一个常数而非土壤含水量和土壤质地的函数，这时土壤水分不能下渗。在其他一些陆面过程模型中还显性地考虑了土壤冰的形成，即一旦土壤层的温度低于 0℃ 且体积含水量大于 0.01 时，土壤水则转变为冰如 BEST 模型（Cogley et al.，1990①）、BASE 模型（Slater et al.，1998）。CLM 模型是目前应用较为广泛的陆面过程模型，该模型显性地考虑了冻土过程，即假定固定的冻结温度土壤水发生冻融相变过程，并将土壤的热扩撒过程和相变过程分开处理（Niu and Yang，2006）。Nicolsky 等（2007）指出 CLM 模式中冻融参数化方案会人为扭曲模式对土壤水发生相变时土壤温度动态的模拟，他们建议在热扩散方程中引入熵的概念来解决这一问题。在陆面过程模型中，土壤含水量、温度和含冰量的计算是高度非线性的，此时还需处理相变潜热的影响，这使计算过程更为复杂，从而导致计算的不稳定和计算效率的低下，这是陆面过程模型参数化冻融过程时的主要问题。一个解决途径是缩小模拟的时间步长，这在一定程度上能缓解计算不稳定的问题，但这会导致计算效率低下（Flerchinger and Saxton，1989）。另一个解决途径是通过数值迭代事先估算好含冰量，但即便是估算误差较小，其涉及的相变潜热也不容忽视，会导致后面估算的土壤含水量、土壤温度和能量平衡出现较大误差，最终导致模型不收敛（Li et al.，2009a，2009c）。Bao 等（2016）在 Hydro-SiB2 模型（Wang et al.，2009）的基础上引入熵的概念，发展了一个耦合土壤水热传输过程的冻融算法，该算法兼顾了冻融的物理过程和计算效率，在黑河上游冰沟流域大冬树垭口站获得较好的模拟效果。此外，越来越多的研究将冻土过程耦合进气候模式中（Koven et al.，2013；Zhang and Lu，2002；Koren et al.，1999），冻土过程在全球和气候模拟中的重要性也被广泛认同（Chen et al.，2014；Kurylyk et al.，2014）。

---

① Cogley J G, Pitman A J, Henderson-Sellers A. 1990. A land surface for large scale climate models.

随着青藏高原陆面过程观测资料的不断积累，对当前陆面过程模型在青藏高原的适用性以及影响冻融过程的能量和水分传输参数化方案的改进工作取得了长足进展。Ma等（2002）和 Yang等（2002）分别通过分析涡动相关系统观测的通量数据和相关气象资料，发现干旱地表的热力学粗糙度普遍具有明显日变化特征，而当前陆面过程模式中的热力粗糙度参数化方案并不能很好地描述这一特征。Yang等（2002，2008）进一步发展了一个用摩擦风速和温度标量参数化热力学粗糙度的方案，用该参数化方案能很好地计算地表感热通量和地表温度。Yang等（2005）发现高寒草地表层土壤中的有机质含量明显偏高，这导致孔隙度、导热率、热容和导水率等土壤性质出现明显的分层现象，这显著影响陆面过程模型对高寒草地地表能量平衡、土壤水分和温度的模拟，但主流陆面过程模型均不能很好地描述高寒草地土壤性质的分层现象。罗斯琼等（2008，2009）用通用陆面模型（CoLM）模拟了高原站点地表的能量平衡过程，发现该模型易于高估高寒草地土壤的导热率，并引入砾石的影响发展了新的导热率参数化方案。Velde等（2009）发现 Noah 陆面过程模型在高原上不能准确模拟土壤温度，通过调整土壤的热容和导热率能获得较好的模拟结果。Yang等（2009）利用高寒荒漠和高寒草地站点的观测资料评估了 Noah、CoLM 和 SiB2 模型在青藏高原的适用性，发现 3 个模型均系统性低估了白天的地表温度，还系统性低估了高寒草地表层土壤的含水量，这与 3 个模型的地表传热和土壤水热传输参数化方案不能真实反映高原实际情况有关，他们指出在陆面过程模型中考虑有机质对土壤水热参数的影响十分重要。Chen等（2010，2011）将 Yang等（2002）发展的热力粗糙度参数化方案引入 Noah 陆面过程模型中，改进模型能显著提高青藏高原和干旱区地表温度和能量平衡的模拟精度。Chen等（2012）进一步通过分析实测的高寒草地土壤性质参数，发展了考虑有机质影响的土壤孔隙度转换函数和土壤热性质参数化方案。Xiao等（2013）改进了 CoLM 模型的冻融过程参数化方案，以土壤温度和土壤基质势定义了冻结状况下土壤最大未冻水含量，并对模拟深度、下边界条件和积雪参数化方案进行了调整，改进后的模型模拟能力有显著地提升。Hong 和 Kim（2010）评价了 SiB2 和 Noah 在青藏高原的能量分配模拟能力以及模拟误差产生的原因。Zhang等（2012）采用 SiB2 模拟了青藏高原陆表的能量分配和土壤温、湿度，并提出了热力学参数的改进方案。孙立涛等（2015）和 Wang等（2017）发展了以总熔和总质量为预测变量的冻土参数化方案，这样在计算相变对土壤温湿度影响时可以避免引入溶解潜热，保证计算的稳定性。其他一些研究也在冻融参数化方案的改进方面也进行了有益的尝试（李震坤等，2011；夏坤等，2011；李佳，2003）。同时，还有对冻土过程参数化方案进行改进并与气候模式进行耦合的模拟（张宇等，2003；Zhang et al.，2003；张艳武等，2003；高艳红等，2006）。

4.2.4 最新研究进展

Zhao等（1997）提出了完整复杂的冻土水热传输耦合模型，孙菽芬（2005）对该模型进行简化，获得了目前常用的土壤冻融水热耦合模型，能较好地描述冻土中的水热传输

过程。该模型由两个预报方程（质量平衡方程和能量平衡方程）以及 3 个诊断方程组成。其中，质量平衡方程形式为

$$\frac{\partial \theta_1}{\partial t} = -\frac{\rho_i}{\rho_1}\frac{\partial \theta_i}{\partial t} - \frac{\partial}{\partial Z}\left(-K_1\frac{\partial \psi}{\partial Z}+K_1\right) + \frac{1}{\rho_1}\frac{\partial}{\partial Z}\left(D_{TV}\frac{\partial T}{\partial Z}\right) \tag{4-1}$$

能量平衡方程的形式为

$$\frac{\partial C_V T}{\partial t} - L_{i,1}\frac{\partial \rho_i\theta_i}{\partial t} = \frac{\partial}{\partial Z}\left(\lambda_{eff}\frac{\partial T}{\partial Z}\right) - \rho_1 c_1\frac{\partial V_1 T}{\partial Z} \tag{4-2}$$

3 个诊断方程中，描述液态水流动速率 V_1 的方程形式为

$$V_1 = K_1\left[-\frac{\partial \psi}{\partial Z}+1\right] \tag{4-3}$$

冰点水势方程形式为

$$\psi = -\frac{L_{i,1}(T-273.15)}{gT_f} \tag{4-4}$$

以及决定 ψ 与 θ_i 和 θ_1 之间的推广的 Clapp-Hornberger 经验关系：

$$\psi = \psi_0\left(\frac{\theta_1}{\theta_s}\right)^{-b}(1+c_k\theta_i)^2 \tag{4-5}$$

式中，Z 和 t 分别为土壤的深度和时间；θ_1 和 θ_i 分别为体积含水量和体积含冰量；T 为土壤温度；ρ_1 和 ρ_i 分别为液态水和冰的密度；ψ 为土壤水势；K_1 为土壤导水率；D_{TV} 为温度梯度引起的水汽扩散系数；C_V 为体积热容量；$L_{i,1}$ 为冰到液态水的相变潜热；λ_{eff} 为有效土壤导热率；c_1 为水的热容量；g 为重力加速度；T_f 为冻结温度（273.15K）；ψ_0 为饱和水势；θ_s 为土壤孔隙度；b 为 Clapp-Hornberger 常数；c_k 为常数。

上述模型及其他考虑了冻融过程的陆面过程模型大多以土壤温度、体积含水量、体积含冰量作为预报变量，在求解控制方程过程中要预先估算体积含冰量的变化率。由于体积含冰量变化会引起大量相变潜热的释放或吸收，因此预估体积含冰量变化率时产生的误差，会导致计算的冻土温度产生较大误差，最终导致计算不稳定和计算效率低下。Li 等（2009）在简化冻融模型的基础上，引入土壤熔和土壤水总质量作为预报量，发展了新的控制方程，其优点是把体积含冰量有关的项合并到土壤熔和土壤水总质量中，从而消除了体积含冰量的预估误差所带来的计算不稳定问题。Li 等（2009）发展的新控制方程如下：

$$\frac{\partial m_a}{\partial t} = -\rho_1\frac{\partial}{\partial Z}\left(-K_1\frac{\partial \psi}{\partial Z}+K_1\right) + \frac{\partial}{\partial Z}\left(D_{TV}\frac{\partial T}{\partial Z}\right) \tag{4-6}$$

$$\frac{\partial H}{\partial t} = \frac{\partial}{\partial Z}\left(\lambda_{eff}\frac{\partial T}{\partial Z}\right) - \rho_1 c_1\frac{\partial V_1 T}{\partial Z} \tag{4-7}$$

式中，m_a（$m_a=\rho_1\theta_1+\rho_i\theta_i$）和 H（$H=c_V T-L_{i,1}\rho_i\theta_i$）分别为土壤水总质量和土壤熔。上述控制方程［式（4-6），式（4-7）］与诊断方程［式（3-3），式（3-4），式（3-5）］联立就可以求解土壤状态变量。鉴于其合理性，Bao 等（2016）和 Wang 等（2017）分别在发展的考虑冻融过程的陆面过程模型中均采用了 Li 等（2009）发展的控制方程，只是在模型结构、相关参数的参数化方案以及数值求解方案上有所不同。

4.3 青藏高原冻融过程分析与参数化方案改进

4.3.1 冻融过程特点

4.3.1.1 冻融过程中土壤温度变化规律

图 4-1 为唐古拉 2011~2012 年冻融期不同土层土壤温度变化过程曲线。在整个冻融期间：浅层 10~70cm 土壤温度分布变化呈现出较好的一致性，同样在 90cm 以下深度土层中，土壤温度分布变化也呈现出较好的一致性。表层 90cm 土壤温度变化波动较大，而 90cm 以下波动较小。随着深度的增加，土壤温度变化趋于平缓，浅层土壤温度受气温影响变化剧烈。从图 4-2 可以看出，土壤温度振幅的变化和土壤深度呈现对数关系，二者拟合的相关系数为 0.97，具有较好的相关性；在 90cm 左右土壤深度处土温年变化幅度有明显变小的趋势，而 90cm 以下土层土温振幅变小，递减规律表现为较好的对数关系。

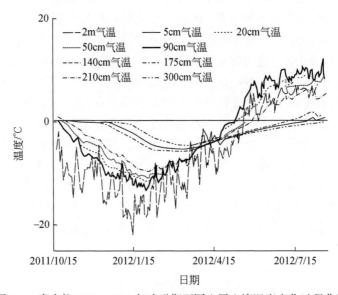

图 4-1 唐古拉 2011~2012 年冻融期不同土层土壤温度变化过程曲线

令土壤温度开始升温时的初始温度为 T_0，升温达到最大值的土壤温度为 T_{max}，从升温初始到土壤温度达到最大值持续的时间为 t_d，则升温过程速度 V_s 为

$$V_s = (T_{max} - T_0) / t_d \qquad (4-8)$$

同理，令土壤温度开始降温时的初始温度为 T_0，降温达到最小值的土壤温度为 T_{min}，从降温初始到土壤温度达到最小值持续的时间为 t_d，则升温过程速度 V_s 为

$$V_s = (T_{min} - T_0) / t_d \qquad (4-9)$$

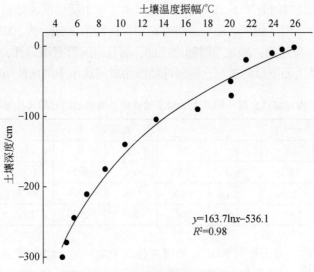

图 4-2　土温振幅随深度变化关系

从图 4-3 可以看出，气温和不同土层地温的变化速度随土层深度增加呈递减趋势，升温过程要比降温过程平缓，其变化都大于各层地温的变化速度；气温和 140cm 以上土层地温的下降速度要比上升速度大，而 140cm 以下气温和土层温度的下降和上升速度基本一致；70cm 以上土层温度下降和上升速度均比深层土温大，140cm 以下土层温度下降和上升速度变化趋于平稳，这与升温过程持续时间较长，而降温过程则持续时间较短有关。

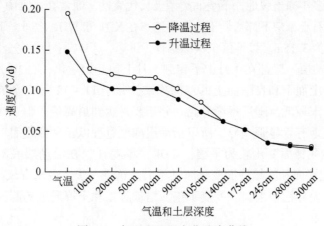

图 4-3　气温和地温变化速度曲线

4.3.1.2　冻融过程特征

根据土壤温度的变化情况，对唐古拉不同深度活动层冻结消融起始日期及冻结持续时间进行了分析，从表 4-1 可看出，10 月中旬表层土壤最先开始冻结，随着深度增加，土壤冻结响应时间随之延后，90cm 处土壤开始冻结时间比 5cm 处晚近 10d；140cm 以下冻结时间趋于接近，300cm 处的冻结时间略早于 210cm 处，表明多年冻土活动层冻结过程从上、下方向向中间集中，为双向冻结的过程。表层 5cm 处冻结持续时间为 205d，而 300cm 处冻结持续时间达到了 291d。随着深度增加，融化历时随之增加，而且时间都有滞后性，这说明研究区多年冻土活动层融化是从上而下单向进行，同时冻结所用时间远小于融化所用时间。

表 4-1　唐古拉站点土壤不同深度活动层的冻结、消融起始日期及冻结持续时间

项目	观测深度/cm							
	5	10	20	50	90	140	210	300
冻结起始日期(月/日)	10/19	10/20	10/24	10/27	10/29	11/5	11/4	11/2
融化起始日期(月/日)	5/10	5/11	5/14	5/22	5/28	6/27	7/26	8/18
冻结持续时间/d	205	205	204	209	213	236	266	291

以西大滩（XDT）、五道梁（WDL）和唐古拉（TGL）3 个综合观测场为例，对比不同多年冻土类型活动层冻融过程变化过程（图 4-4）。其中，XDT 为高寒草甸下垫面，位于高原多年冻土北界附近的岛状多年冻土区。通常在 4 月中下旬至 5 月上旬开始融化，10 月达到最大融化深度，随后开始自上而下和自下而上的双向冻结，并于 11 月下旬到 12 月完全冻结。活动层的融化持续时间为 202～251d，最大融化深度为 1.6m。WDL 为高寒荒漠草原下垫面，位于多年冻土区中部。通常在 4 月底和 5 月上旬活动层开始融化，由于浅层土壤以粗颗粒砂土为主，融化期浅层土壤含水量很低，相应的冻结期土壤含冰量也很低，所以融化速度较快。通常在 10 月上旬和中旬达到最大融化深度，该站点的最大融化深度为 2.4m。TGL 为高寒草甸，位于高原多年冻土腹地，下垫面类型极具代表性。通常在 4 月中下旬活动层开始融化，浅层土壤为碎石土，中下部为砂土，升温速率在 XDT 和 WDL 之间，于 10 月中下旬达到最大融化深度，约为 3.15m。该地区土壤冻结较为迅速，于 11 月上旬完全冻结。

3 个站点的活动层一般都在 4 月中下旬到 5 月上旬开始融化，在 10 月达到年最大融化深度，随后开始自上而下和自下而上的双向冻结，并于 11～12 月完全冻结。站点的表层土壤温度都在 1 月末最低，随后逐渐升高，并于 8 月达到最高值。但 3 个站点植被覆盖类型和活动层土壤质地有着显著差异，所以活动层冻融过程以及"零度幕"均表现出截然不同的特点。XDT 融化锋面变化较为平缓，WDL"零度幕"在活动层底部变化复杂持续时间长，而 TGL 融化锋面和冻结锋面变化波动不大。这进一步体现出青藏高原多年冻土区土壤水热过程的空间差异性很大，主要受下垫面植被类型和土壤质地的制约。

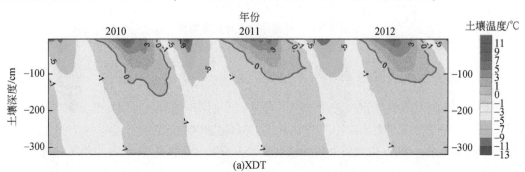

(a)XDT

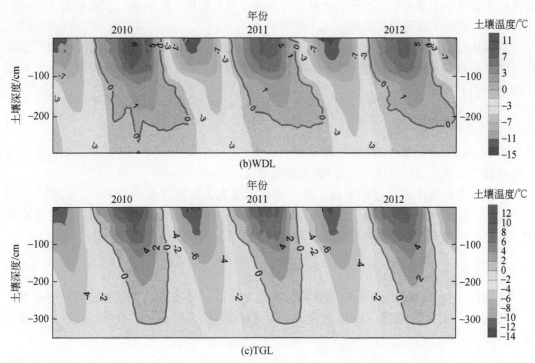

图 4-4 XDT、WDL 和 TGL 观测场地温等值线

4.3.2 冻融参数化方案的改进

4.3.2.1 适用于冻土区的地表传热参数化方案

在陆面过程模式中，感热通量通常用整体热输送方程来计算：

$$H = -\rho c_{p} C_{h} u \, (\theta_{air} - \theta_{sfc}) \tag{4-10}$$

式中，ρ 为空气密度（kg/m³）；c_{p} 为空气的比定压热容（1004J/（kg·K））；u 为风速（m/s）；θ_{air} 为观测高度的空气位温（K）；θ_{sfc} 为地表的位温（K）；C_{h} 为地表热交换系数。

可以看出，地表热交换系数在计算旱区的地表温度以及地表能量平衡时扮演着非常重要的角色。地表热交换系数通常通过 Monin-Obukhov 相似性理论来获得，其大小依赖于动力学粗糙度（z_{0m}）和热力学粗糙度（z_{0h}）。动力学粗糙度随时间的变化很慢，通常在进行大尺度的陆面过程模拟时，按照植被类型预先给定。于是，热力学粗糙度的估算成为决定地表热交换系数的关键，也成为模拟地表温度和感热通量的关键，因此在陆面过程模型中需要正确参数化热力学粗糙度。

通过参数 kB^{-1} 直接将热力学粗糙度与动力学粗糙度联系在一起。众所周知，由于单个粗糙元通过形阻力可以增强动量的传输效率，而其对热量传输的影响却很小。因此，气压的波动导致的动量传输效率通常要比热量的传输效率高（Mahrt，1996）。因此，热力学粗糙度通常总是小于动力学粗糙度，尤其是在稀疏分布有粗糙元的表面上，而且动力学粗糙度较大时，热力学粗糙度反而较小。

按照热力学粗糙度与动力学粗糙度关系，Yang 等（2002）将热力学粗糙度与一个物理高度（h_T）相关联，该物理高度是湍流层和过渡层之间的分界。该物理高度可由临界雷诺数（Re_{crit}）来决定：

$$h_T = \frac{\nu\, Re_{crit}}{u_*},$$
(4-11)

式中，$Re_{crit}=70$，v 为流体动力学黏滞系数 $[v=1.328\times10^{-5}* (p_0/p) (T/T_0)^{1.745}$，这里 $p_0 = 1.013\times10^{-5}Pa, T_0 = 273.15K]$，$u_*$ 为摩擦速度（m/s）。

对于一个有稀疏粗糙元的平面，由于存在形阻力，摩擦速度一般很大，h_T 较小。因此，h_T 的变化与热力学粗糙度的变化一致，所以使用该高度来量化热力学粗糙度是合理的。据此，Yang 等（2002）定义了以下参数：

$$kA^{-1} = \ln\frac{h_T}{z_{0h}}$$
(4-12)

在分析 3 个 GAME-Tibet 观测站数据的基础上，Yang 等发现动力学粗糙度具有明显的日变化特征，因此，同时用摩擦速度和一个温度标量 $[\theta_* \equiv -H/(\rho c_p u_*)]$ 来参数化 kA^{-1}：

$$kA^{-1} = \beta u_*^m |\theta_*|^n$$
(4-13)

式中，β、m 和 n 为系数。数据分析显示 $m=1/2$，$n=1/4$ 是合理的取值。Yang 等（2008）建议 $\beta=7.2m^{-1/2}s^{1/2}K^{-1/4}$。联合式（5-4）、式（5-5）和式（5-6），得到裸土和稀疏植被地表的热力学粗糙度参数化方案：

$$z_{0h} = \frac{70\nu}{u_*}\exp\left(-\beta u_*^{\frac{1}{2}}|\theta_*|^{\frac{1}{4}}\right)$$
(4-14)

Yang 等（2009）将 Y08 方案集成到 SiB2 模型中，并在两个高寒荒漠站进行了模拟实验。如图 4-5 所示，改进模型能较好地模拟地-气温差，而原模型因低估地表温度（T_{sfc}）而导致对感热通量（H）的高估。改进模型所计算的感热通量低于原模型计算结果，这与增加了长波辐射冷却的模拟以及减弱白天的净辐射量的模拟是一致的。同时，模拟的地表温度增加直接导致土壤热通量（G_0）增加，这与模拟的感热通量降低也是一致的。

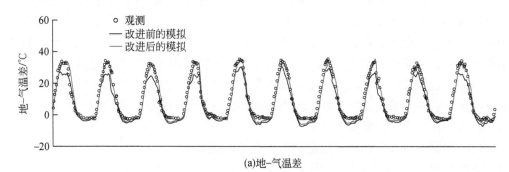

(a)地-气温差

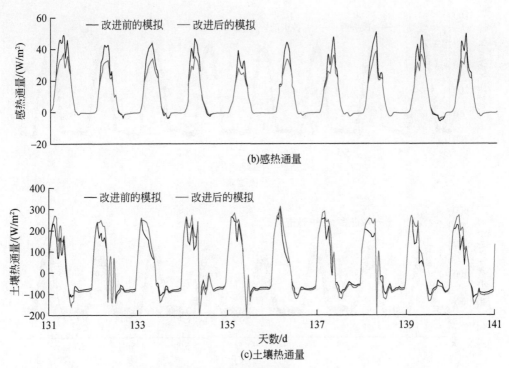

(b)感热通量

(c)土壤热通量

图 4-5　改进前和改进后 SiB2 模型模拟能力对比（Yang et al.，2009）

Chen 等（2010）将 Y08 方案集成到 Noah 陆面过程模型中，并用几个旱区观测站资料验证了改进模型，验证站点包括美国亚利桑那州的 Audubon 站，中国的敦煌站、狮泉河站、改则站。图 4-6（a）～（d）分别比较了改进模型和原模型模拟的 Audubon 站的地表温度、净辐射、感热通量和土壤热通量的日变化特征。显然，改进模型能较好地模拟地表温度、感热通量和净辐射，而原方案高估了感热通量，低估了地表温度，也因此高估了净辐射。在其他几个站点的模拟结果与 Audubon 站的模拟结果类似。

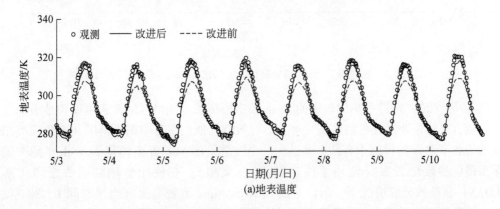

(a)地表温度

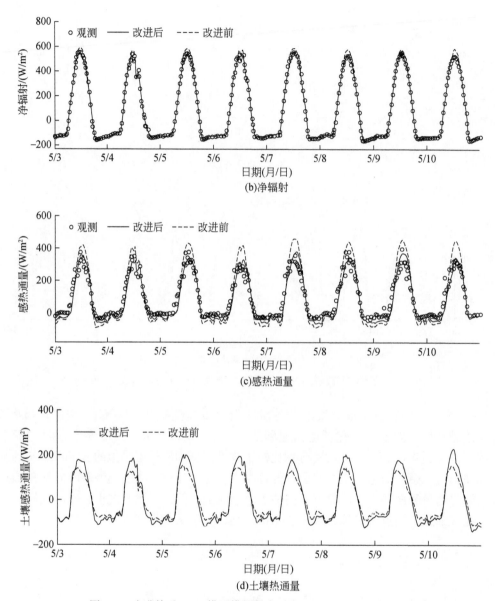

图4-6　改进前后 Noah 模型模拟能力对比（Chen et al.，2010）

　　Chen 等（2011）进一步用改进的 Noah 模型模拟了中国旱区的地表温度和地表能量平衡各分量，来验证改进模型在区域尺度上的有效性。他们在对中国干旱区（下垫面类型为裸露地表和草地）的模拟中有两个改进。一个改进是用 Y08 方案代替了 Noah 中原来的热力学粗糙度参数化方案（使用了改进的 Noah 模型）。在使用全球陆面数据同化系统（GLDAS）驱动数据的情况下，与白天的 MODIS/Aqua 地表温度（当地时间 1∶30 左右）相比，改进模型将模拟的干旱区地表温度的平均误差从−6K 降至−3K ［图 4-7（a）、图 4-7（b）和图 4-8（a）、图 4-8（b）］。另一个改进是用一个新发展的中国区陆面过程驱动数据集（ITPCAS 驱动数据）（He，2010）来驱动改进的 Noah 模型，这使得平均误差进一步减少了 2K 左右，如图 4-7（c）和图 4-8（c）所示。他们发现用 GLDAS 驱动数据模拟时，误差较大（低估 10K 以上）的格点几乎全部集中在青藏高原，在使用 ITPCAS 驱动数据后，这部分的误差显著降低。因此，模拟冻融过程时，驱动数据的不确定性也是一个主要的误差来源，特别是在青藏高原。

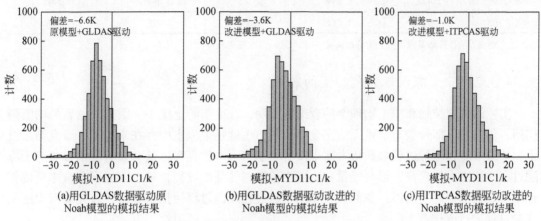

图 4-7　干旱地区裸露地表温度模拟（Chen et al.，2011）

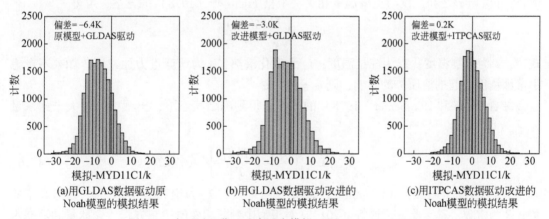

图 4-8　半干旱区草地地表温度模拟（Chen et al.，2011）

　　陈浩（2015）也将 Y08 方案引入 Noah 陆面过程模型中，模拟了唐古拉钻孔的土壤温湿度情况。通过分析发现采用 Y08 方案之后，表层、中层和深层土壤的温度和含水量的 SSE（标准偏差）值均有所降低，降低的幅度随着土层的加深而逐渐下降。Y08 方案通过改进地面的能量分配，使得模拟的水热过程与实际更为接近，模拟精度有了较大提高（表 4-2）。

表 4-2　采用计算热粗糙度的 Y08 方案和 Z95 方案的模拟结果对比

项目	0.05m 土壤温度/K	1.05m 土壤温度/K	15m 土壤温度/K	0.05m 液态水含量/（cm³/cm³）	1.05m 液态水含量/（cm³/cm³）
NSE（Z95）	0.880	0.715	−4.700	0.525	0.321
NSE（Y08）	0.957	0.955	−0.877	0.530	0.548
SEE（Z95）	2.426	1.839	0.145	0.033	0.090
SEE（Y08）	1.924	1.141	0.083	0.028	0.048

注：NSE 为纳什效率系数；SEE 为标准偏差。

4.3.2.2　未冻水参数化方案的改进

实际的观测结果和冻土物理学的理论都表明，在冻结的土壤中，因为土壤颗粒的吸附作用，仍然有一部分液态水是无法完全冻结的，也就是说冻土中存在未冻水。研究结果显示，如果模型在冻融过程参数化方案中没有考虑未冻水的存在，这会显著高估多年冻土冻融过程中液态水的含量，影响能量在土壤中传输时的分配过程，给土壤温度和含水量的模拟带来显著的误差。所以，我们在多年冻土区进行陆面过程模拟研究时，首先要对模型的冻融过程进行改进。

从理论上，根据平衡态相变的热力学关系，对于任何类型的土质，土水势 ψ_t 为基质势 ψ_m 和溶质势之和，仅与土壤温度相关，根据 Fuchs 等（1978）的方案，可得

$$\psi_t = 10^3 \frac{L_f}{g} \frac{(T-T_f)}{T} \tag{4-15}$$

式中，T 为土壤温度；T_f 为冻结温度；L_f 为融化潜热；g 为地球重力加速度。如果不考虑由溶液浓度引起的溶质势的影响，则 $\psi_t = \psi_m$。

结合 Clapp 和 Hornberger（1978）的工作，得到冻结状态下，土壤中的最大未冻水量 w_{liqmax}（kg/m²）：

$$w_{liq,max} = \rho_{water} \Delta z \theta_{sat} \left\{ \frac{10^3 L_f (T-T_f)}{g \psi_{sat} T} \right\}^{-\frac{1}{B}}, \quad T < T_f \tag{4-16}$$

式中，ρ_{water} 为水的密度（10^3 kg/m³）；Δz 是土层厚度；θ_{sat} 为饱和导水率；ψ_{sat} 为饱和基质势；B 为常数。基于此，逍遥等（2013）对模型中判断相变的控制方程、含冰量和液态水含量计算方案等进行校正。

模拟结果显示，原模型呈对于浅层土壤温度有着较好的模拟能力也取得了较好的模拟效果，但由于其未考虑冻土的未冻水过程，严重低估了冻融过程中和冬季土壤冻结状态下的土壤液态水含量，进而对较深层次土壤温度尤其是冻融过程的模拟出现了较大的偏差。改进后的模型引入了未冻水过程参数化方案，以土壤温度和土壤基质势定义了冻结状况下土壤最大未冻水含量，使得原模型对土壤含水量的模拟精度得到很大提升。因而改进后的模型对于土壤温度的模拟从表层到较深层均表现出非常好的效果（图 4-9，图 4-10）。

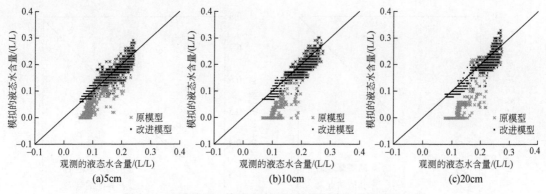

(a)5cm　　　　　　　　(b)10cm　　　　　　　(c)20cm

图 4-9　改进前后土壤液态水含量的模拟值和观测值的比较

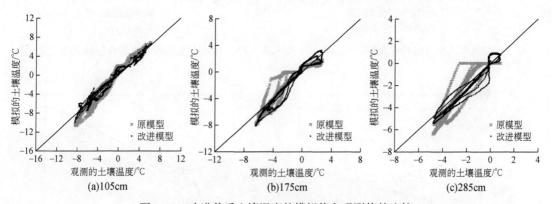

(a)105cm　　　　　　　(b)175cm　　　　　　　(c)285cm

图 4-10　改进前后土壤温度的模拟值和观测值的比较

4.3.2.3　考虑有机质影响的土壤热性质参数化方案发展

青藏高原中东部广泛发育草原和草甸，由于低温条件不利于有机质的分解，其表层土壤中富集了丰富的有机质，有机制对土壤的水热性质产生显著影响，从而影响土壤中水和热量的传输过程。例如，土壤中的有机质含量偏高，则意味着土壤的孔隙度较高，持水能力较强。同时碳的导热率较低，导致有机质含量高的土壤的导热率偏低，这不利于热量传输，从而保护冻土。

Chen 等（2012）收集了青藏高原和中国北方干旱半干旱区 34 个通量观测站和 56 个土壤水分及温度观测站的 128 个 0~50 cm 土壤剖面的样品。在实验室测量了上述土壤样品的质地、有机碳含量、饱和导水率、导热率曲线、孔隙度、容重等水热物理性质，测量了部分样品的土壤水分特征曲线，基于此拟合获得了饱和水势、B 参数等性质。基于上述数据调查了土壤有机碳引起的土壤性质的分层现象。由于青藏高原的低温环境不利于有机质的分解，这导致高寒草地表层土壤的有机碳含量较高。测量数据显示高寒草地表层土壤的有机碳含量高于底层土壤，导致表层土壤具有较高孔隙度及较低的导热率和容重，在其他低海拔地区，由于不同层位土壤的有机碳含量很低且比较均匀，由有机碳引起的土壤性质的分层现象并不明显（图 4-11，图 4-12）。

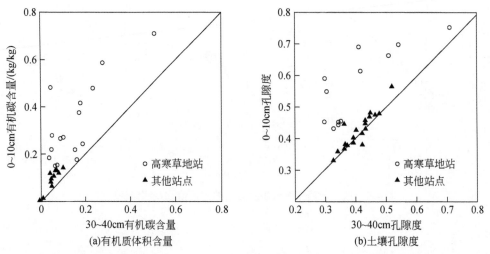

(a)有机质体积含量　　　　　　　　　　(b)土壤孔隙度

图 4-11　高寒草地和其他站点表层（0～10cm）和深层（30～40cm）土壤的有机碳含量和孔隙度的比较

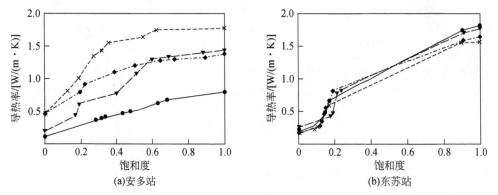

(a)安多站　　　　　　　　　　　　(b)东苏站

图 4-12　高寒草地（以安多站为例）和其他站点（以东苏站为例）不同层位土壤的导热率曲线的比较

　　Chen 等（2012）验证了已有的土壤孔隙度转换函数和 3 种土壤导热率参数化方案，发现已有的方案明显低估了土壤孔隙度，高估了土壤导热率。因此，在引入有机碳相关性质的基础上，发展了新的孔隙度转换函数和导热率参数化方案。新方案能较好地估算各种有机碳含量土壤的孔隙度和导热率（图 4-13）。

　　上述考虑有机质影响的土壤热性质参数化方案还未在陆面过程模型中进行集成验证，此外，还需发展相应的土壤有机质含量数据集，来进一步检查土壤有机质对青藏高原土壤水热传输过程和冻融过程的模拟影响。

　　总的来说，区域和全球尺度冻土过程的模拟涉及陆表水热平衡过程和土壤水热传输过程的各个环节。驱动数据、地表传热参数方案、土壤水热性质参数方案、土壤参数等方面的不确定性都会影响土壤冻融过程模拟的可靠度。以青藏高原冻土过程模拟为例，驱动数据的误差、土壤和植被数据的不确定性、模型参数化方案的不确定性等问题依然存在。通过加深对青藏高原多年冻土–活动层–大气间相互作用的物理过程与反馈机制的理解，强化

冰冻圈的观测与监测，完善物理过程和各圈层的耦合等依然是发展和改进预报模式的主要
方向。其中多年冻土与大气间能水通量的持续观测是青藏高原陆气相互作用研究工作的基
础。只有了解了多年冻土与大气间的地表水分和能量交换过程的原理，才能为高原的环境
演变及陆面过程模式提供坚实的理论基础。

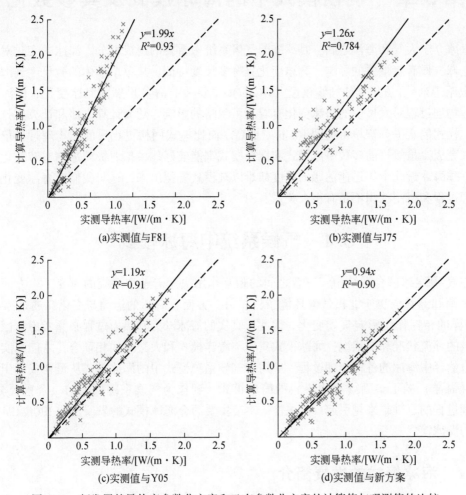

图 4-13　新发展的导热率参数化方案和已有参数化方案的计算值与观测值的比较

第 5 章　气候模式中的海冰模式及其参数化

海冰介于大气和海洋之间,是冰冻圈气候系统中重要的组成部分。海冰的变化对极区乃至全球气候有着重要的影响。海冰变化具有多尺度特征,从单个晶体的微尺度到海盆尺度(数千千米)。虽然全球气候模型(GCMs)主要关心海盆尺度的海冰变化,但海冰小尺度的物理过程对大尺度的海冰变化有着不可忽略的影响。随着计算方法和计算机技术的提高,模式的水平分辨率可达到 10km 或更高。而比模式网格更小尺度的物理过程依靠参数化来完成。虽然目前多数海冰模式和耦合模式都能较好地模拟北极海冰的季节变化,但北极夏季海冰近几十年迅速消融的程度却难以被模式模拟出来,这与我们对海冰变化的这些物理过程和机制认识不足有很大关系。

5.1　气候系统中海冰模式

在气–海–冰耦合系统中,三者之间的相互作用决定着整个系统的演变。一方面,海冰的生消和漂移取决于北极气候环境条件;另一方面,海冰的运动与变化又通过冰–气、冰–海洋的相互作用影响气候变化。因此,真实的海冰动力和热力过程必须考虑冰区及周边海域的环流状况和热状况,海冰模式只有与海洋模式和大气模式相耦合,才能真实地模拟出自然界中海冰的各种物理过程。应用于气候系统模式中的海冰模式从最初仅用于提供大气(海洋)的下垫面(上边界)的简单模式,到作为气候系统模式的一个重要分量,其物理过程的机理越来越引起广泛关注。本节主要简介海冰模式的发展及在 IPCC-CMIP 中采用的海冰模式。

5.1.1　海冰模式的发展简介

海冰数值模式的研究始于 20 世纪 60 年代,它最初分为动力模式和热力模式两个分支。热力模式着重研究海冰生消的各种热力过程,能够较好地模拟冰厚和冰范围的季节性变化;动力模式着眼于刻画海冰的力学特性和输运过程,能够较好地模拟海冰运动特征。最初的海冰模式包括了考虑风应力、海流应力、海表高度梯度力、科氏力的海冰动力过程和简单的海冰生长和消融的热力过程。

首个包含较为详尽物理过程的海冰热力模式是 Maykut 和 Untersteiner(1971)发展的一维垂直高分辨率海冰模式,该模式包含了雪盖、海冰盐度和穿透太阳辐射加热等因素,用表面能量平衡方程决定海冰的消融和增长率,用与时间有关的热扩散方程模拟冰和雪盖内部的热输送,通过选取合适的冰–气和冰–水界面热通量,成功地模拟了北极中部海冰的厚度和生消变化。Semtner（1976）对该模式进行了简化，将垂直方向的层数从 40 层减至 3 层，提出了适宜扩展到三维模拟的一维模式，大大节约了计算时间。改进后的模式保留了原模式大部分的内容，消除扩散方程中的内部热源项，并假设海冰比热和热传导率为常数，得到与 Maykut 等（1971）研究相近的结果。之后 Ebert 等（1995）逐步建立了较为完备的海冰热力学模式，被很多海冰模式采用。

20 世纪 70 年代进行的北极海冰动力学联合试验（AIDJEX）促进了海冰动力学的发展。Thorndike 等（1975）建立了海冰厚度分布公式，对海冰厚度分布变化进行研究。70 年代末发展起来的动力-热力模式，开始完整考虑海冰的动力和热力过程，这类模式不仅在理论上有所发展，而且对北极冰盖的季节变化、海冰漂移、海冰厚度分布和海冰密集度变化也有全面描述，逐步成为海冰数值模式的主流。Parkinson 和 Washington（1979）基于 Semtner（1976）的模式提出了三维表达式，并与一个简化的冰动力学模式耦合，建立了一个用于大尺度的海冰热力-动力耦合模式，并对全球冰区的海冰生消的年变化进行了模拟。为了反映无冰水域的温度变化，Parkinsan 和 Washington（1979）用简单的海洋混合层参数化方法进行计算，提出了通量公式和水道参数化，以海冰表面热收支、冰内热传导和辐射传输为基础建立模型。最早的海冰流变学是在 20 世纪 70 年代提出的。最初，塑性流变学的提出是为了让模型产生形变（Coon et al.，1974）。由于模型固有的数值复杂性，试图将海冰作为塑性材料处理的模型只适用于几周至一个月的局部尺度问题，并且不能用于研究海冰-气候相互作用。Hibler（1979）的热力-动力耦合模式具有更详细的动力学方程，模式中除了包括动量守恒、平流、热力增长和融化，还提出了海冰侧向生消效应的参数化方法，特别提出了采用黏塑性流变学理论计算海冰内应力的开创性方法（Hibler，1980），较好地模拟再现了北极海冰长期漂移和海冰厚度分布的主要特征。Hibler 的研究对海冰模式的发展起到重要作用。Hibler 和 Walsh（1982）又扩展了这一模式，将其用于北极海冰的模拟，并与单独热力模式的结果进行了比较，发现由动力-热力模式计算得到的冰分布更为合理。AIDJEX 和 Hibler 海冰动力学仍然是现代海冰模型的基础。

20 世纪 80 年代中期，人们开始探求发展海冰-海洋耦合模式，以求更真实地体现海冰-海洋间的耦合过程。海冰-海洋耦合模式可弥补单纯海冰模式的不足，改进模式对海冰漂移、冰盖和冰缘位置的模拟。Mellor 等（1986）将二阶湍流闭合模式用于研究海冰和海表面混合层的动力和热力相互作用。将海洋热通量定义为垂直于界面的温度梯度与一个常数的乘积；利用二阶湍闭合模式提供计算垂直速度和密度梯度的混合参数，并研究了海冰冻结和融化对大气和海洋的响应。Hibler 和 Bryan（1987）首次将三维耦合冰-海洋模式的结果引入北冰洋的海冰研究，采用 Hibler 的动力-热力海冰模式和 Bryan（1969）的多层斜压海洋模式耦合，较成功地模拟了北极、格陵兰海和挪威海的海洋环流对海冰季节性变化的影响，改进了对格陵兰和巴伦支海冰缘位置以及北大西洋冬季冰量的模拟，特别是消除了单纯海冰模式模拟的北大西洋冬季过多的冰量。这个 Hibler-Bryan 模式也被用来作为美国海军舰艇数值海洋中心（FNOC）的业务预报模式 PIPS（Riedlinger and Preller，1991）。之后，Semtner（1987）将模式中的海洋部分发展为完全预报性模式，进一步改进了海冰-海洋耦合模式，并对北冰洋和格陵兰海的海冰进行了模拟。

基于 Semtner（1976）的简化模式，最早的全球气候模型把海冰当作平板，没有冰间水道、融池或盐泡（卤水泡）。海冰的移动完全由表面海流平流输送，即"自由漂移"。一旦海冰的厚度达到一定的临界值，在大部分全球耦合气候模式中，它就会保持基本不变，以避免辐合区海冰的过度增长。从 20 世纪 90 年代开始，人们充分认识到耦合模式中使用过于简化的海冰模式无法再现符合实际的极区气-海-冰耦合系统。美国及欧洲的相关研究机构开始发展用于气候系统模式中的海冰模式。例如，NCAR CCSM3 模式中的 CSIM（community sea ice model）海冰模式、NCAR CCSM4 和 CESM 中的 CICE（community ice codE）海冰模式、NOAA FMS 的 SIS（sea ice simulator）海冰模拟器及 NASA GISS 海冰子模式、GIM 模式和 MIT 模式中的海冰子模式。与此同时，海冰模式不断发展完善，Flato 等（1989，1992）通过把海冰当作穴流体从而简化黏塑性（VP）模型，然而，相对于 VP 模型，缺少切变强度的 CF 模型模拟精度有所下降。此后，Hunke 和 Ducowicz（1997）发展了一种新技术，把海冰当作有弹性的黏性塑料材料，这是一种趋近完整 VP 模型解的数值近似，Zhang 和 Hibler（1997）接着把 VP 解变得更高效和并行化，称为弹黏塑性（EVP）模型。这些新动力方案引领了气候模式中海冰动力学快速发展的时代，现在 EVP 和 VP 动力学海冰模型在气候模式中得到广泛应用。在海冰热力学方面，Bitz 和 Lipscomb（1999）进一步考虑了海冰内卤水对海冰融化的作用，全球气候模式也开始考虑海冰厚度分布和卤池物理过程（Bitz et al.，2001；Holland et al.，2006）、融池参数化（Flocco et al.，2010；Hunke et al.，2013）和包括散射在内的辐射传输。这些改进对海冰热力学模式的发展都有重要的贡献。

郭智昌和赵进平（1998）曾对国际上的海冰模式时空尺度、连续性、流变性、动力学和热力学参数化、气-海-冰耦合过程及全球气候的影响等方面进行了综合评述和讨论。王学忠等（2003）曾回顾了国外海冰模式的发展。Hunke 等（2011）对用于气候研究的海冰模式进行了回顾并指出未来的发展方向。

5.1.2　CMIP 模式中采用的海冰模式

从 1990 年 IPCC 第一次评估报告开始，海冰模式就是所有耦合模式的重要组成部分。海冰模式作为地球（气候）系统模式的分量模式，与海洋和大气环流模式的区别主要在于海冰的物理特性（如流体特性、热力学过程等）。

依托世界气候研究计划（World Climate Research Programme，WCRP），耦合模式工作组（Working Group on Coupled Modelling，WGCM）于 1995 年提出了一个耦合模式比较计划（Coupled Model Intercomparison Project，CMIP），以此作为国际耦合模式评估的标准及后续模式发展的平台，同时提供在气候模型诊断、验证、比对方面的文件和数据访问。在 CMIP 框架下，允许不同地区的科学家对耦合模式的结果进行系统分析，这有利于气候变化相关机理的研究、模式的改进和对未来气候变化的预估。其研究结果是 IPCC 报告的重要内容之一。CMIP5 于 2008 年启动，它增加了年代际变化的近期预测检验，进行了全球变暖情况下大气中 CO_2 以不同速率增加情境下的碳循环气候试验。

表 5-1 给出了 IPCC-CMIP5 耦合模式中所使用的海冰模式。在国际上使用较广泛的海冰模式中，CICE 模式是目前对物理过程考虑最详细的海冰模式（Hunke et al.，2010）。该模式以能量守恒热力学为基础，具有垂直分辨温度廓线和显式卤水泡参数化（Bitz and Lipscomb，1999），包括雪层和 4 层冰层；考虑了侧向和底融解过程（Maykut，1982；McPhee，1992）；采用了弹黏塑（EVP）本构关系海冰流变学（Hunke and Dukowicg，1997）；采用了 Lagrangian 冰厚分布（Thorndike et al.，1975；Bitz et al.，2001）；考虑了由堆积和脊化引起的机械再分布（Rothrock，1975）；采用了增量再映射二阶平流方案（Lipscomb and Hunke，2004）。

在 IPCC-CMIP5 的模式中，至少有 7 个模式采用了 CICE4 版本。这 7 个模式在 CMIP6 计划中将会进一步使用 CICE5+ 版本。同时，在 CIMP6 计划中，将会有更多模式使用 CICE 模式。

表 5-1　IPCC-CMIP5 耦合模式中所使用的海冰模式

模式中心	研究机构	气候模式	海冰模式
BCC	中国国家气象局，北京市气候中心（中国）	BCC-CSM1.1 BCC-CSM1.1（m）	SIS
CCCma	加拿大气候模拟与分析中心（加拿大）	CanAM4 CanCM4 CanESM2	CanSIM1
CMCC	欧洲–地中海气候变化中心（意大利）	CMCC-CESM CMCC-CM CMCC-CMS	LIM
CNRM-CERFACS	法国国家气象研究中心/欧洲科学计算高级研究与培训中心（法国）	CNRM-CM5 CNRM-CM5-2	GELATO v5
COLA 和 NCEP	美国海洋–陆地–大气研究中心和国家环境预测中心（美国）	CFSv2-2011	
CSIRO-BOM	联邦科学与工业研究组织和澳大利亚气象局（澳大利亚）	ACCESS1.0 ACCESS1.3	CICE4
CSIRO-QCCCE	联邦科学与工业研究组织与昆士兰州气候变化卓越中心合作（澳大利亚）	CSIRO-Mk3.6.0	
EC-EARTH	EC-Earth 联盟（欧洲）	EC-EARTH	LIM2
FIO	中国国家海洋局第一海洋研究所（中国）	FIO-ESM	CICE4
GCESS	北京师范大学全球变化与地球系统科学研究院（中国）	BNU-ESM	CICE4
INM	数值数学研究所（俄罗斯）	INM-CM4	
IPSL	皮埃尔–西蒙·拉普拉斯研究所（法国）	IPSL-CM5A-LR IPSL-CM5A-MR IPSL-CM5B-LR	LIM2

续表

模式中心	研究机构	气候模式	海冰模式
LASG-CESS	中国科学院大气物理研究所大气科学和地球流体力学数值模拟国家重点实验室，清华大学的地球系统科学研究中心（中国）	FGOALS-g2	CICE4
LASG-IAP	中国科学院大气物理研究所大气科学和地球流体力学数值模拟国家重点实验室（中国）	FGOALS-gl FGOALS-s2	CICE4 CSIM5
MIROC	大气与海洋研究所（东京大学），国家环境研究所，日本海洋地球科学技术局（日本）	MIROC4h MIROC5	COCO4.5
		MIROC-ESM MIROC-ESM-CHEM	COCO3.4
MOHC（additional realizations by INPE）	气象局哈德利中心，国家空间研究所（英国）	HadCM3 HadCM3Q HadGEM2-A HadGEM2-CC HadGEM2-ES	基于 CICE 的 Had GOM2 海冰模式
MPI-M	马克斯·普朗克气象研究所（德国）	MPI-ESM-LR MPI-ESM-MR MPI-ESM-P	Component of MPI-OM
MRI	气象研究所（日本）	MRI-AGCM3.2H MRI-AGCM3.2S MRI-CGCM3 MRI-ESM1	MRI.COM3
NASA GISS	美国航天局戈达德空间研究所（美国）	GISS-E2-H GISS-E2-H-CC GISS-E2-R GISS-E2-R-CC	Russel sea ice
NASA GMAO	美国宇航局全球建模和同化办公室（美国）	GEOS-5	
NCAR	美国国家大气研究中心（美国）	CCSM4	CICE4
NCC	挪威气候中心（挪威）	NorESM1-M NorESM1-ME	CICE4
NICAM	非静力二十面体大气模式组（日本）	NICAM.09	
NIMR/KMA	国家气象研究所/韩国气象局（韩国）	HadGEM2-AO	基于 CICE 的 Had GOM2 海冰模式

续表

模式中心	研究机构	气候模式	海冰模式
NOAA GFDL	NASA 地球物理流体力学实验室（美国）	GFDL-CM2.1 GFDL-CM3 GFDL-ESM2G GFDL-ESM2M GFDL-HIRAM-C180 GFDL-HIRAM-C360	SIS
NSF-DOE-NCAR	美国国家科学基金会，美国能源部，国家大气研究中心（美国）	CESM1（BGC） CESM1（CAM5） CESM1（CAM5.1，FV2） CESM1（FASTCHEM） CESM1（WACCM）	CICE4

5.1.3　国内极区海冰模式的发展

苏洁等（2019）[①] 总结了国内极区海冰模式及耦合模式的发展。余志豪和白学志（1998）以一个纯海冰热力模式，模拟研究了北极地区的海冰范围、厚度的时空分布及其季节循环。郭智昌和赵进平（1998）采用 Hibler（1979）动力学和 Parkinson 和 Washington（1979）热力学模式模拟研究了北极海冰的气候态季节性变化。宋洁和孙照渤（2005）利用 Hibler 的零层和 Winton 的三层热力模式模拟了 1983 年的北极海冰。于震宇等（2008）利用改进的 Hibler 海冰热动力模式模拟了 1979～1998 年的北极海冰流出量。目前的研究更注重对海冰物理过程的研究，王庆元等（2010）比较了 SIS 海冰模式中的两种盐度参数化方案；王传印和苏洁（2015）较系统地评估研究了 CICE 海冰模式中三种融池参数化方案。无论是早期的北极海冰热力模拟研究尝试，还是后来更关注某方面物理过程参数化的研究，这些纯海冰模式的研究都为进一步建立冰-气耦合模式，探讨北极冰-气耦合相互作用提供了基础。

在冰-海洋耦合模拟研究方面，方之芳等（1998）利用北极区域冰-海耦合模式（宇如聪，1995）模拟研究了 1966～1991 年北极海冰的变化规律，着重分析了巴伦支海和格陵兰海的海冰状况。刘钦政等（1998）分别采用单独的热力模式、热力动力模式和冰-海洋耦合模式对全球海冰的分布和运动进行了模拟和比较。之后刘钦政等（2000）采用基于 Flato 空化流体流变学的海冰动力模式和 Hibler 的表面热收支平衡的零层海冰热力模式的海冰模式与 LASG/IAP 的 30 层海洋模式进行耦合，对全球海冰的分布及其季节性变化、海冰漂移进行了模拟和分析。杨清华等（2011）利用 MITgcm 的冰-海洋耦合模式，以 NCEP 再分析资料为大气强迫场进行了 1992～2009 年的北极海冰数值模拟。该模式后来被应用

[①]　苏洁，徐世明，张录军，等．2019．中国北极海冰模拟研究进展．极地研究．投稿．

于中国北极科考期间海冰的数值预报。牟龙江等（2015）利用 CFSR 和 JRA25 两套再分析大气数据驱动 MITgcm 冰–海耦合模式，对海冰密集度分布和海冰体积结果进行了比较。李翔等利用 NEMO 冰–海洋耦合模式研究了大西洋水入流存在的问题及模式分辨率，以及参数化方案对北冰洋中层水模拟的影响（Li et al.，2011，2013）。

中国科学院大气物理研究所率先开启了气–冰–海耦合模拟研究。张学洪等（1997）基于 LASG 的修正的月平均通量俊平耦合方案（MMFA）初步实现了气–冰–海全耦合模拟。刘喜迎等（2003）将我国国家气候中心的大气环流模式和中国科学院大气物理研究所的全球海洋环流模式耦合研究了北半球高纬海冰的主要气候特征。王秀成等（2010）利用 CICE4 替代了 IAP/LASG 气候系统模式中的海冰模式，同时利用近年来自主发展的更为合理的热力动力参数化方案，对海冰模式中的物理过程进行了改善，具体包括：海冰反射率（包括表面融池）、海冰中盐度分布、守恒及其热力和动力效应、太阳辐射在海冰中的传输、冰间水道、融池、大气–海冰–海洋界面的通量交换、海冰间相互作用（各向异性本构关系，漂移、形变和辐合）（刘喜迎等，2007；Liu et al.，2010；王传印和苏洁，2015）等。

近年国家气候中心、国家海洋局第一海洋研究所、清华大学和北京师范大学等科研院所也逐步具有了气–冰–海耦合模式的整理实力。在 CMIP5 中有 5 个中国的耦合模式。其中，中国科学院大气物理研究所的 FGOALS-g1 和 FGOALS-s2 分别采用 CICE 和 CSIM5 海冰分量模式（Bao et al.，2013）；国家海洋局第一海洋研究所的 FIO-ESM（Qiao et al.，2013）采用 CICE 海冰模式（舒启等，2015）、中国科学院大气物理研究所和清华大学的 FGOALS-g2 采用 CICE 海冰模式（Li et al.，2013）；国家气候中心 BCC-CESM 模式（Wu et al.，2008，2010）采用 SIS 海冰模式（谭慧慧等，2015）、北京师范大学的 BNU-ESM 模式中采用 CICE 海冰模式（Ji et al.，2014）。通过一系列的敏感性数值试验对一些参数化方案的可靠性及模拟效果进行了系统的检验，其中部分改善的物理过程已应用于中国科学院大气物理研究所和北京师范大学参与 IPCC 第 5 次耦合模式比较计划（CMIP5）试验的 FGOALS-g2、BNU-ESM 等气候系统模式的海冰模式中。

5.2　海冰模式的主要物理框架

海冰模式最基本的任务是刻画海冰的变化，海冰变化的物理过程包括动力过程和热力过程。海冰厚度和密集度是海冰变化最基本的参数，因此冰厚和冰密集度变化方程是构建海冰模式最基本的方程。冰厚变化取决于海冰的冻结、融化、平流和形变过程，即冰厚的改变是热力过程和动力过程共同作用的结果。较为完善的海冰模式主要包括厚度分布函数及海冰动力学、热力学模块 3 个主要组成部分。

5.2.1　海冰冰厚分布函数

海冰的特点之一是可以发生形变。海冰可以通过脊化而形成厚冰，也可以通过水道的形成而产生开阔水和薄冰。为了表示地球物理尺度的造脊过程，Thorndike 等（1975）引用了冰厚分布函数，通过薄冰再分布形成不同类型厚冰，体现次网格的冰厚分布参数化。在冰厚分布方程中引入形变再分布函数，表示海冰非均匀运动引起水道以及压力脊的形成，这些动力学过程在模式中被参数化表示。冰厚分布函数随时间的变化取决于海冰的水平输运、热力学消长及其他动力学过程。形变再分布函数也是应变率张量的函数，若海冰各向同性，则其仅依赖于冰速散度和切变有关的两个应变率张量的恒量。冰速场散度引起冰脊和水道形成是显而易见的，而在纯切变作用下仍能出现有些裂缝断开，有些闭合。与纯辐合、辐散形成的冰脊和水道一样，切变也会改变厚度分布。需注意，实际冰块内既有气泡又有卤水以及其他杂质。

Toppaladoddi 和 Wettlaufer（2015）从统计物理的角度出发，将海冰模式中冰厚分布函数演化方程转化为类似 Fokker-Planck 守恒定律的形式，从理论上解出了冰厚分布函数，进而对冰厚分布函数进行预测，为模拟大尺度浮冰提供了新思路。

5.2.2　海冰动力学模型

海冰运动与大尺度气–海–冰相互作用有密切关系，它是全球水循环的一个重要环节，是决定海冰分布、形变的关键因素。海冰动力学主要处理在海洋、大气动力强迫下海冰运动变化、动量传输、海冰内部相互作用以及海冰断裂、破碎、堆积、脊化等过程。海冰漂移的动量平衡和决定冰内应力和形变、冰强度关系的流变学等是与海冰动力过程有关的重要方面。

（1）海冰漂移的动量平衡

海面覆盖的冰，绝大多数是不同尺度的流冰块，且处于不断运动之中，甚至寒冷两极海域的海冰也是如此。介于海、气之间的海冰主要受到由冰–气界面湍流运动引起的大气拖曳力（风应力）、冰–海水之间的拖曳力（海水应力）、冰区内部各冰块间和冰块内部张力（冰内应力）、由海面倾斜造成的压强梯度力及由海冰在旋转的地球运动而产生的科氏力的影响。海冰的动量平衡可表示为

$$m\left(\frac{\partial}{\partial t} + \vec{V} \cdot \nabla\right)\vec{V} = -mf k \times \vec{V} + \vec{\tau}_a + \vec{\tau}_w + \vec{F} - mg\,\nabla H \tag{5-1}$$

式中，m 为单位面积冰的质量；$\vec{\tau}_a$ 和 $\vec{\tau}_w$ 分别为空气和海水的应力；$\vec{F}$ 为由冰内应力变化而产生的内力；H 为海表面的动力高度；$-mg\,\nabla H$ 为海面倾斜梯度力，是由于海面倾斜，海冰重力位势水平差异引起的应力。

在海冰的受力平衡中，风应力、水应力、科氏力和冰内力相对是主要的（Hunkins，1975）。对于较短的时间尺度，稳定平均海洋流动的作用通常相当少，仅为风驱动作用的百分之几。然而对于潮流较强的海区，海流的作用非常显著；对于长时间尺度来说，海洋流动和水位梯度的作用都是不可忽视的。

海冰所受风应力和海水应力是海冰受力平衡中的最大项。风应力是冰气界面动量的湍流垂直输送所造成的，其量值不仅与冰表面特征有关，还与大气层结状况有密切的关系。

风应力 $\vec{\tau}_a$ 分为切向力 $\vec{\tau}_{at}$ 和法向应力 $\vec{\tau}_{an}$。$\vec{\tau}_{at}$ 为冰与气流间摩擦力，$\vec{\tau}_{an}$ 为风作用位于水面之上冰侧面的力。$\vec{\tau}_{at}$ 通常可表示为

$$\vec{\tau}_{at} = C_a \rho_a \mid \vec{V}_a - \vec{V} \mid (\vec{V}_a - \vec{V}) \tag{5-2}$$

式中，$\vec{V}_a$ 为风速；$C_a = [k\ln(z+z_0)/z_0]^2$；$k$ 为 Karman 常数；z_0 为冰面上粗糙高度，由经验确定。

冰水间应力也是由海洋中的湍流涡动混合输送造成的，比较详尽的水应力计算需要考虑边界层的非线性特性，苏联和美国北极浮冰漂移站的实验指出，冰下某一邻近层摩擦切应力垂直变化很小，可以表示为

$$\vec{\tau}_{wt} = C_w \rho_w \mid \vec{V}_w - \vec{V} \mid (\vec{V}_w - \vec{V}) \tag{5-3}$$

式中，$C_w = \{k/\ln[(z+z_1)/z_1]\}^2$；$\rho_w$ 为海水密度；$\vec{V}_w$ 为 z 处的流速；z_1 为冰下水动力粗糙度；k 为 Karman 常数。

对于大尺度冰场所受的风应力和水应力，风场和流场通常根据海面气压场和水动力高度场，利用地转关系得到地转风 V_g 和地转流 V_w，考虑风和相对流速的扭转偏角 φ 和 θ，则

$$\vec{\tau}_{at} = C_A (\vec{V}_g \cos\varphi + \vec{K} \times \vec{V}_g \sin\varphi) \tag{5-4}$$

$$\vec{\tau}_w = C_w [(\vec{V}_w - \vec{V})\cos\theta + \vec{K} \times (\vec{V}_w - \vec{V})\sin\theta] \tag{5-5}$$

（2）海冰流变学

在影响海冰的 5 个应力中，海冰内应力的处理是计算海冰动力学模式的难点和关键。海冰流变学的复杂性逐渐成为动力学研究的重点，不同研究者将海冰作为不同性质的流体，利用不同的本构关系进行冰内应力的计算。Hibler 所提出的黏塑性（VP）流变学海冰模式为应用最为广泛的海冰流变学。在 VP 模式中，方程采用迭代方法求解（Hibler，1979；Holland，1993），有效地解决了计算时间步长对计算稳定性带来的问题。黏塑性海冰本构关系的建立主要针对极区海冰变化对全球气候影响的模拟试验，对大、中尺度下的中长期海冰数值模拟和预报具有稳定性好、计算量较小等优点，能很好地再现较大应变率下海冰所具有的塑性流动。为了了解气候模式中采用不同流变学描述大尺度海冰内应力的效果，Kreyscher（2000）在全球气候研究计划的北极气候系统研究（ACSYS）中的一个子计划开展了海冰模式比较计划（SIMIP）。研究结果表明，黏塑性流变学海冰模式模拟结果与实测资料吻合最好。

但是在与大气（海洋）的耦合模式中或在高分辨率海冰模式中，VP 模式收敛速度很慢（Hibler and Bryan，1987；Oberhuber，1993）。为克服 VP 的这一缺陷，Flato 等（1989，1992）采用忽略海冰之间相互作用的自由漂移模式以及忽略海冰切向应力的空化流体模式（相当于 VP 模式的简化版本），这样数值处理比较方便，但模式结果对这些简化非常敏感（Holland，1993）。

Hunke 和 Dukowicz（1997）的方法是在 VP 模式中采用条件共轭梯度法以改进模式的计算效率，并在海冰流变学中加入了弹性特征，称为 EVP 海冰模式。从模拟效果看，EVP

和 VP 模式的对比试验显示，两种模式长时间尺度积分的结果效果一致，而对于短时间的强天气尺度强迫，EVP 模式的模拟更加准确，且反应更迅速。从计算方案看，EVP 模式采用显式计算方案，方便并行化处理，极大地提高了计算效率。因此，在气候系统模式中，EVP 模式比 VP 模式具有更好的应用前景（Hunke and Dukowicz，1999）。但是 EVP 方法的数学稳定性差，也会产生虚假海冰形变，Bouillon 等（2013）采用修改了海冰内应力松弛项，滤掉了该数值误差；Danilov 等（2015）将 Bouillon 等修改的 EVP 方法加入有限元海冰模式（finite-element sea ice model，FESIM）Version 2 里，试验结果显示，修改后 EVP 方法比修改前数值稳定性有所提高。

Tsamados 等（2013）强调指出，VP 流变学模式模拟的海冰在波弗特海过厚，北极点偏薄。其中一个问题就是在目前多数海冰模式的分辨率下，各向同性的假设是不准确的。鉴于此，他们将考虑各向异性的新流变学理论加入 CICE4.1 中，模拟的海冰的各向异性非常明显，与卫星观测结果一致，模拟的海冰密集度、海冰厚度以及海冰漂流速度与观测也很吻合，而且采用新方法模拟的海冰状态以及动力学过程比采用 EVP 方法的模拟结果更接近观测结果。CICE5.1 引入了 Tsamados 等（2013）的工作，并称这种方法为 EAP（Hunke，2015）。

5.2.3 海冰热力学模型

研究海冰的热力学过程是建立海冰热力模型的物理基础。海冰热力学主要研究海冰与大气、海洋间热力相互作用的过程和海冰内部热力过程（如海冰热传导、卤水相变及对太阳短波辐射的透射等）以及由其所引起的能量收支对诸如海冰温度变化、热力增长、消融相变、冰内热力结构的影响等作用。

海冰变化核心的热力过程主要体现在海冰的冻结、发展和融化过程。海水结冰的过程又称海冰的形成过程，海水含有盐分，海冰的形成过程与淡水冰有所不同。在海冰形成过程中有两个重要的温度：一个是冰点，即结冰时的温度；另一个是海水密度最大时的水温。当盐度等于 24.695‰时，海水的冰点与最大密度温度是相同的。当盐度小于这个值时，冰点低于最大密度温度，结冰过程同纯水结冰过程。而当盐度大于这个值时，海水冰点高于最大密度温度，当到达冰点时，表层的海水比下层重，层结不稳定，对流仍然较强，同时表层出现冰晶，盐分排放到海水，使表层海水密度增加，对流进一步加强，因此难以像淡水那样稳定地从表层结冰，而是出现一定的过冷却，冰晶在表层和混合层内生成，由于冰晶密度小于海水，上浮至海面，出现大量海冰。海冰形成后，受冰表面、冰底和冰内热平衡控制，海冰的密集度和厚度发展演变。

海冰是具有复杂光学性质的半透明物质，在夏季融化过程中，太阳短波辐射和海冰相互作用是海冰热平衡的关键因素之一（Maykut and Perovich，1987）。海冰与大气、海洋交换的热量影响海冰的厚度和覆盖范围，Maykut 和 Untersteiner（1971）在模式中引入热力函数，冰厚的变化由开阔水、冰面、冰底的冰增长率 $f(0)$，冰面的平均增长率 $f_1(\bar{h})$ 和 $f_2(\bar{h})$ 决定。

冰厚变化方程为

$$\frac{\mathrm{d}h}{\mathrm{d}t} = \varphi_h = Cf(\bar{h}) + (1 - C)f(0) \tag{5-6}$$

式中，C 为海冰密集度；$f(\bar{h}) = f_1(\bar{h}) + f_2(\bar{h})$；$\bar{h}$ 为网格的平均冰厚。

冰温的变化方程为

$$\rho_i c_i \frac{\partial T_i}{\partial t} = \frac{\partial}{\partial z}\left(K_i \frac{\partial T_i}{\partial z}\right) - \frac{\partial}{\partial z}[I_{pen}(z)] \tag{5-7}$$

式中，ρ_i 为海冰密度；c_i 为海冰比热；T_i 为冰温；K_i 为海冰热传导率；I_{pen} 为深度 z 上的太阳短波透射量。

在 Bitz 和 Lipscomb（1999）热力学中，进一步考虑了海冰内卤水对海冰融化的作用。给定海冰的盐度垂向剖面，且不随时间变化。用焓计算冰表面［式（5-8）］和冰底的［式（5-9）］融化过程，且焓仅是温度的函数。

冰表面：

$$q\delta h = \begin{cases} (F_0 - F_{ct})\Delta t, & F_0 > F_{ct} \\ 0, & \text{其他} \end{cases} \tag{5-8}$$

式中，q 为海冰表面或雪层的焓；F_0 为冰面净热收支；F_{ct} 为冰面的海冰热传导。

冰底：

$$q\delta h = (F_{cb} - F_{bot})\Delta t \tag{5-9}$$

式中，F_{cb} 为冰底热传导；F_{bot} 为冰底热通量。

Feltham 等（2006）视海冰为糊状层，指出海冰的温、盐演化方程与通用的海冰热力学模式一致，说明海冰热力学可用糊状层理论描述，其中，冰内卤水的排泄将盐度和温度紧密联系在一起；Hunke 等（2011）系统描述了海冰多相性的物理特征，指出在多相性框架下模拟海冰的必要性；Turner 等（2013）把冰内卤水的重力排泄效应加入一维糊状层海冰模式中，模拟的盐度与观测吻合很好；基于 Turner 等（2013）的工作，CICE5.0 将糊状层热力学也包含进去，改善了冰厚及海冰中盐泡体积的模拟。

糊状层热力学中的冰温变化方程为

$$\frac{\partial q}{\partial t} = \frac{\partial}{\partial z}\left(K \frac{\partial T}{\partial Z}\right) + w \frac{\partial q_{br}}{\partial z} + F \tag{5-10}$$

式中，K 为海冰块体热传导率；w 为垂向 Darcy 速度；q_{br} 为卤水的焓；F 为冰内吸收的短波辐射。

描述海冰的基本方程是针对较大尺度的海冰生消和运动，而对更小尺度的物理过程则需要依靠参数化来完成，5.3 节将对海冰物理过程的一些参数化方案进行梳理。

5.3 海冰物理过程参数化

海冰物理过程参数化主要包括冰–气界面、冰内和冰–海界面发生的物理过程。对于冰–气界面，主要关注冰–气通量参数化、冰间水道和融池等冰面物理特性及其对冰上大气边界层的响应过程；对于冰内发生的物理过程，主要关注雪-冰形成物理过程的处理、卤水泡显式参数化及其对冰内温盐廓线的作用、太阳短波辐射的穿透作用及其参数化、雪冰（snow ice）形成等。对于冰-海界面发生的物理过程，主要关注冰下海洋垂直热通量、海冰侧向融化参数化、潜冰形成过程及对冰海耦合的作用。另外在大气和海洋动力作用下，海冰形变和冰脊、冰间水道的形成也是需要进行参数化重要物理过程。本节主要介绍海冰反照率、冰上积雪、海洋热通量、侧向融化、融池水量分配及冰面冰底拖曳力参数化处理。

5.3.1 海冰反照率参数化

海冰/海洋表面反照率反馈在北极放大过程中起着重要作用（Curry et al.，1995；Serreze and Barry，2011）。该反馈过程体现在海冰消退后，海洋表面反照率降低，气温升高，海洋吸收的热量增多，进而融化更多的海冰（Qin et al.，2014）。杨清华等（2010）总结了各种海冰反照率参数化方案，按照从简单到复杂的程度，分为四类。最初很简单的参数化方案实际上就是给出不同冰面特征对应的反照率的常数值，如 Parkinson 和 Washington（1979）的研究只分为雪和冰两类。Perovich 等（2002）将多年冰反照率的演化分为干雪（$0.8 \sim 0.9$）、融雪（$0.8 \rightarrow 0.7$）、融池形成（$0.7 \rightarrow 0.5$）、融池演化（$0.5 \rightarrow 0.4$）、融池冻结（$0.4 \rightarrow 0.8$）等 5 个阶段[①]。后 Perovich 和 Polashenski（2012）将季节性海冰反照率的演化更细致地分为 7 个阶段。随着研究的深入，参数化方案不断加入新的参数，如表面温度、冰厚、雪厚变化的参数。Brieigleb 和 Light（2004）提出了一种新的依赖冰雪内在光学特性的反照率参数化方案，海冰顶表面向下入射的太阳辐射通量，分两个波段，即可见光和近红外以及直射和漫射两种太阳辐射。假定入射到每种冰厚类型的入射太阳辐射通量是均匀的，每类参数化是一样的，最后海冰模块反照率和通量由各类合并而成。

CICE5 提供了两种方法计算反照率和短波辐射通量的方式，一种是 CCSM3 默认使用的方法，如图 5-1 所示，在此方案中可见光和近红外波段的反照率随表面温度、冰厚等变化。另一种是 Delta-Eddington 参数化方案，给定入射光通量、太阳高度角、底层海洋光谱反射率、冰雪内部光学性质（inner optical properties，IOPs）以及冰-雪-融池系统的层状结构，Delta-Eddington 多层散射模型分别计算获得每个反射层的反射率和透射率，然后基于各界面为漫散射界面的假设，将每层的镜面散射和漫散射反射率及吸收率组合到一起，可以得到冰-雪-融池系统总的上行和下行光通量、反射率、内部吸收率、透过率。特别是，该方案考虑了融池和冰界面的散射。最后由不同表面类型所占的权重，得到网格的光谱反照率和光通量，公式如下：

$$1 = f_s + f_i + f_p \tag{5-11}$$

$$\alpha = \alpha_s f_s + \alpha_i f_i + \alpha_p f_i \tag{5-12}$$

$$F = F_s f_s + F_i f_i + F_p f_p \tag{5-13}$$

---

① →表示融化或冻结的过程。

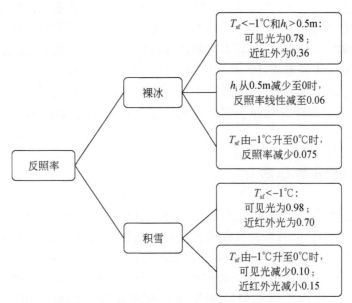

图 5-1　CCSM3 中默认使用的反照率参数化方案

式中，f_s 为雪覆冰的水平覆盖率；f_i 为裸冰的水平覆盖率；f_p 为融池覆冰的覆盖率；α 为总反照率；α_s、α_i、α_p 分别为雪覆冰、裸冰、融池覆冰的反照率；F_s、F_i、F_p 分别为雪覆冰、裸冰、融池覆冰对应的光通量。

此外，该方案还考虑了太阳高度角的影响，将昼夜的反照率分开计算，改善了使用日平均值带来太阳辐射低估的缺陷。

5.3.2　冰上积雪参数化

目前大部分的冰海耦合模式分辨率相对较低，难以很好地刻画积雪的小范围变化。积雪随着海冰运动也会在水平方向发生变化，如果模式考虑这一变化那么计算量会很大。由于影响陆地和海冰积雪的主要物理过程不同，如阿尔卑斯山或者冰川的积雪受重力作用，而海冰上的积雪较薄，受重力作用较小，因此直接将陆地积雪模式转移到海冰积雪模式一般来说存在不合理性。

起初，海冰模式中的积雪参数化比较简单，仅考虑一层，密度和热传导系数分别为常数。Fichefet 和 Maqueda（1997）给出了雪冰生成机制：当冰上积雪过多导致冰雪界面低于海面时，海水会倒灌进冰上积雪浸入水中的那部分并且冻结形成固态冰。如果忽略海水漫过时积雪的下陷以及雪冰与海冰密度的差异，那么雪冰形成过程中，雪厚和冰厚用式（5-14）表示：

$$- (\Delta h_s)_{si} = (\Delta h_i)_{si} = \frac{\rho_s h_s - (\rho_w - \rho_i) h_i}{\rho_s + \rho_w - \rho_i} \tag{5-14}$$

式中，ρ_w 为海水的参考密度；ρ_i 为海冰的密度；h_s 和 h_i 分别为雪厚和冰厚。雪冰最终由浸入海水中的积雪及渗透进的海水共同形成，此过程中海水冻结释放的潜热和排出的盐分都进入混合层中。

Blazey 等（2013）的研究指出海冰对冰面积雪的响应很复杂，吹雪作用（即风吹积雪再分布）、积雪增密、积雪导热率的季节变化等效应的加入会使海冰模式更符合物理过程，Lecomte 等（2015）将吹雪作用加入到冰–海耦合模式 NEMO-LIM 中，指出吹雪加强时，多年冰上雪厚明显减小、融池覆盖率增大，一年冰上雪厚减小不明显、融池覆盖率减小。

5.3.3 海洋热通量参数化

海洋热通量的确定是冰–海洋界面热力耦合的关键，对海冰分布的模拟非常敏感，而且具有很大的时间和空间变化，对海洋垂直结构、深水形成及热盐环流都有显著的影响。由于现场测量较困难，为了能够更深入地了解冰–海洋的热力相互作用，不同研究者提出了一系列海洋热通量参数化方案。

就物理本质而言，冰–海洋的热通量大小决于海洋湍流的强弱。而海洋表层湍流的强弱受到以下因素所调控：冰底与海洋的温差、冰–海洋的动力拖曳作用、海洋垂直对流和扩散。

关于冰–海洋的海洋热通量，Maykut 和 Unterstiner（1971）在一维的非耦合海冰热力模式中，利用上层海洋温度梯度的方法给出了定义：

$$F_w = (\rho c)_w \left(K_w \frac{\partial T_w}{\partial z} \right)_{h_s+h_i} \tag{5-15}$$

式中，ρ 为海水密度；c 为比热；K_w 为涡度扩散系数；h_s 为雪厚；h_i 为冰厚；T_w 为海温。

Pease（1975）首先给出了计算海洋热通量的经验公式，将 F_w 同冰底温度和一定深度海洋温度的差联系在一起，虽然这一公式缺乏足够的物理基础，但其算法简便，得到比较广泛的应用。Maykut（1982）在研究北极中央大尺度的热变化时，对多年冰四周的水道所结的新冰下的海洋热通量给出了经验公式：

$$F_w(H < 3m) = F_{w0} + 0.35I_0(H) \tag{5-16}$$

式中，H 为冰厚。

Maykut 认为 F_w 由两部分组成，一部分是冰下 300~700m 的大西洋暖水的热量损失 F_{w0}，另一部分是上层海洋吸收的短波辐射。假设多年冰厚为 3m，3m 以下海水对短波辐射的吸收在水平方向的分布是均一的，即在多年冰下的海洋热通量在水平方向可视为常数，且在薄冰冰底和 3m 之间的能量吸收（大致为 I_0 的 35%）可以立即返回到冰底。

Mellor 等（1986）将二阶湍流闭合模式用于研究海冰和海表面混合层的动力和热力相互作用。海洋热通量被定义为

$$F_w = -\alpha_t(\partial T/\partial z_0) \tag{5-17}$$

式中，α_t 为分子热扩散系数；z_0 为经验粗糙度系数，对于足够粗糙的表面，z_0 与粗糙表面的高度有关，而不是分子黏性的函数。式（5-17）实际上是一个简化，较精确的表示应为 $-\alpha_t(\partial T/\partial n)$。这里 $\partial T/\partial n$ 是垂直粗糙面的温度梯度。

Maykut 和 McPhee（1995）及之后的多数研究都采用块体公式计算冰底海洋热通量，如 McPhee 和 Kottmeie 等（1999）在计算威德尔海冬季海冰变化时采用如下海洋热通量公式：

$$F_w = \rho c_p u_{*0} C_H (T_{ml} - T_f) \tag{5-18}$$

式中，c_p 为定压比热；T_f 为冰点，与混合层盐度有关；T_{ml} 为混合层温度；C_H 为块体热传导系数；u_{*0} 为表面摩擦速度。CICE 海冰模式也采用这一公式。

5.3.4 侧向融化参数化

当太阳辐射进入冰间水道或者其他开阔水域时，部分热量会融化浮冰边缘与海水接触的部分。至于侧向融化的热量所占的比例则与浮冰的大小及几何形状有关。Zubov（1945）第一次提出简单刻画侧向融化的方法，假设冰间水道所吸收的所有太阳热量立即并且全部用于侧向融化，同时忽略冰厚的变化，即侧向融化只可以改变海冰的面积，却不会影响海冰的厚度。

$$Q_w dt = A_w (1 - \alpha_w) F_r dt = \rho_i L_f h_i dA_w \tag{5-19}$$

式中，Q_w 为进入海洋的短波辐射通量；dt 为单位时间；F_r 为入射太阳辐射通量；A_w 为开阔水的面积；α_w 为海水的反照率；ρ_i 为海冰的密度；L_f 为冰的融化潜热；h_i 为冰厚。

Parkinson 和 Washington（1979）通过采用一个水道参数化方案来处理海冰的侧向融化，将零层海冰模式用于大尺度海冰热力-动力模式中。在具有海冰厚度分布的海冰模式中，融化从较薄的海冰开始即体现了侧向融化过程（Bitz et al.，2001；Vancoppenolle et al.，2009）。他们在模式中提出计算网格内开阔水域或者冰间水道面积比例 A 的方法，A 依赖于进入冰间水道的净热量以及水温的变化。该方案假设进入冰间水道的净热量用于侧向融化的比例为 $1-A$，所以，当进入冰间水道的净热量为正时，冰间水道面积的变化如下：

$$\Delta A_{lead} = \frac{(1 - A) \times A_{lead} \times Q_0}{Q_i \times h_i + Q_S \times h_S} \tag{5-20}$$

式中，A_{lead} 为网格内冰间水道的面积；Δ 表示变化值；Q_0 为冰间水道的净热通量；Q_i 为冰的融化潜热；h_i 为冰厚；Q_S 为雪的融化潜热；h_S 为雪厚。

对于湍流运动，Josberger（1979）提出垂向平均的侧向融化速率参数化方案：

$$M_r = m_1 \Delta T_w^{m_2} \tag{5-21}$$

式中，$\Delta T_w = T_w - T_f$ 为水温超出冰点的部分；m_1 和 m_2 为常数。

在此基础上，Maykut 和 Perovich（1987）考虑了摩擦速度后提出：

$$M_r = m_1 \mu_\tau \Delta T_w^{m_4} \tag{5-22}$$

式中，m_4 为常数；μ_τ 为摩擦速度。Steele（1992）发展了与浮标尺度大小相关的热力学参数化方案，即式（5-23）和式（5-24），该参数化方案已广泛应用于 CICE 等大尺度海冰模式中。

$$M_r = \frac{\pi}{\alpha L} m_1 \Delta T_w^{m_2} \tag{5-23}$$

$$\frac{\partial A}{\partial t} = - M_r \frac{\pi}{\alpha L} A \tag{5-24}$$

式中，A 为海冰密集度；α 为几何参量，一般取为常数；L 为典型的浮冰尺度大小直径。

在此基础上，Tsamados 等（2015）试验性地发展了浮冰尺度大小呈指数分布的，且侧向融化效应及其对密集度变化的贡献与浮冰尺度有关的参数化方案，即

$$\frac{\partial A}{\partial t} = - P_0(\zeta) M_r \frac{\pi}{\alpha L} A \tag{5-25}$$

式中，ζ 为与浮冰尺度大小有关的幂指数分布函数，一般介于 $1 \sim 2$；$P_0(1) = 0$，$P_0(1) = 0.75$。

5.3.5　融池水量分配参数化

春季随着短波辐射增加，积雪融化，融池形成；秋季随着短波辐射减少，融池重新冻结为海冰。融池的反照率介于海水和海冰之间，融池覆盖率的变化直接影响了网格内的冰面反照率，继而影响冰面的短波辐射量。在模式中当融水下的积雪过厚或融池上结冰达到一定厚度时，冰面反照率为积雪或海冰的反照率，而不是融池的反照率。因此这时并不是以融池的形式对短波辐射起作用。所谓有效融池覆盖率即对短波辐射起作用的融池所占网格面积的比重。

CICE5.0 包含三种融池水分配的参数化方案：简单半经验式融池参数化方案、地形方案和平整冰方案。这三种融池参数化方案都包含在短波辐射 Delta-Eddington 近似（Hunke et al.，2013）框架下，显式地计算融池覆盖率、融池深度，然后据此计算反照率。相对于绝大多数气候模式中直接指定不同冰面特征反照率的简单经验式方法，该短波辐射近似方案更符合物理过程。

（1）简单半经验式融池参数化方案（cesm 方案）

在 cesm 方案中，融池水源自融雪、融冰和液态降水，整个融冰期后者较前两者小一个量级（Roeckner et al.，2012）。当积雪厚度大于 3cm 时（Hunke et al.，2013），融水对短波辐射不起作用，此时的冰面反照率仍为积雪的反照率，有效融池覆盖率为 0。当积雪厚度小于 3cm（临界值）时，融水的存在影响短波辐射，反照率表现为融池的特性，有效融池覆盖率按雪厚相对于临界值的权重计算，积雪越厚，有效融池覆盖率越小，该过程称为浸雪机制。此外，融池的形成和变化不受地形等其他因素的影响，仅取决于给定的融池纵横比。

具体来讲，基本分两步完成，第一步根据融池水源量计算融池体积：

$$v_p' = v_p(t) + r_1 \left(dh_i \frac{\rho_i}{\rho_w} + dh_s \frac{\rho_s}{\rho_w} + F_{rain} \frac{\Delta t}{\rho_w} \right) \tag{5-26}$$

再除去融池水冻结的部分：

$$v_p(t + \Delta t) = v_p' \exp \left\{ r_2 \left[\frac{\max(T_p - T_{sfc}, 0)}{T_p} \right] \right\} \tag{5-27}$$

式中，$v_p(t)$ 为 t 时刻的融池体积；r_1、r_2 为指定参数；dh_i 和 dh_s 为融化的海冰厚度和积雪厚度；F_{rain} 为是降水率；ρ_i、ρ_s 和 ρ_w 分别为海冰密度、积雪密度和海水密度；T_p 为指定的参考温度，值为-2℃；T_{sfc} 为表面温度。

第二步根据第一步计算的融水体积 $v_p = f_p h_p$ ，再给定融池深度与面积的比 $h_p = \min(0.8f_p, 0.9h_i)$ ，计算融池覆盖率和融池深度，v_p 为融池体积，f_p 为融池覆盖率，h_p 为融池深度，h_i 为海冰厚度。

（2）地形方案（topo 方案）

topo 方案（Flocco et al.，2010）认为融水先覆盖冰面最低的洼地，然后再覆盖第二低的海冰。在每个时间步上，计算每类冰厚所对应的融水体积：v_{p1}、v_{p2}，…，$v_{p, k-1}$，$v_{p, k}$，$v_{p, k+1}$，…，其中

$$v_{p, k} = \sum_{m=0}^{k} a_{im}(h_{top, k+1} - h_{top, k}) - a_{sk} a_{ik} h_{sk}(1 - v_{sw}) + \sum_{m=0}^{k-1} v_{pm} \tag{5-28}$$

式中，$v_{p, k}$ 为覆盖第 k 类冰厚所需融水的体积；a_{im} 为第 m 类冰厚的覆盖率；$h_{top, k+1}$ 和 $h_{top, k}$ 分别为第 $k+1$ 和 k 类冰厚上融池的深度；a_{sk} 为第 k 类冰厚上积雪的覆盖率；a_{ik} 为第 k 类冰厚的覆盖率，h_{sk} 为第 k 类冰厚上积雪的厚度；v_{sw} 为积雪中空隙的体积；$\sum_{m=0}^{k-1} v_{pm}$ 为覆盖第 $k-1$ 类冰厚所需融水的体积，然后根据模式计算的融水量算出融池覆盖率和深度。对于融池上再结冰的情况，当冰厚大于 1cm 时，融池的存在对短波辐射不再起作用，冰面反照率表现为海冰的特性，有效融池覆盖率为 0。

（3）平整冰方案（lvl 方案）

lvl 方案（Hunke et al.，2013）中包含较 cesm 方案更复杂的浸雪机制。在有积雪的地方，融水必须先浸透雪才会产生融池。当积雪中液态水含量超过 15% 时（Sturm and Massom，2010），认为积雪被浸透，即

$$r_p = \frac{V_p}{V_p + V_s \rho_s / \rho_0} \geqslant 0.15 \tag{5-29}$$

式中，V_p 为融水体积；V_s 为积雪体积；ρ_s 为积雪密度；ρ_0 为融水密度。在式（5-17）的前提下，有两种情况可能发生。

一是融水体积 V_p 小于积雪所能包含液态水的体积 V_{mx}：

$$V_p < V_{mx} = \left(\frac{\rho_0 - \rho_s}{\rho_0}\right) h_s a_p \tag{5-30}$$

式中，h_s 为积雪厚度；a_p 为融水面积。

二是融水体积 V_p 大于或等于积雪所能容纳液态水体积 V_{mx} 时有效融池深度：

$$h_p^{eff} = \frac{\rho_0 h_{pnd} + \rho_s h_s}{\rho_0} \tag{5-31}$$

融池覆盖率为

$$a_{pnd}^{eff} = a_{pnd} a_{lvl} \tag{5-32}$$

式中，h_{pnd} 为融池深度；h_p^{eff} 为有效融池深度；a_{pnd}^{eff} 为有效融池覆盖率；a_{pnd} 为融池覆盖率；a_{lvl} 为平整冰所占的比例。

王传印和苏洁（2015）系统地比较了几种融池参数化方案的优缺点（表 5-2）。指出融池冻结判断条件的选取对融池覆盖率模拟的影响很大。在融池冻结条件的选取上 cesm 方案的处理方法更为合理。将 topo 方案的冻结条件修改为与 cesm 方案一致后，融池覆盖

表 5-2　三种方案优缺点的总结

方案			cesm 方案	topo 方案	lvl 方案
基本特点			1. 直接指定融池纵横比，将融池覆盖率与融池深度联系起来； 2. 包含简单的浸雪效应，仅用一个临界雪厚参数控制	1. 用模拟的冰厚确定冰面地形； 2. 按照"水往低处流"的理念分布融水	1. 通过指定融池变化纵横比将融池覆盖率与融池深度联系起来； 2. 包含较复杂的浸雪效应； 3. 融池只存在于平整冰
比较内容	北冰洋区域平均融池覆盖率	优点	融池形成时间与观测基本一致；达到最大值的时间与 MODIS 反演结果一致	融池形成时间与观测基本一致；达到最大值的时间与 MODIS 反演结果一致；年际变化幅度符合观测，能模拟出 2007 年融池覆盖率的特点；融池发展盛期持续时间与 MODIS 结果最接近	融池形成时间与观测基本一致；达到最大值的时间与 MODIS 反演结果一致；有些年份的最大值与 MODIS 反演结果一致
		存在问题	最大值过小，融池盛期持续时间过短；6 月中旬之前融池覆盖率的年际变化不明显，未能模拟出 2007 年融池覆盖率的特点；具体的年际变化规律与 MODIS 反演结果差别较大	融池覆盖率最大值较 MODIS 数据偏小，具体的年际变化规律与 MODIS 反演结果差别较大	融池盛期持续时间过短；6 月中旬之前融池覆盖率的年际变化不明显，6 月底至 8 月上旬融池覆盖率的年际变化则过大，未能模拟出 2007 年融池覆盖率的特点；具体的年际变化规律与 MODIS 反演结果差别较大
	融池覆盖率的空间演化	优点	从边缘海向北极点附近增大的规律符合实际	融池覆盖范围与 MODIS 数据最接近	从边缘海向北极点附近增大的规律符合实际
		存在问题	多年冰上积雪融化不完，几乎没有融池；融池开始冻结过早	多年冰上融池出现时间过早、覆盖率过大，北冰洋西部融池低估较大；融池开始冻结过早	一年冰上的融池覆盖率过大，多年冰上积雪化不完，几乎没有融池；融池开始冻结过早

资料来源：王传印和苏洁，2015。

率量值和范围的模拟得到改善。三种方案中，topo 方案模拟的北冰洋区域平均融池覆盖率的年际变化幅度、融池发展盛期持续时间及与融池覆盖范围（图 5-2）等都与 MODIS 数据最接近，这些优点是其他两种方案所不具备的；而 cesm 方案和 lvl 方案具有融池覆盖率空间演化规律符合实际的优点。此外，三种方案模拟海冰密集度分布和海冰范围的季节变化、年际变化的差别很小，都基本符合 SSM/I 数据。因此，综合各方面来看，在融池覆盖率的模拟方面，目前 topo 方案的优点更多；在修改原来代码中有关融池渗透效应的漏洞后，cesm 方案和 lvl 方案多年冰上积雪都不能融化完，导致其上几乎没有融池存在，但积雪未化完的原因却不同，前者跟浸雪效应有关，后者则是因为过多的融池水渗透进入海洋。尽管如此，不能否认融池水垂向渗透进入海洋这一物理过程的合理性。图 5-3 和图 5-4 分别为漏洞修改前

SHEBA 计划及 Alaska 附近站点融池覆盖率演化的观测和模拟结果比较。尽管修改了融池冻结条件的 topo 方案具有一定的优越性，但目前仍存在明显的问题。一是多年冰上融池形成过早，融池覆盖率的空间演化规律不符合实际，而包含浸雪效应的其他两种方案不存在该问题，所以 topo 方案的这一缺点很可能通过浸雪效应的引入来弥补。但是 cesm 方案和 lvl 方案中的浸雪效应本身还存在问题，具体的方案改进还需进行进一步的试验研究。二是 topo 方案模拟的北冰洋西部融池有很大的低估，这与模式的冰厚分类设置有关，同时目前用冰厚来决定冰面地形的思想也过于简单。实际上，冰厚与冰面地形之间的对应关系并不是很好，尤其是在一年冰上。lvl 方案避免了冰面地形受制于冰厚分布的缺陷，若能合理解决融池分配方式和融池水垂向渗透量等问题，也有望进一步改进模拟结果（王传印和苏洁，2015）。

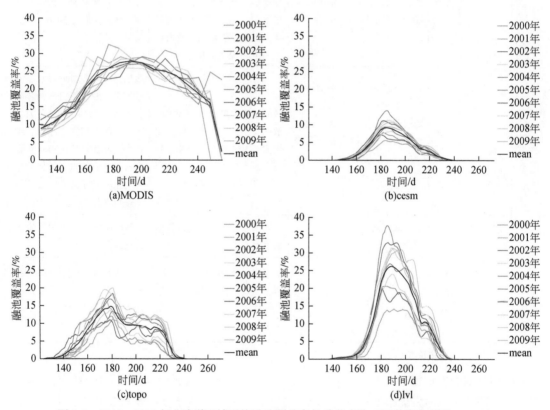

图 5-2 2000～2009 年北冰洋区域平均融池覆盖率的季节变化（王传印和苏洁，2015）

5.3.6 冰面冰底拖曳力参数化

大气和海洋对海冰的拖曳系数决定了风和海流对浮冰的拖曳力，是描述气–冰、冰–海界面的动量交换的关键参量。涡动法（Fujisaki et al.，2009）、剖面法（Mcphee，2002）、惯性耗散法（Edson et al.，1991）和动量法（Martinson and Wamser，1990）等方法被用

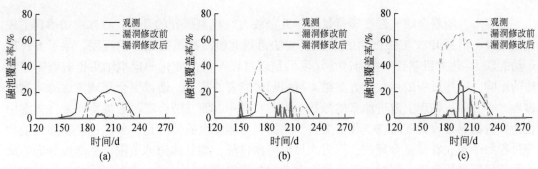

图 5-3　1998 年 SHEBA 计划航线上融池覆盖率演化的观测和模拟结果比较（王传印和苏洁，2015）

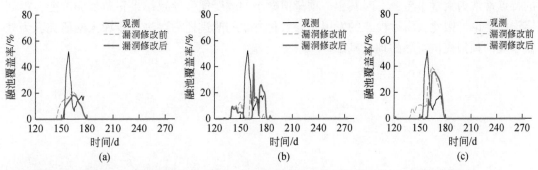

图 5-4　2009 年 Alaska 附近站点融池覆盖率演化的观测和模拟结果比较（王传印和苏洁，2015）

来获得适用于特定区域的拖曳系数。季顺迎等（2003）总结了当时海冰拖曳系数的研究方法。但是在最近几十年来北极海冰快速变化的背景下，海冰分布和冰表面地形变化迅速增加，定常的拖曳系数很难代表模式中海冰动力特征。在模式中通常采用参数化这一有效手段。例如，Lüpkes 和 Birnbaum（2005）、Lu 等（2011，2016）、Lüpkes 等（2012，2013）以及 Castellani 等（2014）在气-冰拖曳系数的参数化方面做了一系列工作，这些研究将拖曳系数与浮冰大小、冰厚和海冰密集度等海冰参数联系起来，并且将重要的海冰动力参量和冰情紧密相连。

Tsamados 等（2014）强调在目前的气候模式中，大气-海冰和海洋-海冰之间的形阻仅由拖曳系数调控，但从物理上讲，这种过于简单的方法不足以准确描述大气-海冰和海洋-海冰之间的拖曳过程。基于最新的理论，他们提出了根据海冰密集度、冰脊的高度和覆盖面积、冰帆高、吃水深度、浮冰块和融池的大小等计算拖曳系数的思路，把拖曳系数与海冰的状况耦合在一起，更符合物理过程，运用式（5-33）和式（5-34）并将这一思路运用到 CICE5.1 中。

$$C_{\mathrm{d}} = \frac{NcS_{\mathrm{e}}^2 \gamma L_{\mathrm{y}} H}{2S_{\mathrm{T}}} \frac{\ln H/z_0}{\ln z_{\mathrm{ref}}/z_0} \tag{5-33}$$

$$S_{\mathrm{e}} = \left[1 - \exp(-s_l D/H) \right]^{1/2} \tag{5-34}$$

式中，C_{d} 为拖曳系数；z_0 为粗糙度长度参数；L_{y} 为横向速度；S_{T} 为区域表面面积；γ 为几何

因子。

  近年来，随着全球气候变暖背景下"北极放大"机制研究的升温，海冰模式得到了较快的发展，但是 IPCC-CMIP5 中的模式仍无法再现北极海冰迅速减少的程度。除了大尺度运动的动力–热力机制，一些海冰小尺度的物理过程对海冰变化的模拟结果也有着不可忽略的影响，这些过程的参数化方案越来越引起研究者的重视。通过更合理地考虑海冰物理过程，一方面从物理上改进原来的参数化方案；另一方面，结合观测数据将原来在方案中设为常数的参数改为随时空变化的变量。然而，可能发生的情况是，虽然这些新加入的物理过程每个独立看都是合理的，但对大尺度海冰特征，如总体海冰范围、密集度分布、海冰漂流场等参数来说，同时加入这些方案有时却带来更大的误差，或对不同的参数有相反的效果，比如说减小了海冰范围的误差，却增加了海冰漂移的误差。而且由于热收支各项的特点常常为大量小差，有时其中一项量值微小的改变便会导致结果正负值的改变，得到错误的结论。因此，海冰模式的发展及参数化方案的改进还需要进一步深入地研究，为气候系统的预报提供可靠的理论基础。

第6章　气候模式中的陆地冰川参数化

冰冻圈是气候系统一个重要的圈层和环节。冰冻圈中以冰川最为直接和显著。近年来，两极冰川（架、盖）消融引起的海平面上升和洋流变化引起了人们的广泛关注。在气候系统中冰冻圈变化是最具不确定性和复杂性的圈层。如图 6-1 所示，冰冻圈过程的时空尺度分布差异巨大，从几天到千年，几米到数千千米，其物理本质和变化具有极其复杂的过程。冰冻圈是气候系统中的一个重要圈层，其中冰川又是冰冻圈的重要组成部分。本书简要回顾了冰川模型的研究和发展，对基于 Navier-Stokes 方程耦合温度场的三维冰川模型进行了简单介绍，总结了冰川的动力数值模式建立的主要方法，介绍了 GLIMMER 冰盖模式。针对目前的简化模型很难准确地描述山地冰川的物理过程和变化，本书提出了一个基于全 Navier-Stokes 方程的山地冰川模型及其边界条件处理的设想。

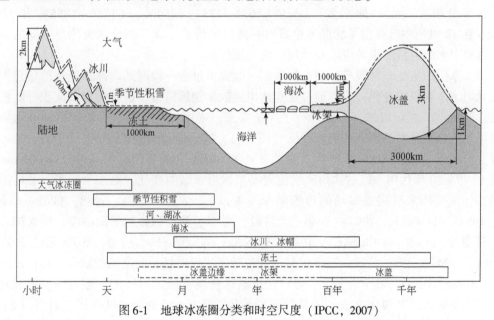

图 6-1　地球冰冻圈分类和时空尺度（IPCC，2007）

6.1　冰川动力数值模式的发展简介

冰冻圈和气候之间相互作用，相互影响。当气候发生变化时，冰川会发生一系列响应，同时，冰川的变化又会改变全球地表反照率、下垫面情况、大气层结状况，进而对区域大气环流状况产生影响。同样，冰冻圈和气候之间的相互作用的时间尺度可达几十年甚至几千年。冰冻圈和气候之间的这种关系如图 6-2 所示。

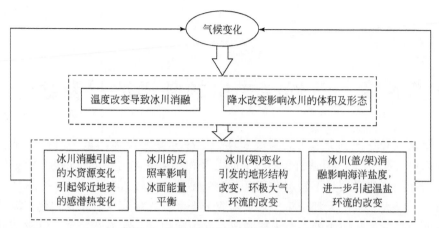

图 6-2   气候与冰冻圈相互关系示意图

冰川观测研究起源于 18 世纪，早期的研究以观测为主，主要是收集关于冰川演变发展的数据。Saussure（1740—1799）就曾经对冰川的滑动进行了观测。Friedrich（1762—1825）曾经试图从理论的角度分析冰川的运动，他应该是第一个将热力学理论和力学理论结合起来分析冰川运动的学者。Jakob（1672—1733）、Johann（1786—1855）和 Louis Agassiz 在 19 世纪中叶提出了膨胀理论来解释冰川的运动。这一理论认为冰川运动的驱动力是缝隙中水的冻结膨胀效应以及冰川中的毛细作用。

由于冰川的演变非常缓慢，现有的观测只能提供过去一段时间内冰川变化的信息，要定量确定冰川未来的变化，只有通过建立冰川的数学物理模型，进行长期数值积分的模拟研究。因此，20 世纪以来，人们进行了大量探索，建立、发展了冰川数值模式以用来模拟冰川和冰盖在各种条件下的物理特征（图 6-3）。这些模型经历了以下几个阶段：第一个阶段，开始于 20 世纪 60 ~ 70 年代，主要是对浅冰近似的模型的应用，包括 Oerlemans 在 20 世纪 70 ~ 80 年代用一维的冰川流线模型模拟冰川末端的变化。第二个阶段，二维的冰川模型，主要用来得到观察场的诊断结果（Waddington and Clark，1988；Johannesson et al.，1989；Abe-Ouchi，1993[①]）。第三个阶段，增加了垂直积分的平面模型，用来耦合进气候模型（Fastook and Chapman，1989；Verbitsky and Oglegby，1992；MacAyeal，1997[②]；Marsiat，1994[③]）。第四阶段，三维模型，其包括了冰川流场和温度场的耦合（Huybrechts，1990；Calov，1994；Fabre et al.，1995）。虽然这些模型使用同样的守恒定律，但是它们使用不同的关系式和简化方法，主要的区别是包括选择全 Navier-Stokes 进行计算（Pattyn et al.，2008）还是忽略冰川的 Z 平面的剪切应力 τ_{xz} 和 τ_{yz}（远小于 τ_{zz}）进行计算，是否需要显式计算流线进行分类（Budd and Jenssen，1989）等。1997 年提出的 EISMINT

---

① Abe-Ouchi A. 1993. Ice sheet response to climate changes：A modelling approach，Geographisches Institut ETH.（No. 54）.

② MacAyeal D R. 1997. Unpublished. Lessons in ice sheet modeling. Chicago，University of Chicago. Department of Geophysical Sciences.

③ Marsiat I. 1994. Simulation of the northern Hemisphere continental ice sheets over the last glacial-interglacial cycle：Experiments with a latitude-longitude vertically integrated ice sheet model coupled to a zonally averaged climate model.

（European Ice Sheet Modeling Initiative）科学计划，其主旨就是比较、评估现在流行的冰盖模型，比较的主要参数包括冰层厚度、速度和温度。

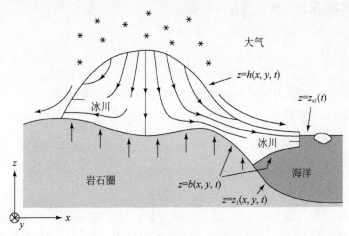

图 6-3　冰川模型示意图

伴随着计算机计算量的提高和有限元技术的发展，为了掌握山地冰川在不同气候情景下的进退消融，国外学者提出了许多用有限元方案求解全 Navier-Stokes 方程模式，如 Jarosch（2007）提出的 Icetool 模型，以及由 Zwinger 和 Moore（2009）等在有限元软件 ELMER（open source finite element software for multiphysical problems）的基础上建立的有限元冰川模拟。该类模型考虑了冰川中存在的所有应力，冰川模型可以应用在山地冰川的模拟上。为了比较不同模型的模拟结果，Pattyn 等（2008）提出了高阶模型比较计划 ISMIP-HOM，他们针对已经提出的全 Navier-Stokes 方程以及高阶 Navier-Stokes 方程的冰川模型进行了模拟比较，为山地冰川在未来气候变化情景下消融进退的情况判断提供了定量客观的依据，这有助于了解反演古气候变迁下冰川发生改变的情况。

我国是一个冰川资源丰富的大国。青藏高原地区的冰川是我国西部地区和周边各国的主要水资源。由于青藏高原地区地处中纬度高海拔地区，下垫面情况复杂，冰川高差较大，因此冰川的动力和热力过程极为复杂。我国的冰川研究还处在第二个阶段，即根据质量守恒方程，将观测数据进行诊断计算的物质平衡方法。这类方法定量化程度不高，预测未来冰川的变化具有较大的不确定性，也不能有效地和气候模式进行耦合。为了提升我国气候预测能力、定量预估冰川水资源的变化，减轻自然灾害，预估冰冻圈对未来气候变化的响应程度，迫切需要建立在观测基础上的冰川物理模型。

6.2　主要的冰川动力数值模式的建立及模拟

6.2.1　冰川模型的一般形式

建立冰川模型时，如果忽略地球的曲率效应，可引入正交直角坐标系。对于垂直方向，由于冰川的厚度远小于地球的半径，所以曲率效应可以忽略。对于水平方向，冰川的扩展可以被合适的投影方案代表。

假设冰川为不可压缩，所以质量守恒方程为

$$\nabla \cdot v = 0 \tag{6-1}$$

Glen 流动定律为

$$t^D = 2\eta(T', d_e)D \tag{6-2}$$

式中，t^D 为（Traceless）应力偏量；η 为黏滞系数；D 为应变率张量。

考虑 Navier-Stokes 方程：

$$\rho \frac{dv}{dt} = -\operatorname{grad}p + \eta\Delta v + [\operatorname{grad}v + (\operatorname{grad}v)^T]\operatorname{grad}\eta + f \tag{6-3}$$

式中，f 为地球引力和科氏力的合力。f 可按下式表示：

$$f = \rho g - 2\rho\Omega \times v \tag{6-4}$$

使用冰川的特征值 $[W]$／$[L]$ 进行量纲分析，比较加速度项和气压梯度力项，得到加速度项可以忽略。用同样的处理方法，分析冰川的 Rossby 数，科氏力项可以忽略。所以 Navier-Stokes 方程变为

$$-\operatorname{grad}p + \eta\Delta v + [\operatorname{grad}v + (\operatorname{grad}v)^T]\operatorname{grad}\eta + \rho g = 0 \tag{6-5}$$

由于 Navier-Stokes 方程是一个速度场的微分方程，所以更方便使用依赖于速度梯度的切变黏度的公式。切变黏度的计算公式采用 Glen 型流定律，其指数 $n=3$。

$$\eta(T', d_e) = \frac{1}{2}B(T')d_e^{-\left(1-\frac{1}{n}\right)} \tag{6-6}$$

式中，$B(T')$ 为流动因子。$B(T')$ 可按下式表示：

$$B(T') = A(T')^{-1/n} \tag{6-7}$$

$A(T')$ 是根据 Hooke（1981）的研究结果用 Arrhenius 定律计算得到的。

$$A(T') = A_0 e^{-Q/R/(T+\beta p)} \tag{6-8}$$

式中，$\beta = 9.8 \times 10^{-8}$／KPa；$Q$ 为冰蠕动活化能；R 为气体普适常数；A_0 为常数。

由于黏性是依赖温度的，所以存在一个温度耦合的问题，其完全的方程组需要一个描述温度场的方程组。

$$\frac{du}{dt} = c\frac{dT}{dt}, \quad \operatorname{div}q = -\operatorname{div}(\kappa\operatorname{grad}T) \tag{6-9}$$

式中，u 为内能；q 为热通量。考虑到初了最上面的几厘米厚的冰层，辐射项可以忽略，所以演变方程如下：

$$\rho c\frac{dT}{dt} = \operatorname{div}(k\operatorname{grad}T) + 4\eta d_e^2 \tag{6-10}$$

假定冰川没有融化，所以有约束条件 $T \leq T_m$。将连续方程和斯托克斯方程和黏性计算公式和温度演变方程综合起来，我们就得到了一个含有 6 个方程（需求解 6 个未知数 v_x, v_y, v_z, η, p, T）的封闭热力斯托克斯方程组。

6.2.2 模型的简化

6.2.2.1 静水压力近似

由于冰川的 Z 平面的剪切应力 τ_{xz} 和 τ_{yz} 远小于 τ_{zz}，所以再次忽略切向应力，将式（6-5）垂直方向的方程简化成：

$$\frac{\partial t_{zz}}{\partial z} = \rho g \tag{6-11}$$

动量守恒方程变为

$$\frac{\partial t_{xx}}{\partial x} + \frac{\partial t_{xy}}{\partial y} + \frac{\partial t_{xz}}{\partial z} = 0 \tag{6-12}$$

$$\frac{\partial t_{yx}}{\partial x} + \frac{\partial t_{yy}}{\partial y} + \frac{\partial t_{yz}}{\partial z} = 0 \tag{6-13}$$

$$\frac{\partial t_{zz}}{\partial z} = \rho g \tag{6-14}$$

经整理，基本动量方程式（6-5）可以写成：

$$\begin{cases} 2\dfrac{\partial t_{xx}^D}{\partial x} + \dfrac{\partial t_{yy}^D}{\partial x} + \dfrac{\partial t_{xy}^D}{\partial y} + \dfrac{\partial t_{xz}^D}{\partial z} = \rho g \dfrac{\partial h}{\partial x} \\[2mm] 2\dfrac{\partial t_{yy}^D}{\partial y} + \dfrac{\partial t_{xx}^D}{\partial x} + \dfrac{\partial t_{xy}^D}{\partial x} + \dfrac{\partial t_{yz}^D}{\partial z} = \rho g \dfrac{\partial h}{\partial y} \end{cases} \tag{6-15}$$

Glen 流公式（6-2）则简化成：

$$\begin{cases} t_{xx}^D = 2\eta \dfrac{\partial v_x}{\partial x} \\[2mm] t_{yy}^D = 2\eta \dfrac{\partial v_y}{\partial y} \\[2mm] t_{zz}^D = 2\eta \dfrac{\partial v_z}{\partial z} \\[2mm] t_{xz} = \eta\left(\dfrac{\partial v_x}{\partial z} + \dfrac{\partial v_z}{\partial x}\right) \\[2mm] t_{yz} = \eta\left(\dfrac{\partial v_y}{\partial z} + \dfrac{\partial v_z}{\partial y}\right) \\[2mm] t_{xy} = \eta\left(\dfrac{\partial v_x}{\partial y} + \dfrac{\partial v_y}{\partial x}\right) \end{cases} \tag{6-16}$$

在这样的情况下的数值模型是静力近似下的数值模型，虽然这样的方程依然很复杂，但是相对于原来的 Navier-Stokes 方程，已经做了很大的近似。并且这样的近似对于大多数空间尺度的冰川是合理的，所以这样的近似也就成了其他冰川模型的一条基本假设（对于山地冰川而言，由于受槽谷的影响，在靠近冰川的边缘这样的假设不一定成立）。但是这样的简化并没有有效地简化方程的复杂性，所以这样的模式并不实用，需要进一步简化。

6.2.2.2 一阶近似

在浅冰近似的基础上，由于垂直速度的水平方向的变化量（$\mathrm{d}w/\mathrm{d}x \ll \mathrm{d}u/\mathrm{d}z$）远小于水平速度在垂直方向上的偏导，所以黏性方程可以做进一步的简化。对于 Glen 流公式有

$$\begin{cases} t_{xx}^{D} = 2\eta \dfrac{\partial v_x}{\partial x} \\[2mm] t_{yy}^{D} = 2\eta \dfrac{\partial v_y}{\partial y} \\[2mm] t_{zz}^{D} = 2\eta \dfrac{\partial v_z}{\partial z} \\[2mm] t_{xz} = \eta \dfrac{\partial v_x}{\partial z} \\[2mm] t_{yz} = \eta \dfrac{\partial v_y}{\partial z} \\[2mm] t_{xy} = \eta \left(\dfrac{\partial v_x}{\partial y} + \dfrac{\partial v_y}{\partial x} \right) \end{cases} \tag{6-17}$$

这样的近似方案可以进一步对方程简化，减少计算量，同时这样的尺度分析对于各种尺度的冰川都是有效的，加之它们基本上保持了 Navier-Stokes 方程的特征，所以这样的近似结果可以作为别的数值模式模拟结果的检验标准。目前流行的模型多是基于浅冰近似模型。

6.2.2.3 浅冰近似模型

浅冰模型是现代冰川模型的基础，其完整的数学物理基础是由 Hutter 于 1983 提出的。由于求解全部的方程组需要大量的数值计算，为了节省计算，浅冰模型被提出来（图6-4）。早期的浅冰模型只考虑了各向同性的情况，后来该模型增加了对各向异性情况的分析（Anne，1998）。另外，还最终耦合了温度场。

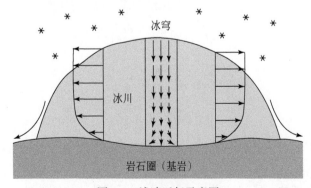

图6-4　浅冰近似示意图

当考虑到水平尺度较小的冰川如山地冰川时，浅冰模型的尺度分析基础不再适合于这样的情形，于是人们开始对完全的 Navier-Stokes 方程构造的数值模式模拟的结果和浅冰模型模拟的结果进行比较（Le Meur，2004）。结果表明，浅冰模型影响较大的是底面的坡度、冰川底部的槽谷。当底面的坡度较大时，浅冰模型模拟的结果也较差。另外，降雪等气候原因造成的冰川厚度的增加对于最后模拟结果的影响不大。

对于山地冰川，气候变动可以导致它们形态和动力结果的改变，现在已经认为，山地冰川可以很好地反映气候的变化（IPCC，2001）。由于冰川观测的困难性，数值模式模拟被认为是抓住冰川对气候复杂响应的最主要甚至是唯一的方式和手段。

对于大尺度的冰盖，除了在冰穹附近的区域（大约在水平 10km 范围之内）以及冰的边缘区域，冰的流场是近似平行于底面的。同时，自由面和冰的底面间的坡度也很小。在这种情况下，通过尺度分析，法向应力的偏移量和垂直平面的切向应力可以忽略，所有法向应力则等于负的压力（Hutter，1983）：

$$t_{xx} = t_{yy} = t_{zz} = -p \tag{6-18}$$

所以垂直方向的动量平衡就简化成：

$$\frac{\partial p}{\partial z} = -\rho g \tag{6-19}$$

对它积分可以得到静止压力的积分：

$$p = p_{hyd} = \rho g(h - z) \tag{6-20}$$

水平方向的动量平衡就简化成：

$$\begin{cases} \dfrac{\partial t_{xz}}{\partial z} = \dfrac{\partial p}{\partial x} = \rho g \dfrac{\partial h}{\partial x} \\ \dfrac{\partial t_{yz}}{\partial z} = \dfrac{\partial p}{\partial y} = \rho g \dfrac{\partial h}{\partial y} \end{cases} \tag{6-21}$$

考虑到地面的坡度非常小，可以忽略，所以表面的垂直法向量就可以简化成只有垂直方向的。自由界面的条件就可以简化成：

$$p|_{z=h} = 0, \quad t_{xz}|_{z=h} = 0, \quad t_{yz}|_{z=h} = 0 \tag{6-22}$$

根据以上条件，积分式（6-21）就可以得到：

$$\begin{cases} t_{xz} = -\rho g(h - z)\dfrac{\partial h}{\partial x} \\ t_{yz} = -\rho g(h - z)\dfrac{\partial h}{\partial y} \end{cases} \tag{6-23}$$

式（6-21）和式（6-23）表明在浅冰近似里，应力场完全依赖于冰川的几何形态。有效应力等于：

$$\sigma_e = \sqrt{t_{xz}^2 + t_{yz}^2} = \rho g(h - z)\,|\mathrm{grad}\,h| \tag{6-24}$$

将以上结果带入 Glen 公式：

$$D = A(T')\sigma_e^{n-1}t^D \tag{6-25}$$

则有

$$
\begin{cases}
\dfrac{1}{2}\left(\dfrac{\partial v_x}{\partial z} + \dfrac{\partial v_z}{\partial x}\right) = A(T')\sigma_e^{n-1} t_{xz} = -A(T')\left[\rho g(h-z)\right]^n |\operatorname{grad} h|^{n-1}\dfrac{\partial h}{\partial x} \\[2mm]
\dfrac{1}{2}\left(\dfrac{\partial v_y}{\partial z} + \dfrac{\partial v_z}{\partial y}\right) = A(T')\sigma_e^{n-1} t_{yz} = -A(T')\left[\rho g(h-z)\right]^n |\operatorname{grad} h|^{n-1}\dfrac{\partial h}{\partial y}
\end{cases}
\tag{6-26}
$$

根据量纲分析的结果，垂直速度的水平梯度被忽略这样就有

$$
\begin{cases}
\dfrac{1}{2}\dfrac{\partial v_x}{\partial z} = A(T')\sigma_e^{n-1} t_{xz} = -A(T')\left[\rho g(h-z)\right]^n |\operatorname{grad} h|^{n-1}\dfrac{\partial h}{\partial x}, \\[2mm]
\dfrac{1}{2}\dfrac{\partial v_y}{\partial z} = A(T')\sigma_e^{n-1} t_{yz} = -A(T')\left[\rho g(h-z)\right]^n |\operatorname{grad} h|^{n-1}\dfrac{\partial h}{\partial y}
\end{cases}
\tag{6-27}
$$

对质量守恒方程式（6-1）积分，可以得到冰川厚度方程：

$$
\frac{\partial}{\partial x}\int_b^h v_x \mathrm{d}z + \frac{\partial}{\partial y}\int_b^h v_y \mathrm{d}z + \frac{\partial h}{\partial t} - N_s a_s^\perp - \frac{\partial b}{\partial t} + N_b a_b^\perp = 0
\tag{6-28}
$$

对温度场进行类似的量纲分析，我们得到：

$$
\rho c\frac{\mathrm{d}T}{\mathrm{d}t} = \frac{\partial}{\partial z}\left(\kappa\frac{\partial T}{\partial z}\right) + 4\eta A^2(T')\sigma_e^{2n}
\tag{6-29}
$$

其中，σ_e 由式（6-25）得到。

式（6-23）代表了浅冰近似里平行于底面的应力，式（6-23）在底部的结果可以得到向量：

$$
\boldsymbol{\tau}_d = -\rho g H\begin{pmatrix}\dfrac{\partial h}{\partial x}\\[2mm]\dfrac{\partial h}{\partial y}\end{pmatrix}
\tag{6-30}
$$

在浅冰近似里，拖曳应力等于负的底部拖拽，也即假设驱动力和阻抗力是平衡的。

目前有许多冰川（盖）模式模拟了冰川（盖）的变化，其中有代表性的是 GLIMMER 冰盖模式，GLIMMER 冰盖模式是浅冰理论模型的应用（图 6-5）。GLIMMER 冰盖模式是一个三维有限差分冰盖模式，它源于 Payne（1999）在研究 GENIE 地球系统模式时对南极陆冰部分模拟的工作。GLIMMER 冰盖模式的目标是要建立一个可供其他地球系统模拟模式调用的标准模式。GLIMMER 冰盖模式通过 Fortran95 程序库实现，可以被其他赋有边界条件的模式调用，它还包含从简单的 EISMINT 类型到耦合 GENIEESM 的复杂驱动器的驱

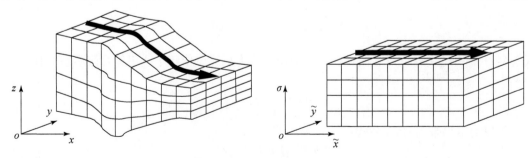

图 6-5　GLIMMER 冰盖模式示意图（GLIMMER 1.5.1 Documentation，2010）

动项。输入与输出数据通过 netCDF 格式编写。2006 年，该模式已经通过了在 EISMINT21 和 EISMINT22 基准下进行的严格测试。

GLIMMER 冰盖模式是基于浅冰模型的理论，它包括以下基本部分：①GLIDE（general land ice dynamic elements）部分是整个模型的核心。这个部分包括一个冰盖模型，它负责计算冰的速度、内部冰的温度分布、各向异性的调整以及融化水的产生。这一模型需要气候模式的驱动才能运行。②SIMPLE 是一个简单的气候驱动的界面程序，以适应 EISMINIT 计划，并提供了理想的地理条件。③GLINT 是 GLIMMER 的界面程序，开始是为了 GENIE3 地球系统所设计。④EIS 是 Edinburgh 冰盖气候驱动项，它基于平衡线高程、海平面表面温度和海平面变化作参数化处理。SIMPLE、GLINT、EIS 是气候驱动项。另外该模式还包括一个可被其他部分调用的多功能模块 GLUM 和一些通用的可视化程序。同时 GLIMMER 冰盖模式还包括一个补充的质量平衡参数化方案。

对于山地冰川，传统的浅冰近似已近无法做出合理的模拟描述，需要采用高阶的模型或者是全 Navier-Stokes 方程来模拟（图 6-6）。冰盖或山地冰川高阶模型是考虑除水平方向以外的其他法向应力梯度效应的模型（Hindmarsh，2004）。其模型依据质量和动量守恒的公式，即

$$\nabla \cdot v = 0 \tag{6-31}$$

$$\rho \frac{\mathrm{d}v}{\mathrm{d}t} = \nabla T + \rho g \tag{6-32}$$

式中，ρ 为冰的密度；g 为重力加速度；v 为速度矢量；T 为应力张量。相应的常数见表 6-1。

表 6-1　冰川常用物理参数

参数	量级	单位
A（冰流常数）	10^{-16}	Pa^{-n}/a
ρ（冰密度）	910	kg/m^3
g（重力加速度）	9.81	m/s^2
N（Glen 流定律常数）	3	—

使用冰川的特征值，进行量纲分析，比较重力加速度项和气压梯度力项，可知重力加速度项可以忽略。用同样的处理方法，分析冰川的 Rossby 数，可知科氏力项可以忽略。

由于冰川是不可压缩的流体，所以应力张量可以分解成偏应力部分和各向同性的压力部分：

$$T = T' - PI \tag{6-33}$$

其中的对于冰雪的联系偏应力和应变的结构方程：

$$T' = 2\eta \dot{e} \tag{6-34}$$

式中，T' 为偏应力；$\dot{e}$ 为应变率；η 为有效黏性。线性和非线性的冰川流体都被考虑了进来。目前普遍使用的是 Glen 流定律：

$$\eta = \frac{1}{2} A^{-1/n} \dot{\varepsilon}_e^{(1-n)/n} \tag{6-35}$$

式中，$\dot{\varepsilon}_e$ 为应变率的第二不变量。对于线性的情形（即牛顿流体），式（6-35）中 $n=1$，A 变成了整个冰盖区域都为常数的情况，忽略重力加速度项，则整个动量方程如下：

$$\mathbf{div}T + \rho_i g = \mathbf{div}T' - \mathbf{grad}P + \rho g = 0 \tag{6-36}$$

由于只受重力加速度项这一项外力作用，所以有

$$\frac{\partial t_{yx}}{\partial x} + \frac{\partial t_{yy}}{\partial y} + \frac{\partial t_{yz}}{\partial z} = 0 \tag{6-37}$$

$$\frac{\partial t_{zz}}{\partial z} = \rho g \tag{6-38}$$

$$\frac{\partial t_{xx}}{\partial x} + \frac{\partial t_{xy}}{\partial y} + \frac{\partial t_{xz}}{\partial z} = 0 \tag{6-39}$$

类似于所有边界条件，冰川的自由边界可以认为是一个奇异边界，如果将冰川表面的梯度向量表示为

$$\boldsymbol{n} = \frac{1}{N_s} \begin{pmatrix} -\dfrac{\partial h}{\partial x} \\[2mm] -\dfrac{\partial h}{\partial y} \\[2mm] -1 \end{pmatrix} \tag{6-40}$$

其中指向大气为正方向。如果用隐式表达奇异面：

$$F_s(x,\ t) = z - h(x,\ y,\ t) = 0 \tag{6-41}$$

由于局地导数为 0，所以有

$$\frac{\partial h}{\partial t} + v_x \frac{\partial h}{\partial x} + v_y \frac{\partial h}{\partial y} - v_z = N_s a_s^{\perp} \tag{6-42}$$

式中，$a_s^{\perp}$ 是垂直方向上由降水导致的冰川累积。

在动力方面由于自由面不受力，所以有零应力条件：

$$tn = 0 \tag{6-43}$$

在热力方面，需要和自由大气一致，即冰雪的温度和大气的温度相同：

$$T = T_s \tag{6-44}$$

通过数值模式实验也证明了，这样的近似对于0℃以下的大气温度是一个很好的近似。

类似于上边界的奇异面，在下边界也有相同的边界条件：

$$\frac{\partial h}{\partial t} + v_x \frac{\partial h}{\partial x} + v_y \frac{\partial h}{\partial y} - v_z = N_s a_s^{\perp} \tag{6-45}$$

其中，a_b 是地热等作用导致冰川底部的消融，其计算式为

$$a_b^{\perp} = \frac{q_{geo}^{\perp} - \kappa(\mathrm{grad}Tn) - v_b tn}{\rho L} \tag{6-46}$$

对于冰川底部的动力条件是

$$tn = t_{lith}n \tag{6-47}$$

这说明冰川底部的应力条件是连续的，但很显然，冰川底部应力很难测得（需要打探钻孔）。所以又有了相应经验的参数化方案来解决冰川底部应力的给定，在已经求得冰川

底部温度的情况下可以使用式（6-48）经验公式来给出冰川的边界条件：

$$v_b = \begin{cases} 0, & T_b < T_m \\ - C_b \dfrac{\tau_b}{N_b^q} e_t, & T_b = T_m \end{cases} \qquad (6\text{-}48)$$

式（6-48）为数学上的简化，假设底部的温度条件是已知常数。

6.3　一个山地冰川新模型的设想

相对于其他分量模型的发展，山地冰川模型发展速度较慢，其难点表现在以下几方面。

第一，在空间尺度上，山地冰川远小于冰盖，这导致在物理本质上浅冰模型并不适合于山地冰川。目前也有一些学者在研究浅冰模型可以在什么程度上对山地冰川进行模拟，但整体上，浅冰模型并不适宜使用在山地冰川上。

第二，由于山地冰川的底部状况不同于冰盖模型，可以认为山地冰川的底部是一个坡度可忽略的平面，其底部的地形结构对于山地冰川的模拟有很大的影响。另外，由于野外工作的艰巨性，仅有部分通过雷达声呐技术得到的山地冰川底部的地形资料，这就严重限制了山地冰川数值模式的下边界条件的给定。现有的方式是将下边界条件的求取当作一个反问题，先假设一个下边界条件，通过将模拟结果和实测数据进行比较，再逐步订正下边界条件（Hutter，2009）。但因冰川是一个很好的高频滤波器，所以底部的许多短波起伏数据是无法用这一方法来得到的。

第三，山地冰川内部的速度流场很难给定，常规的打孔测量数据对于为数众多的山地冰川并不合适，实际上只有极少数的山地冰川有精度较低的速度流场资料，这给山地冰川数值模式的初始化带来了困难，同时模拟结果的校验也比较困难。因此，在一级近似的基础上，针对山地冰川的特点提出一个计算量适合的数值模式，设计出一整套合理求取下边界条件这一反问题的数值模拟方案，并合并到整个模式中是一条可以探索的途径。

第四，除了动力方面，在热力方面，山地冰川和冰盖也有很大的区别，大多数冰盖中的冰是冷冰，即冰盖温度在局地压力下的融点以下，而温度达到融点的暖冰仅存在于冰川的底部和较薄的冰层附近，或者存在于积累区或者消融区的表层。对于较高纬度的山地冰川，这样的问题同样存在。然而，对于许多低纬度的山地冰川，它们相当一部分是由暖冰组成。暖冰含有一小部分的液态水，因此热量部分的变化将会导致水含量的变化，相对于冷冰而言，热量部分的变化仅仅会导致温度的变化。而暖冰的热力动力学性质都会随着含水量的大小而改变，为全面地模拟出这种流场的特性，有必要对水含量的空间分布有所掌握。在此基础上，已有一些研究者提出了针对冰盖的数值模式以模拟含有暖冰的冰川。

我国是中、低纬度地区冰冻圈最发达的国家，冰川面积达 59 425km²，占全球中、低纬度冰川面积的 50% 以上；冰川冰储量为 5600km³；冰川、积雪年融水量达 1360×10⁸m³。近百年来，我国冰冻圈显著退缩，这已对区域气候、水资源、生态与环境产生了重大影响，在未来全球气候变暖背景下，随着冰冻圈退缩加剧，冰冻圈对气候和环境的影响也将更为凸出。对于我国的水资源安全，维系我国西部高寒和干旱区生态系统稳定的基本保障，冰冻圈变化对我国西部生态安全的威胁日益凸显，其变化对我国及周边地区气候有重要影响。因此，在对冰川进行加密观测和监测的同时，研发、建立具有自主知识产权的冰川模式具有紧迫性。

第7章 区域模式对南北极冰冻圈的模拟

南极冰盖储存了地球上体积最大的淡水资源，南极冰盖的消融对全球海平面的变化十分重要（Trenberth et al.，2009；卞林根等，2007），特别是在当前全球变暖的大背景下，南极冰盖的物质平衡变化受到了广泛关注（Trenberth and Stepaniak，2003；Alexeev et al.，2005；Bekryaev et al.，2010）。由于全球气候模式的分辨率有限，为了得到更加精细的模拟结果，很多研究机构都在利用区域气候模式来模拟南极气候。同时，区域模式的优势不仅体现在分辨率的提高，一些在全球模式中缺少足够考虑的冰冻圈特有的物理过程，也被越来越多地加入到区域气候模式之中，从而发展出了一些专门适用于极区气候模拟的极地区域气候模式，这些模式可以更加完整地考虑冰冻圈冰雪物理过程，相比单纯利用全球气候模式在很多方面的应用都取得了较好的效果（Dorn et al.，2009，2012）。

7.1 区域模式针对南极气候特征的改进

区域模式最早并不是专门用作南极区域气候的模拟，由于没有完整的包含南极地区特有的物理过程，这些模式在进行长时间连续积分时容易出现较大的误差，并且区域模式对于一些南极科学研究中较为关心的物理现象也不能准确和合理地描述。

南极大陆表面具有与其他地方不同的特点，即常年被积雪覆盖。很多研究已经发现，若要取得较为理想的模拟效果，需要改进模式的陆面过程模块的积雪过程，使其更加适用于南极地区。由于计算量的限制，普通的区域气候模式中的积雪模块相对简单，采用了单层积雪或者较少垂直层数的积雪，并且包含的积雪过程，尤其是积雪微物理过程和积雪水文过程相对简化，有的模式在进行长时间连续积分时积雪部分甚至不能保证质量和能量守恒（Bromwich et al.，2009；Hines et al.，2015；Valkonen et al.，2014）。

为此，一些极地区域气候模式都耦合了较为复杂的积雪模型。例如，荷兰乌得勒支大学研发的区域大气气候模式（RACMO），该模式被认为是目前模拟南极区域气候最好的模式之一，它的积雪模型较为复杂，采用了较多的垂直分层（超过100层），并且可以计算如融化、渗流、再冻结等的积雪水文过程，这些过程对融化时期积雪的热力学性质有着重要影响（Lenaerts and Den，2012）。

此外，RACMO模式还包含了雪粒半径的计算，雪粒半径是描述积雪微物理过程的一个重要物理量，通过雪粒半径可以更好地参数化积雪的反照率，这对夏季积雪表面能量平衡的模拟至关重要。RACMO模式针对南极气候的另一个重要改进是在模式中加入了风吹雪过程的模拟。风吹雪过程（图7-1）是指已经降落在地表的积雪在风的作用下，被再次吹到空中，这一现象在极地区域非常普遍。在风力作用比较强的条件下，相当量级的积雪会被卷入空中，抬升高度可达几百米。由于湍流混合的作用，加上空中的湿度低于地表，积雪被抬升到空中以后，更容易发生升华现象，这对南极冰盖的表面物质平衡有着不可忽视的影响。因此，要合理完整地模拟南极表面物质平衡，必须在模式中考虑风吹雪过程的作用。

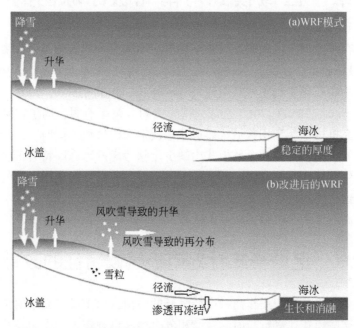

图 7-1　WRF 模式原有风吹雪过程及改进后的风吹雪过程示意图

目前在模拟风吹雪过程时，通常有 3 个假设：①吹雪的雪粒假设是球形，并且其密度与冰的密度相同；②吹雪在空气中的运动是连续的过程；③不考虑吹雪的雪粒间相互作用。对于风吹雪过程的描述，主要分为两个过程：一个是表面的雪粒跳跃过程；另一个是雪粒在空中的漂浮和运动过程。当风吹动地表的雪粒做紧贴地表的水平运动时，由于碰撞作用的存在，雪粒会弹至一定高度，这个过程即跳跃过程。跳跃过程也是发生风吹雪的触发条件，对这个过程的模拟主要依赖于从统计方法得出的经验公式，跳跃过程发生的条件取决于地表的粗糙度、积雪的温度和近地面风速。当雪粒通过跳跃过程离开地表时，根据边界层中湍流运动的强弱来诊断雪粒下落速度和上升气流间的平衡关系，并通过垂直和水平扩散方程来描述风吹雪的传输。出于预报业务的需求，目前已有了一些发展相对成熟的风吹雪模型，如 PBSM、WINDBLAST、SnowTran-3D 和 SNOWSTORM 等，这些模型各有优缺点，但主体都是基于上述原理来实现风吹雪的模型。可以用于气候模式中的风吹雪模块主要为 PIEKTUK，该模式有多个不同版本，RACMO 模式是耦合了双参数的 PIEKTUK-D 风吹雪模型。

尽管风吹雪的时空尺度和气候模式有所差别，但仍然可以使用相同的积分步长实现每一步的耦合过程，这不会对模拟的风吹雪升华量产生明显的影响，尤其在风吹雪过程已经发展到一定程度时，较长积分步长带来的影响很小。由于风吹雪在垂直方向上可以扩散到较高的高度，仅把风吹雪过程作为气候模式最底层的一个过程来处理是不充分的。因此，在实际耦合过程中，风吹雪过程应使用相对较高的层顶。除了 RACMO 模式之外，天气研究与预报（WRF）模式也常被用于南极气候的模拟。一些学者也开始改进 WRF 模式中的冰冻圈物理过程，使其适用于南极气候模拟。

Noah 陆冰模块是 WRF 模式中模拟冰盖和山地冰川表面物理过程的默认方案，在南极中尺度预测系统（AMPS）、北极系统再分析（ASR）等业务和研究中都使用了这一方案（Powers et al.，2012；Bromwich et al.，2015）。在 WRF 模式中，Noah 陆冰模块的作用主要是计算表面温度、冰雪层温度和雪深。由于该模块的发展最初是针对山地冰川，故只使用了单层的积雪，对一些水文过程如径流和渗流等没有考虑。

鉴于这些问题，有研究在 Noah 陆冰模块的基础上发展了新的适用于南极冰盖的表面物理过程方案（IST）。该方案将 Noah 陆冰模块中的单层积雪扩展为多层积雪，扩展后，各层积雪温度可以随时间及深度变化，一般可以用隐式欧拉格式求解这个热量扩散过程，因为该方案具有较好的计算稳定性（Andreas et al.，1987）。IST 方案的积雪的密度和导热率可以随时间和深度变化，积雪水文过程也被加入新的方案中。积雪的相变和液态水的渗流，融雪和再冻结过程的热量也都在 IST 方案中得到体现。在南极冰盖表面，风速很大且会对积雪的密度产生明显影响。为了包含这一作用，IST 方案使用了前人研究中提出的基于风速和温度的新雪密度估计。此外，南极地区频繁的风吹雪过程会对表层积雪有明显的侵蚀作用，在 IST 方案中使用了一种简化的参数化方案来估计风吹雪的升华作用，该方法基于近地面风速和边界层特征来估计风吹雪的升华，并已用于南北极的大尺度表面物质平衡研究中。为了描述积雪的微物理特征，IST 方案中加入了雪粒半径这一状态变量。根据模拟的雪粒半径大小，以及太阳高度角和云光学厚度，可以在模式中更加合理地参数化积雪反照率（Munneke et al.，2011）。

此外，IST 方案中还使用了一种更加适用于极地冰雪表面的近地面层参数化方案。之前的研究表明，当风吹雪现象发生时，会增大近地面层的动力学粗糙度，在 IST 方案中使用了基于南极地区观测得到的粗糙度经验公式（Bintanja and Broeke，1995）。在稳定边界层条件下，近地面层中的半对数廓线层化订正公式使用了 Holtslag 和 De Bruin（1988）提出的公式。在实际应用中发现，依据这一公式计算出的湍流交换过程依然偏强，故在此基础上，还加入了 Martin 和 Lejeune（1998）提出的订正公式来约束湍流热交换过程。这一订正公式也被 Crocus 模式用于模拟南极冰盖积雪，且取得了较好的模拟效果（Freville et al.，2014）。

已有的模拟试验结果表明，IST 方案显著减小了 Noah 方案中原先模拟表面温度时存在的暖偏差（图 7-2）。表面温度主要取决于大气和表面之间的辐射通量和湍流交换过程。IST 方案的改进主要体现在对冰盖表面物理过程的细致描述，如积雪反照率参数化和近地面层参数化。相比 Noah 的模拟，IST 模拟的夏季反照率更高，冬季表面感热通量更小，这也都更加接近观测结果（图 7-3）。将 IST 方案加入到 WRF 模式中之后，明显改善了 WRF 模式对南极冰盖表面温度的模拟（图 7-2），偏差和均方根误差从 5.7K 和 7.0K，分别减少到了 0.2K 和 2.7K（图 7-4）。

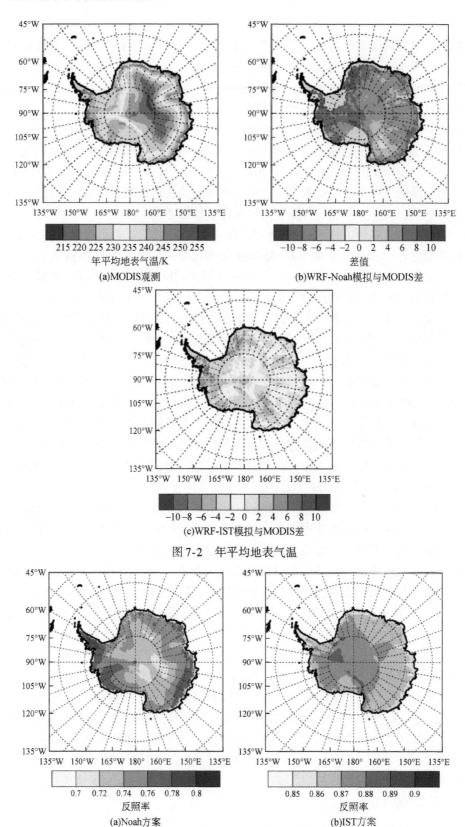

(a)MODIS观测

(b)WRF-Noah模拟与MODIS差

(c)WRF-IST模拟与MODIS差

图7-2 年平均地表气温

(a)Noah方案

(b)IST方案

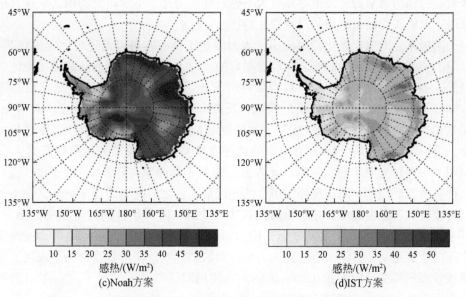

图 7-3　Noah 方案和 IST 方案模拟的南半球夏季平均反照率（DJF）及南半球冬季表面感热通量（JJA）

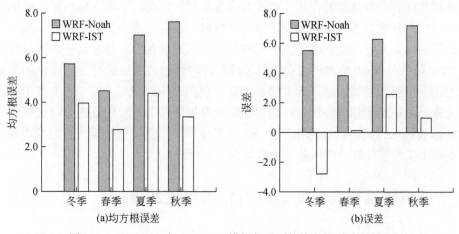

图 7-4　WRF-Noah 与 WRF-IST 模拟与观测的均方根误差和误差

7.1.1　区域气候模式对南极表面能量平衡的模拟

　　表面能量平衡对南极冰盖边缘尤其是南极半岛的物质平衡起着重要的影响。表面能量平衡包括表面和大气之间以及表面和冰盖之间的能量交换，其中与大气交换的部分主要包括表面长短波辐射通量、感热和潜热通量。对这些变量特征的认识有助于理解表面能量平衡的变化机理。然而，对这些变量的直接观测较为困难，目前只存在个别站点的短时段观测中，在南极内陆地区观测更少。由于冰雪下垫面条件下的云识别较为困难，被动卫星遥感技术对表面辐射通量的观测也存在较大不确定性。为此，不少研究利用区域模式的模拟结果来研究南极表面能量平衡的时空变化特征。

由于南极冰盖的表面融化相对较小，表面能量平衡基本可以通过表面温度体现出来。南极冰盖的表面温度和地形高度之间有着很好的对应关系，在南极内陆高海拔地区，表面温度很低，冬季可达 200K 左右；自内陆向沿海地区，温度逐渐升高，夏季最高可接近260K。对于夏季南极冰盖表面温度的模拟，反照率参数化的影响非常明显。有研究表明，在利用 WRF 模式模拟南极区域气候时，如果使用 Noah 模块，会明显高估夏季南极冰盖表面温度。进一步分析表明，Noah 方案中的这种暖偏差主要与反照率的模拟有关。Noah 方案中使用了一种较为简单的反照率计算方案，即基于反照率与降雪时间之间的经验关系。根据这种关系，反照率在刚出现降雪事件的地区最大，之后随时间逐渐减小。在南极内陆地区，海拔较高，温度较低，相比沿海地区十分干燥，降雪事件的发生频率也相对较低。Noah 方案由此也得出内陆反照率较低，而沿海地区反照率较高的模拟结果。这种反照率缺少实际的物理意义，其结果也受到人为给定参数的影响。实际观察的结果表明，南极大部分区域表面积雪的反照率在 0.85 ~ 0.88。在使用默认参数的情形下，Noah 方案模拟出的反照率在 0.7 ~ 0.8，远低于观测结果。

对于冬季南极冰盖表面温度的模拟，由于冬季极夜条件下太阳短波辐射不起作用，近地面层参数化起着非常重要的作用。伴随着强逆温层的存在，冬季南极冰盖上空的边界层十分稳定，这一现象对多数模式来说都是一个模拟的难题。由于存在下降风，南极沿岸地区的近地面层风速高于内陆地区，这使得模拟的感热通量在沿岸地区高于内陆。已有研究表明，WRF 模式的 Noah 陆冰模块中使用了没有针对极地边界层进行专门优化的近地面层参数化方案，其模拟的表面感热通量的量级高于观测结果的量级。在 IST 方案中，表面粗糙是通过南极地区观测结果经统计得到，稳定边界层条件下的层化订正方程也使用了适合于极地区域模拟的方案。这些优化使得 IST 方案模拟出了更接近的观测量级的表面感热通量，从而使 IST 能够较好地模拟冬季南极冰盖的表面温度。

7.1.2　区域气候模式对南极表面物质平衡的模拟

表面物质平衡是冰盖物质平衡的重要组成部分。影响南极冰盖表面物质平衡的主要过程包括降雪和升华，故有时也以累积率的形式来表现南极表面物质平衡。对于局地尺度的表面物质平衡而言，还需要考虑风吹雪过程引起的积雪输送和升华过程。在影响冰盖物质平衡的所有过程中，表面物质平衡能起到正的贡献。对南极表面物质平衡现状的精细描述以及对其过程和机理的深入研究，是研究冰气相互作用的关键，也将有助于加深对冰盖物质平衡变化特征的理解。

已有的研究表明，南极地区表面物质平衡存在着复杂的年际变化和空间分布特征。由于南极地区的观测数量相对较少，再分析资料对该区域的表现依赖于所用的模式，而受限于其相对粗糙的空间分辨率以及对冰冻圈物理过程描述能力的局限性，直接利用其结果定量估计南极表面物质平衡存在较大的不确定性，不同的再分析资料对此有着不同描述。由于区域气候模式可以在一定程度上克服上述缺点，更多的研究中倾向于使用区域气候模式模拟的南极地区表面物质平衡。

表面物质平衡在空间上有自沿海地区向内陆逐渐减小的分布特征。目前的区域气候模式一般都可以模拟出表面物质平衡的基本空间分布特征（图7-5）。在南极沿岸地区，由于降雪的相对频繁，表面物质平衡高于内陆地区，沿岸地区的表面物质平衡一般在 700mm/a 以上。在广阔的南极内陆地区，随地形高度增加，表面物质平衡有减少的趋势，在东南极的高原地区，表面物质平衡可少于 50mm/a。

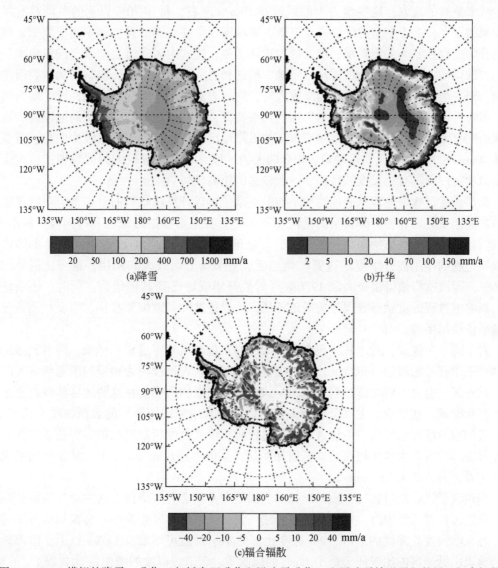

图 7-5　WRF 模拟的降雪、升华（包括表面升华和风吹雪升华）和风吹雪输送引起的局地辐合辐散

此外，由于风吹雪过程会导致积雪的传输和升华，在风吹雪频繁的地区会有更多的表面物质平衡减少，极端的情形下一些地方会出现表面物质平衡的负值区，这也被称为"蓝

冰"区域，并已被大量的观测所证实。风吹雪过程被已经加入到了一些区域气候模式中，其对表面物质平衡的贡献也在模拟中有所反映（图 7-5）。在跨南极山脉和 Ross 冰架的交界处，以及位于 Amery 冰架的 Lambert 冰川出口处，包含了风吹雪过程的区域气候模式可以模拟出表面物质平衡的负值区。

基于包含了风吹雪模块的模式可以发现，风吹雪升华较强的地区，都是位于南极冰盖边缘坡度较大的地方，这里盛行下降风，下降风带来的较大风速是雪粒跳跃的重要条件，有利于形成风吹雪过程。以往的研究也表明，东南极沿岸地区和跨南极山脉附近是风吹雪发生频率最高的地方，这些地方表面风速在 10m/s 左右，每年 70% 以上的时间都有风吹雪现象的发生。由于冬季的风速高于夏季，风吹雪现象在冬季的发生频率高于夏季，风吹雪的升华过程在冬季大于夏季。和云的水成物类似，模式中风吹雪会随着气流发生水平方向的扩散运动，这一过程会将雪从一个地方输送到另一个地方，从而影响局地的表面物质平衡。当一个地方的风吹雪输送为净收入时，则对表面物质平衡起正贡献，反之则为负贡献。风吹雪输送的辐合辐散表现出很强的局地特征，这种局地特征体现了局地风向和地形起伏的配合关系。在风吹雪发生频率较高的沿岸地区，辐合辐射作用也较为明显，量级上可达 40mm/a。同时，风吹雪的输送辐合较大的区域总是与辐散较大的区域相连，这也反映出风吹雪过程具有小尺度的特征，一般输送的距离较短。

为了衡量风吹雪过程对表面物质平衡的贡献，可以计算风吹雪的升华量与风吹雪输送导致的局地变化之和相对降雪量的比例（图 7-5）。在东南极沿海地区和跨南极山脉附近，风吹雪过程对表面物质平衡的贡献较大，多处地区可达 30%，即这些地区 30% 的降雪因风吹雪过程的作用被升华或输送到其他地区。对于整个南极大陆来说，这一比例平均为12.6%，即风吹雪使得南极大陆 12.6% 降雪被升华或输送到其他地方。同时，还应该知道，风吹雪过程的贡献有着很强的局地特征，为描述这种局地细节特征，需要利用高分辨率的数值模拟手段。

对于同一个模式，对比其不包含风吹雪过程和包含风吹雪过程的试验，两者模拟的表面物质平衡有着相似的分布特征，差异主要体现在风吹雪过程较为频繁的沿海地区和跨南极山脉地区。包含了风吹雪过程之后，模式模拟的表面物质平衡在这些地区体现出更多的局地变化特征，在量级上主要反映为更多的风吹雪升华和输送导致的表面物质平衡减少。从两者的差值场可以看出，不包含风吹雪过程时，模式会模拟出更高的表面物质平衡。这种差异在风吹雪发生频率较高的地区更加明显，差值多在 60mm/a 以上。从整个南极大陆平均来看，差值约为 15.9mm/a。

当包含了风吹雪过程时，模式模拟的表面物质平衡会有所降低。这主要是表面的积雪受风吹雪过程卷入空中时，更容易发生升华现象。更多的雪发生升华，会增加空气中的湿度。在风吹雪发生频繁的地区，2m 高度比湿的年平均值可增加 0.1g/kg 以上。沿海地区和跨南极山脉地区的比湿低于 0.5g/kg，故风吹雪过程造成湿度的增加在 20% 以上。

风吹雪过程使得模拟的表层湿度增大，这种更加饱和的空气状态会抑制表面的升华过程。如果没有风吹雪过程的作用，在东南极沿海地区和跨南极山脉地区，模式会模拟出更多的表面升华。与包含风吹雪过程的模拟结果相比，这种差异在多处可达 20mm/a 以上。

因此，在一定程度上，模式不包含风吹雪过程时，会模拟出更多的表面升华，这抵消了由于模式不包含风吹雪过程而产生的对表面物质平衡的低估现象。但是由于风吹雪过程的垂直混合作用很强，且能发展到一定的高度，表面升华的增多无法弥补表层之上风吹雪升华过程缺失的影响。

对南极冰盖表面物质和能量平衡的理解和定量估计有助于多个领域更好地研究气候变化对南极冰盖的影响以及南极气候系统的响应。基于本研究开展的包含了南极地区冰雪物理过程改进和资料同化的南极区域气候模拟，可以丰富当前对南极表面物质和能量平衡的认识。以往研究中多使用 ERA-Interim 再分析资料的结果来估计南极表面物质和能量平衡。相比 ERA-Interim 再分析资料，本研究开展的 WRF 模拟在多个方面表现出一定优势。由于包含了风吹雪过程，WRF 模拟可以反映出风吹雪过程导致的积雪升华和输送过程。一些风吹雪频繁发生并导致表面物质平衡为负值的区域也能在 WRF 模拟中体现出来。ERA-Interim 再分析资料由于不包含风吹雪过程，难以再现这些过程，并且由于其分辨率略低于本书的 WRF 模式模拟，一些空间细节特征在 ERA-Interim 再分析资料中不能体现。以一套经过质量控制的表面物质平衡观测资料作为参照，WRF 的均方根误差为 101.2mm/a，低于 ERA-Interim 再分析资料的 154.1mm/a，WRF 与观测间的相关系数为 0.823，高于 ERA-Interim 在分析资料的 0.609。和目前已有的结果相比，WRF 模式模拟的南极表面物质平衡为 1981Gt/a，和 IPCC 第五次报告给出的 1983Gt/a 较为接近，这一结果相当于每年降低全球平均海平面 5.5mm。由于改进后的 WRF 模式包含了较为完整的影响南极表面物质平衡的物理过程，故可以定量估计不同过程对南极表面物质平衡的贡献。根据 WRF 模式模拟的结果，相当于降雪量 2.6% 的物质通过表面升华过程回到了大气中，而每年风吹雪的升华和表面融化的作用分别相当于年降雪量的 13.2% 和 1.3%。综合以上，每年相当于年降雪量 82.9% 的物质留在了南极地区冰盖表面。

相比 ERA-Interim 再分析资料，由于模拟的南极冰盖表面温度更接近观测，WRF 模式模拟的南极表面物质平衡也更加具有可信度。从辐射通量的模拟结果来看，WRF 模式可以抓住 CERES 反演结果相似的长短波辐射的空间分布特征。WRF 模式模拟的夏季南极地区冰盖区域平均表面能量收支为 4.3W/m²，和 ERA-Interim 再分析资料的 4.1W/m² 相接近，这也表明 WRF 模式和 ERA-Interim 再分析资料对夏季南极表面融化的估计较为一致。通过优化冰盖表面的近地面层参数化方案，WRF 模式模拟减小了 ERA-Interim 再分析资料中出现的高估冬季表面感热通量的现象。WRF 模式模拟的冬季南极冰盖表面感热通量平均为 25.6W/m²，相比 ERA-Interim 再分析资料的 37.2W/m²，更符合观测情形。

7.2　区域模式对北极地区的模拟

近三十多年，北极海冰快速消融，北极气候发生了显著变化。大量研究显示，北极海冰的快速变化对北半球中纬度甚至全球气候都有重要的影响。数值模拟为更好地理解极地气候变化提供了重要基础，为了得到更加精细的模拟结果，很多研究机构都在利用区域气候模式来模拟北极气候。

7.2.1　区域模式和复杂热力学海冰模式的耦合

海冰是极地气候系统中的一个重要组成部分，极地气候模拟需要细致考虑海冰过程的影响。当海洋表面被海冰覆盖时，海气之间的热量交换和太阳辐射的向下传播与开阔洋面情况下有着明显的区别。作为海洋和大气之间的媒介，海冰对极地区域的表面能量平衡起着至关重要的作用。在区域耦合模式中，由于存在单独的海洋模式和海冰模式，海洋、大气和海冰之间的相互作用可以被较好地体现出来。但是，发展一个区域耦合的模式系统仍然是一个困难的工作，并且由于不同分量模式之间的反馈过程难以精确模拟，区域耦合模式难以广泛得到应用（Notz，2012；Bourassa et al.，2013）。因此，区域大气模式仍然是当前各领域研究极地气候的主要选择。

在使用区域大气模式时，海表面温度、海冰密集度和海冰厚度是作为下边界的强迫来处理。海冰表面的温度计算是通过模式中的热力学海冰模块来实现。在这一模块中，如果不能满足能量守恒，在长期气候模拟时会导致表面能量平衡的偏差（Sorteberg et al.，2007；Barton et al.，2014）。目前多数区域气候模式中的热力学海冰都相对简单，其中包含了大量的简化，对冰、雪模拟存在着能量不平衡问题，这对气候模拟的效果产生严重影响。有的区域模式中的海冰模块不包含海冰的消融和生长过程，并且假定海冰表面始终被积雪覆盖。以上都会导致海冰和冰上积雪过程的能量不平衡问题。为了解决这个问题，需要更加细致合理的海冰和积雪过程模拟。

相比简化的热力学海冰模式，复杂的热力学海冰模式在多个方面显示出一定优势（表7-1）。首先，高分辨雪/冰热力学（high-resolution thermodynamic snow and ice，HIGHTSI）模式比 Noah 海冰模式有更多的垂直分层，这也意味着积雪和海冰中的温度垂直廓线特征可以更加细致地被表现出来。更加重要的是，不同于 Noah 模式必须给定海冰的厚度，HIGHTSI 包含了海冰的生长和消融过程。一个自适应的海冰厚度模拟对海冰内部的能量平衡十分关键，如果海冰厚度固定不变或者给定方式不合理，都会导致能量不守恒的问题出现。如果缺少海冰厚度变化过程，在给定海冰厚度时，模式在海冰变厚时会产生虚假的降温，在海冰变薄时会产生虚假的增温。这会进一步影响海冰表面温度的模拟，导致模式模拟海冰表面能量平衡出现偏差。

表 7-1　Noah 与 HIGHTSI 海冰模式的主要区别

项目	Noah	HIGHTSI
积雪分层	1 层	10 层
海冰分层	4 层	20 层
海冰厚度变化	无生长和消融过程	含生长和消融过程
辐射穿透	只考虑积雪内辐射过程	考虑积雪和海冰内辐射过程
表面特性	始终被积雪所覆盖	有、无积雪覆盖采用不同的处理方案

北冰洋目前比较系统的观测如 SHEBA 计划，该计划开展于 1997 ~ 1998 年，包含对大气、海洋及海冰的观测（Uttal et al.，2002）。通过比较 Noah 和 HIGHTSI 分别与 WRF 的耦合模拟结果可以看出，复杂的热力海冰模式对提高区域模式在北极地区模拟的重要作用。图 7-6 为该模拟试验的区域。分析模拟海冰温度（图 7-7），结果显示 WRF-Noah 在冬半年有明显的冷偏差，偏差最大发生在 1 月，幅度达到 10℃。而 WRF 耦合了复杂热力学海冰模式后，对模拟结果有了明显的改善，虽然从 9 月到次年的 2 月仍存在冷偏差，但幅度不超过 4℃。可见，WRF 耦合复杂的热力学海冰模式后，对海冰温度的模拟相对于观测偏差显著减小。对于地表温度和近地面气温，WRF 耦合复杂热力学海冰模式后，结果与观测 SHEBA 更为接近，相比耦合 Noah 有明显改善，地表温度比 ERA 再分析资料的结果更接近观测结果（图 7-8）。

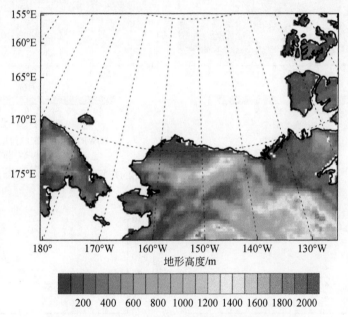

图 7-6　北极地区 WRF 模拟区域及地形高度分布

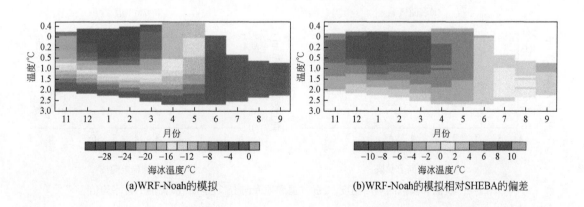

(a)WRF-Noah 的模拟　　　　　　　　　　(b)WRF-Noah 的模拟相对 SHEBA 的偏差

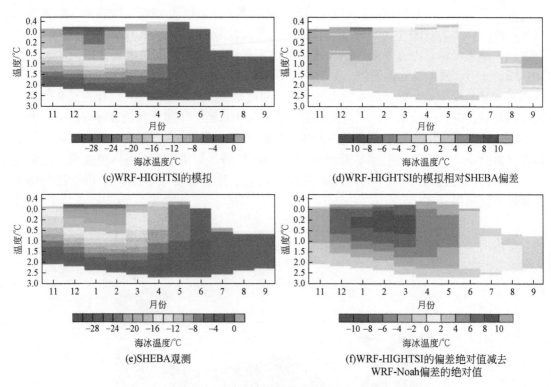

(c)WRF-HIGHTSI的模拟　　　　　　　　　(d)WRF-HIGHTSI的模拟相对SHEBA偏差

(e)SHEBA观测　　　　　　　　　　　　(f)WRF-HIGHTSI的偏差绝对值减去
　　　　　　　　　　　　　　　　　　　　　　WRF-Noah偏差的绝对值

图 7-7　海冰温度随时间变化的月平均值

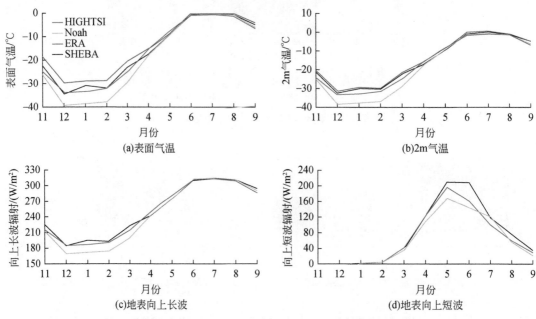

(a)表面气温　　　　　　　　　　　　　　　　(b)2m气温

(c)地表向上长波　　　　　　　　　　　　　　(d)地表向上短波

图 7-8　观测和模拟的表面温度、2m气温和地表向上长波和短波辐射的月平均值

7.2.2　海冰厚度给定方法对模拟的影响

很多研究已经表明海冰厚度会对大气模拟产生显著的影响，仅给定海冰密集度作为大气模式的下边界条件会导致表面能量平衡模拟的偏差，这一现象在季节海冰覆盖区域更加明显。为此，在很多区域气候模式中增加了给定海冰厚度这一功能。在实际研究和应用时，观测或反演的海冰厚度资料并不一定可以得到，故有时需要使用如 PIOMAS 这类基于模式模拟的分析结果（Zhang and Rothrock，2003；Laxon et al.，2013）。PIOMAS 有着较高的时空分辨率，但其同化的观测资料相对有限，这也对其可靠性产生了一定的影响。此外，PIOMAS 分析场的结果与大气模式中的下边界状态不一定相协调，这也导致模拟过程中出现能量不平衡的问题。目前在区域大气模式中有三种方式来给定海冰厚度：第一种是对所有区域的海冰厚度都给定一个固定的常数；第二种是给定具体的海冰厚度分布信息；第三种是采用经验的办法估计海冰的厚度。这种经验性的估计是建立在海冰密集度和海冰厚度之间的统计关系之上，可以模拟出于观测分布型相似的大尺度海冰厚度分布特征（Krinner et al.，1997）。但是，由于海冰密集度在冬季的变化倾向很小，这种方法无法给出海冰厚度随季节发生变化的特征。还有一种方法是利用复杂热力学海冰模式模拟海冰的生长和消融过程这一特征，并和经验性的估计方法相结合。在模拟过程中，海冰的初始估计由经验办法根据海冰密集度得出，在之后的模拟过程中，厚度变化由模式自身计算得出。需要指出的是，这种方法可以包含海冰厚度变化的倾向特征，但是如果初始场给定不合理，或海冰动力学过程作用显著，其效果会受到明显抑制。

图 7-9 给出了以上集中海冰厚度设置的结果，并且设置模拟试验（表 7-2），模拟了1997 年 11 月、1998 年 1 月和 5 月的平均海冰厚度。结果显示，WRF 耦合复杂热力学海冰模式后，通过模式自行计算海冰厚度，对于地表/近地面气温，长、短波辐射的模拟均方根误差最小（图 7-10）。可见，在模式中耦合复杂热力学海冰模式，通过模式自行计算海冰厚度，对区域模式模拟效果有了明显的提高。

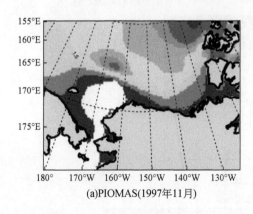
(a)PIOMAS(1997年11月)

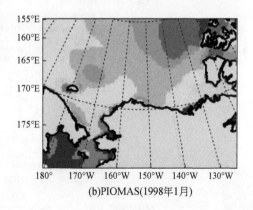
(b)PIOMAS(1998年1月)

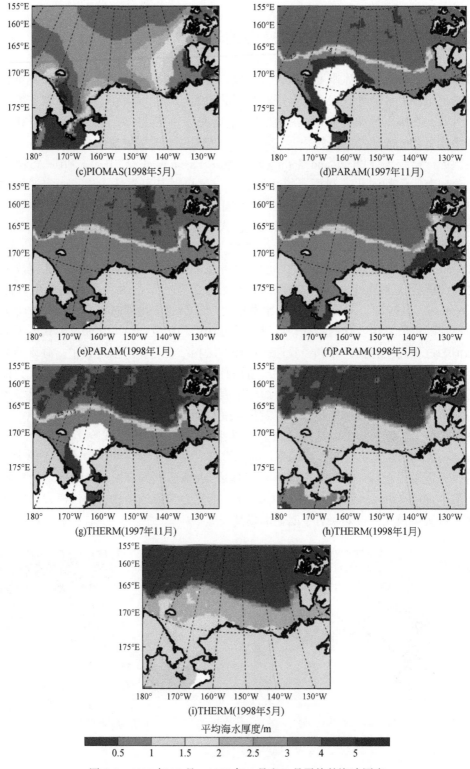

图 7-9　1997 年 11 月、1998 年 1 月和 5 月平均的海冰厚度

表 7-2 WRF 模式中不同海冰厚度设置

试验名称	模式	海冰厚度处理方法
Noah	WRF-Noah	给定 PIOMAS 分析结果
Noah_3m	WRF-Noah	海冰设置 3m
HIGHTSI	WRF-HIGHTSI	给定 PIOMAS 分析结果
PARAM	WRF-HIGHTSI	给定经验公式估计结果
THERM	WRF-HIGHTSI	由模式计算厚度变化倾向

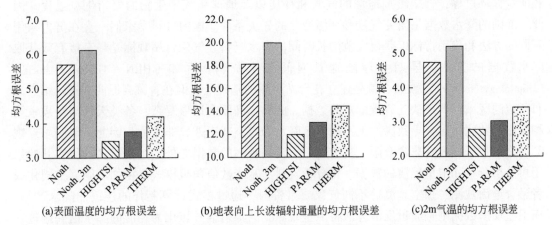

(a)表面温度的均方根误差   (b)地表向上长波辐射通量的均方根误差   (c)2m气温的均方根误差

图 7-10 对海冰厚度采用不同处理方式时模拟的表面温度、地表向上长波辐射通量
和 2m 气温的均方根误差

随着北极气候问题受到越来越多地关注，区域气候模式在北极的应用不断增多。为了评估和比较这些区域气候模式对北极的模拟能力，并进一步提高和改进区域气候模式对北极的模拟，世界气候研究计划组织了北极区域气候模式比较计划（ARCMIP）。

来自世界各国的多个模式组的北极区域气候模式参加了北极气候模式比较计划，其中包括北极区域气候系统模式（ARCSYM）、耦合海洋大气中尺度预测系统（COAMPS）、高分辨率有限区域模式（HIRHAM）和罗斯贝中心大气模式（RCA）等。作为验证模式模拟的参照，ARCMIP 使用了 1997～1998 年在北冰洋开展的北冰洋表面热收支（SHEBA）观测、第一次国际卫星云观测计划（ISCCP）区域试验（FIRE）以及大气辐射观测计划（ARM）的观测结果。参加 ARCMIP 的各个区域气候模式对北极地区 SHEBA 观测覆盖范围开展了 1997～1998 年的区域气候模拟。

已有的评估研究表明，参加 ARCMIP 的北极区域气候模式中，ARCSYM 对净辐射通量的模拟效果最好，这可能是云模拟偏差导致的短波和长波辐射模拟偏差相互抵消的结果。COAMPS 对短波辐射的模拟效果最好，但是模拟的向下长波辐射过低，导致了海冰融化时间模拟过晚。由于低估了海冰表面反照率，HIRHAM 对短波辐射的模拟偏差最大。云的垂直结构不能较好地被区域气候模式模拟出来，尤其是高层的冰云模拟不足。对于降水的模拟，北极区域气候模式可以分为两类。COAMPS 和 RCA 明显高估了降水，而 ARCSYM 和 HIRHAM 明显低估了降水。由此可见，北极地区区域模式的发展还需要大量的工作。

第8章 全球和区域模式在青藏高原的降水模拟

降水是最重要也是最具代表性的气象要素之一，它参与了气候系统中最重要的水循环和能量循环过程，直接影响地球的气候和环境以及地球系统中生物的繁衍生息过程。因此，准确的降水数据是研究气候和环境变化的先决条件。国内外科学家们一直在努力采用不同的方法和代用指标以获得大范围长时间的降水资料。气象台站观测是最直接有效获取降水数据的方法。早期全球陆地长时间降水资料，例如 GHCN（Global Historical Climatology Network）数据，就是建立在台站观测的基础上。但在青藏高原西部这样站点分布稀疏的区域，严重缺乏有效的观测数据。此外，高原上地形复杂，各类天气与气候系统相互影响共同作用，导致高原上不同地区降水的时空变率差异非常大。因此，单一站点观测的降水数据代表性非常有限。目前，除了台站观测的数据之外，越来越多的研究开始采用再分析资料和卫星反演的数据。再分析资料是基于数值预报模式，根据不同需求同化或者融合地面观测、探空观测等不同气象要素资料，通过模式计算制作的连续的降水产品。而卫星反演数据则是通过反演算法将卫星观测到的辐射信号转化为相应的降水值并通过一系列订正方法制作的降水产品。这些降水产品在一定程度上解决了传统观测数据的不足，例如空间分布不连续等。但不同的产品由于采用不同的数值预报模式，融合不同的观测数据或者使用不同的反演算法，得出的结果会有所差异。这些差异在地形复杂且降水量较小的高原区域可能会带来较大的影响。

本章研究将分析多套不同的降水数据集在高原上的适用性，并对全球气候模式高原降水模拟结果和区域气候模式高原降水模拟进行对比分析评估。由于青藏高原降水主要发生在夏季（6~9月），占全年降水的60%以上（卢鹤立等，2007；计晓龙等，2017）。本章分析将着重分析高原上夏季降水的基本分布特征和变化趋势。

8.1 全球模式和区域模式对青藏高原夏季降水气候态的模拟

青藏高原上站点分布较为稀疏，尤其是在高原西部，在可公开获取的中国气象站756台站数据集中仅有3个观测站位于高原西南地区，而在整个高原西北部站点分布则更少。因此，为了能够全面地研究高原降水的特征，需要借助其他降水融合产品来获取整个高原的降水信息。目前，国内外成熟的降水产品已经有很多。根据所融合源数据的不同，降水产品大致可以分为三类：①源数据中仅包含台站观测数据。例如本章使用的 APHRODITE 数据，其在中国区域内融合了超过2000个的站点观测数据。②源数据中仅包含卫星观测数据。例如早期用热红外反演降水场的方法，以及随后微波技术反演降水量的方法和可见光/红外和微波混合算法等。但本章没有使用这一类数据。③源数据中既包含台站数据又包含卫星数据。例如本章使用的 GPCP 数据、CMAP 数据和 TRMM 数据等。高分辨率的 TRMM 数据在反演时使用了台站观测数据来校正微波和红外辐射信号。这些不同的降水产品各自都具有优缺点。例如，有的卫星数据由于观测频次较低且观测范围有限，在卫星观测没有覆盖的时间内会漏掉许多降水事件。而台站观测数据受到站点分布的限制只能提供有限区域内的观测，导致在利用站点数据进行插值或者格点化处理时会带来代表性不足的问题。表 8-1 列举了本文研究中采用的 6 套不同的降水数据集，这些数据集也是当前高原降水研究中经常使用的产品。

表 8-1　本章研究中所使用的 6 套不同降水数据集的基本信息

数据名称	空间范围	时间范围	空间分辨率	输入的源数据
全称：Asian Precipitation-Highly-Resolved Observational Data Integration Towards Evaluation of Water Resources 简称：APHRODITE	亚洲季风区	1950/01–2007/12	0.25°×0.25°	台站观测
全称：CPC Merged Analysis of Precipitation 简称：CMAP	全球	1979/01–2014/12	2.5°×2.5°	台站观测；地球同步卫星（微波、红外观测）
全称：Global（land）precipitation and temperature：Willmott & Matsuura，University of Delaware	全球	1900/01–2014/12	0.5°×0.5°	站点观测（GHCNv2）以及部分其他来源
全称：Global Precipitation Climatology Project 简称：GPCP	全球	1979/01–2014/12	2.5°×2.5°	站点观测；卫星观测；探空观测
全称：Precipitation Estimation from Remotely Sensed Information using Artificial Neural Networks-Climate Data Record 简称：PERSIANN-CDR	全球	1983/01–2016/12	0.25°×0.25°	卫星观测（微波、红外）；NCEP 降水数据；台站观测；
全称：Tropical Rainfall Measuring Mission 简称：TRMM	南北纬50 之间	1998/01–2015/12	0.25°×0.25°	卫星观测（微波、红外）；台站观测

随着计算机技术的不断改进和模拟能力的不断提高，全球气候模式已经被广泛用于气候变化研究。IPCC（政府间气候变化专门委员会）最新一期比较计划 CMIP5 提供了大量不同情景的模拟结果，为研究高原降水分布和降水变化提供了宝贵的资料（Stocker，2013）。相对于上一期 CMIP3 模拟结果，经过新一轮周期的发展，CMIP5 模式在模拟和预估方面的能力都得到了提高。本章选取了 19 个参与 IPCC 第五次评估的全球气候模式，用于分析评估对高原降水的模拟情况。所使用的 19 个模式来自不同的国家和机构，各个模式分辨率不同，详细信息见表 8-2。选取的月均降水数据包括：①历史实验（1951～2005年），用于同观测数据对比评估模式对高原上降水的模拟能力；②三种不同未来排放情景（2006～2100 年），用于评估分析高原上未来可能的降水变化。为了方便模式数据同观测数据的比较，所有模式数据在计算之前都插值到 1.0°×1.0° 的空间经纬网格上。

表 8-2　本章所用的 19 个 CMIP5 模式基本信息

模式名称及 模式分辨率	所属国家	所属机构单位	模式全称
bcc-csm1-1 （128×64）	中国	Beijing Climate Center（BCC）	Beijing Climate center, Climate System Model, version 1.1
BNU-ESM （128×64）	中国	Beijing Normal University（BNU）	Beijing Normal University-Earth System Model
CanESM2 （128×64）	加拿大	Canadian Centre for Climate Modeling and Analysis（CCCMA）	Second Generation Canadian Earth System Model
CCSM4 （288×192）	美国	National Center for Atmospheric Research（NCAR）	Community Climate System Model, version 4
CNRM-CM5 （256×128）	法国	Centre National de Recherches Meteorologiques（CNRM）	Centre National de Recherches Meteorologiques Coupled Global Climate Model, version 5
CSIRO-MK3-6-0 （192×96）	澳大利亚	Commonwealth Scientific and Institute Research Organisation（CSIRO）	Commonwealth Scientific and Industrial Research Organisation Mark, version 3.6.0
FGOALS-g2 （128×60）	中国	Institute of Atmospheric Physics（IAP）	Flexible Global Ocean-Atmospheric-Land System Model gridpoint, second spectral version
FIO-ESM （128×64）	中国	State Oceanic Administration（SOA）	the First Institute of Oceanography-Earth System Model
GFDL-CM3 （144×90）	美国	Geophysical Fluid Dynamics Laboratory（GFDL）	Geophysical Fluid Dynamics Laboratory Climate Model, version 3
GFDL-ESM2G （144×90）	美国	Geophysical Fluid Dynamics Laboratory（GFDL）	Geophysical Fluid Dynamics Laboratory Earth System Model with Generalized Ocean Layer Dynamics（GOLD）component（ESM2G）
GFDL-ESM2M （144×90）	美国	Geophysical Fluid Dynamics Laboratory（GFDL）	Geophysical Fluid Dynamics Laboratory Earth System Model with Modular Ocean Model 4（MOM4）component（ESM2M）
HadGEM2-AO （192×145）	英国	Met Office（UKMO）	Hadley Centre Global Environment Model, version2-Atmosphere-Ocean
IPSL-CM5A-LR （96×96）	法国	L'Institut Pierre-Simon Laplace（IPSL）	L'Institut Pierre-Simon Laplace Coupled Model, version 5, coupled with NEMO, low resolution
IPSL-CM5A-MR （144×143）	法国	L'Institut Pierre-Simon Laplace（IPSL）	L'Institut Pierre-Simon Laplace Coupled Model, version 5, coupled with NEMO, mid resolution
MIROC5 （256×128）	日本	Model for Interdisciplinary Research on Climate（MIROC）	Model for Interdisciplinary Research on Climate, version 5
MIROC-ESM-CHEM （128×64）	日本	Model for Interdisciplinary Research on Climate（MIROC）	Model for Interdisciplinary Research on Climate, Earth System Model, Chemistry Coupled
MIROC-ESM （128×64）	日本	Model for Interdisciplinary Research on Climate（MIROC）	Model for Interdisciplinary Research on Climate, Earth System Model

模式名称及 模式分辨率	所属国家	所属机构单位	模式全称
MRI-CGCM3 （320×160）	日本	Meteorological Research Institute（MRI）	Meteorological Research Institute Coupled Atmosphere-Ocean General Circulation Model, version 3
NorESM1-M （144×96）	挪威	Norwegian Climate Center（NCC）	Norwegian Earth System Model, version 1（intermediate resolution）

区域模式相对于全球模式分辨率更高，在地形复杂的高原区域能够反映更多的降水细节特征。本章选用另外一套区域模式模拟的降水数据集——HAR（high asia refined analysis）数据集。HAR 数据集是德国生态研究机构在中德青藏高原研究计划中制作的。HAR 数据集提供了 2000～2014 年青藏高原以及周边地区两套不同分辨率的格点数据，模拟的内外区域空间分辨率分别为 10 km 和 30 km（Maussion et al.，2014）。HAR 数据集是基于 Weather Research and Forecasting（WRF，V3.3.1）模式制作的。WRF 模式是一种中尺度数值天气预报模式，由于 WRF 模式的分辨率、模拟区域及各物理过程参数化方案具有可根据具体研究的不同需求进行快速调整的特性，所以现如今 WRF 模式已经广泛应用于大气科学相关领域的研究以及业务预报。HAR 数据集所使用的驱动数据为 NCEP GFS（Global Forecast System）资料。后者空间分辨率为 1°×1°，时间分辨率为逐 6h，融合了多套不同的源数据，包括卫星观测、地面观测以及探空观测等。由于分辨率高，模拟性能良好，HAR 数据集已经被广泛地运用在青藏高原气候变化相关研究中（Maussion et al.，2014；Curio and Scherer，2016；Dong et al.，2016）。有关模式具体试验参数设置和模拟方法可以参见 Maussion 等（2014）的文章。

图 8-1 描绘了青藏高原上各套降水数据集在各自时间跨度区间内平均的夏季降水分布。整体上，所有数据都呈现出高原上夏季降水东南到西北的递减趋势。在高原南麓山区夏季降水量可达到 1000 多毫米，东南部三江河谷区域降水量也很充沛，可达 500mm，而高原西北部夏季总降水量不足 200mm。不同区域所呈现出的降水分布特征主要是受到不同水汽来源以及输送过程的影响。在青藏高原南麓，湿润的印度季风在高原南麓迎风坡受到地形抬升作用形成大量的地形降水。而在高原东南部三江平原地区，大量来自印度洋和孟加拉湾的暖湿气流则源源不断地将沿着高原东南角纵切的雅鲁藏布江大峡谷带入高原。随后沿着高原上东西走向的山脉进一步向青藏高原西部输送。在此过程中，由于受到干冷西风环流的影响，水汽输送逐渐减弱导致降水也随之减少。

在这 6 套降水数据中，APHRODITE 数据本身是完全基于台站观测的降水数据经过严格质量控制后再通过地形订正插值而来（Yatagai et al.，2012）。不少研究已经讨论过 APHRODITE 数据在青藏高原的适用性。尽管在局部地区存在一些差异，例如，小降水偏大的问题，但总体而言 APHRODITE 数据和台站观测结果表现一致（韩振宇和周天军，2012）。此外，图 8-1 结果还表明分辨率越高的数据在高原上能够刻画出更多的降水细节。例如，TRMM 卫星数据在高原上降水分布具有许多斑状结构，高原南部山区地形降水也更为清晰

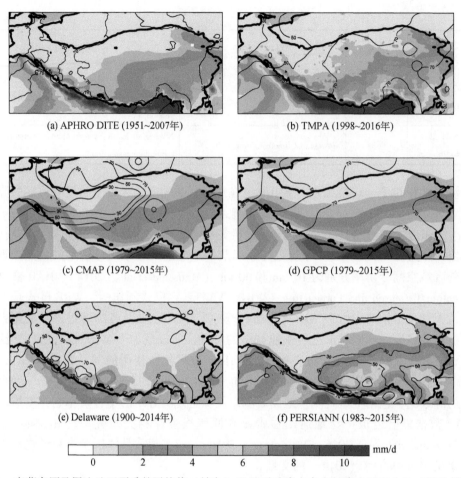

(a) APHRO DITE (1951~2007年)   (b) TMPA (1998~2016年)

(c) CMAP (1979~2015年)   (d) GPCP (1979~2015年)

(e) Delaware (1900~2014年)   (f) PERSIANN (1983~2015年)

mm/d
0   2   4   6   8   10

图 8-1　青藏高原及周边地区夏季的平均值（填色）以及夏季降水占全年降水的百分比（绿色等值线）

［图 8-1（b）］。与之相比，CMAP 数据和 GPCP 数据由于格点分辨率较粗，降水分布的轮廓相对更平滑使得降水的细节特征减少［图 8-1（c）～（d）］。尽管以上 6 套降水数据夏季降水分布相对来说较为一致，但夏季降水占全年降水的百分比（图 8-1 中绿色等值线所示）存在较大的差异。例如，大部分数据在高原总中部和东部地区夏季降水贡献都超过 70%，但 GPCP 数据夏季降水贡献不到 50%。以上结论与 Maussion 和 Scherer（2011）以及 Maussion 等（2014）研究结果一致，这说明不同数据集在高原上整体降水的估计仍然存在较大的差异。

　　因此，在评估高原降水时参考数据的选取也会对结果产生较大的影响。Su 等（2013）利用台站观测数据评估了 24 个 CMIP5 模式对高原降水的模拟情况。研究结果表明模式高估了（62.0%～183.0%）高原降水，而且相当一部分模式根本抓不住高原降水的季节特征。但需要指出的是，在他们的研究中只考虑了高原东部地区，参考数据选用了台站降水观测并利用简单的反距离权重进行插值，这可能为对最终的结果造成一定的影响。本章选用 APHRODITE 降水数据作为参考，基于表 8-2 中选取的 CMIP5 模式评估了全球气候模式对高原降水的模拟。图 8-2 和图 8-3 展现了 1951～2005 年各个模式模拟的夏季平均降水和

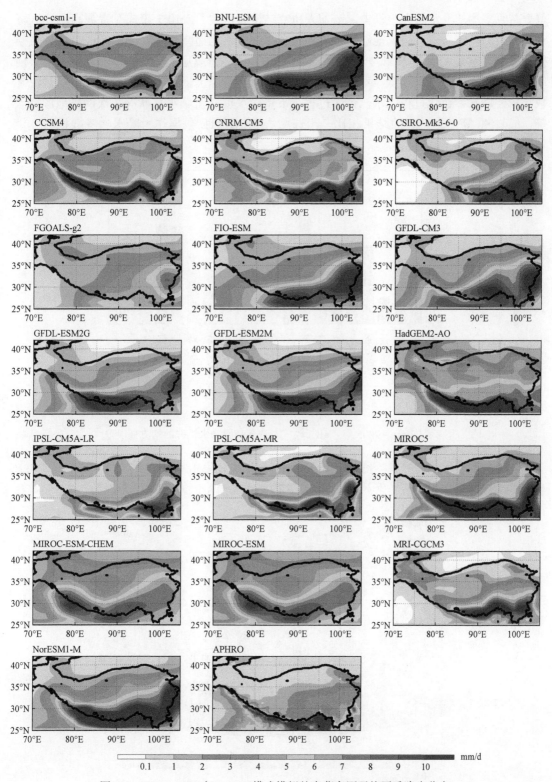

图 8-2 1951～2005 年 CMIP5 模式模拟的青藏高原平均夏季降水分布

整个高原平均的降水均方根误差。与前人研究结论相一致，CMIP5 模式对青藏高原地区降水模拟能力较差。这些模式能够模拟出降水自东南向西北递减的基本分布特征，但模式模拟的降水普遍偏大（Su et al.，2013；胡芩等，2014）。造成这些问题的原因可能在于目前所用的全球模式分辨率较低，不能很好地反映出影响高原上降水的气候因子，包括对流参数化和云降水参数化过程，水汽传输过程，下垫面水热（土壤水）状况，次网格地形特点等。但与 Su 等（2013）的结果相比，当选用 APHRODITE 数据作为降水参考数据时，模式高估程度有所下降。

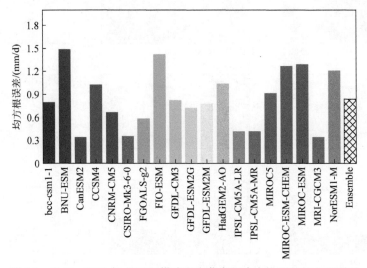

图 8-3   1961～2005 年 CMIP5 模式对青藏高原降水模拟的均方根误差

随着计算机性能的提高，长时间高分辨率的区域模式模拟在高原上得以应用，而且随着物理参数化过程描述的精细化，区域模式对高原降水的模拟能力得到大幅度提高。图 8-4 展

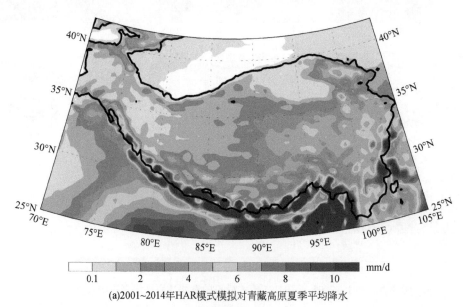

(a)2001~2014年HAR模式模拟对青藏高原夏季平均降水

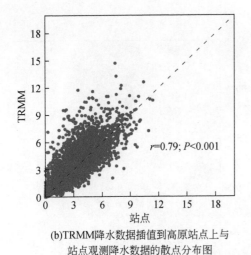
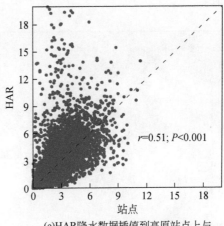

(b)TRMM降水数据插值到高原站点上与
站点观测降水数据的散点分布图

(c)HAR降水数据插值到高原站点上与
站点观测降水数据的散点分布图

图 8-4   HAR 降水数据集对高原夏季降水的模拟

示了 HAR 降水数据集对高原夏季降水的模拟，同 TRMM 数据比较，HAR 数据能够较好地抓住高原上降水的空间分布特征，包括高原南麓地形降水特征，高原东南部雅鲁藏布江大峡谷处降水大值区以及高原西北部一些地形的特征。同站点观测相比，区域模式模拟和 TRMM 数据具有较好的一致性，相关系数达到 0.51（P<0.001）。尽管 HAR 数据在喜马拉雅山脉北侧高估了高原上的降水，但相对于全球气候模式模拟结果来说，区域气候模式在对青藏高原夏季降水的模拟上已经有了明显的改进。

8.2   全球模式和区域模式对青藏高原夏季降水变化趋势的模拟

前面分析了青藏高原夏季降水的平均分布特征，另一个引人关注的问题是降水的变化规律。图 8-5 展示了青藏高原与印度平原部分地区基于 APHRODITE 数据在 1951 ~ 2007 年夏季降水的线性变化趋势。在 20 世纪后半叶印度半岛上夏季降水显著减少，这是由于在 20 世纪的后 50 年印度季风强度逐渐减弱导致降水也随之减少。国内外许多团队都研究了印度季风减弱的原因，发现气候的自然变率和人类活动都是重要的影响因素（Ramanathan et al.，2005；Lau et al.，2006；Bollasina et al.，2011；Turner and Annamalai，2012；Wang et al.，2013）。此外，从图 8-5（a）中还可以发现，青藏高原西南部夏季降水同印度平原夏季降水变化一致均表现为显著减少趋势。这一特征在前人的研究中较少被注意到。当将青藏高原西南部夏季降水的时间序列回归到整个研究区域的时候，发现高原西南部夏季降水同印度平原之间呈现非常显著的正相关关系［图 8-5（b）］。这表明高原西南部降水同印度平原北部降水存在着紧密的联系。这一结论与 Curio 和 Scherer（2016）研究结果一致，他们利用聚类分形算法分析了印度平原和青藏高原降水的季节特征，得出高原西南部同印度平原北部一样均为印度季风型，即这两个地区的降水在夏季（6 ~ 9 月）达到单峰最大值。

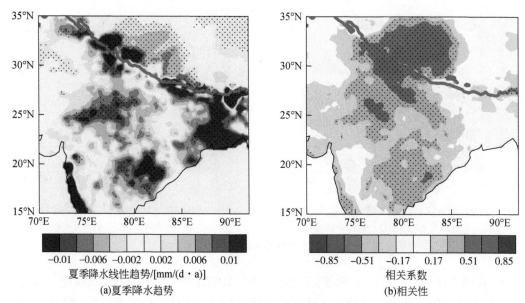

图 8-5　青藏高原及周边地区 1951~2007 年夏季降水趋势和夏季月均降水与高原西部月均降水的相关性
黑色点代表显著性或相关性超过 99% 置信区间。(a) 和 (b) 中红色实线为 2500m 等高线，用以指示青藏高原的边界

　　青藏高原西南部夏季降水同印度平原夏季降水的关系在相应的时间序列图中更为清晰（图 8-6）。考虑到两个地区降水量绝对值的差异，这里采用去趋势并利用各自时间段内夏季降水的变率进行标准化处理的方法计算二者之间的相关性。计算结果表明这两个地区夏季降水的相关系数分别达到 0.68 （基于 APHRODITE 降水数据，1951~2007，$P<0.001$）和 0.64 基于 TRMM 降水数据，1998~2013，$P<0.01$）。

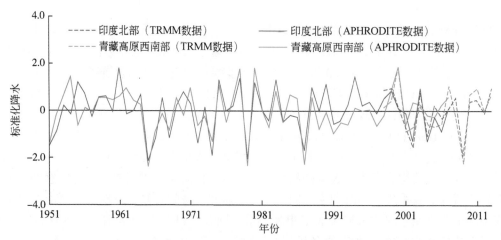

图 8-6　标准化的青藏高原西南部夏季降水同印度平原北部降水的时间序列

　　为了验证高原西南部夏季降水同印度平原北部夏季降水紧密的联系并不取决于所选用的降水数据。图 8-7 分析了另外两套观测降水数据集和本章所选用的 19 个模式的历史试验以及各模式的三个未来情景预估试验降水数据集。结果表明，高原西南部夏季降水同印度平原北部夏季降水在所有的观测数据以及全球模式的历史试验数据中均表现为显著正相关。即使在模式未来情景预估试验中，有 17 个模式的相关系数均显著超过 99% 的置信区间。这说明高原西南部夏季降水同印度平原北部夏季降水紧密相连，而且这种相关关系在未来预估中还将继续存在。这一结果也间接表明，高原西南部的夏季降水在未来将会随着印度平原季风降水变化而变化。而有关印度平原的夏季降水得益于丰富的观测，其降水变化的机理研究更为充分，这将有利于增加对高原未来夏季降水预估的信心。

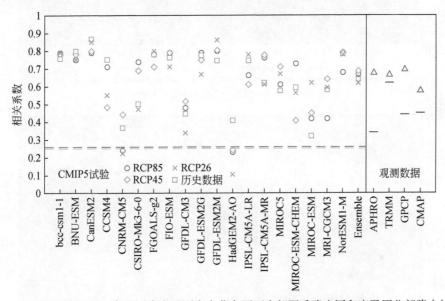

图 8-7　CMIP5 模式以及 4 套不同降水观测中青藏高原西南部夏季降水同印度平原北部降水的关系

　　高原西部尽管人口分布较少，农业畜牧业等生产生活也不及高原东部兴旺，但高原西部地区气候变化对区域气候也有着重要的作用。例如刘华强等（2005）利用模式模拟结果发现高原西部积雪的存在通过反馈作用有利于高原东部积雪的增加。不同区域积雪的变化不仅会引起水资源重新分配，还能通过影响地表反照率改变环流特性，从而影响更大范围的气候。因此，非常有必要增强高原上的观测，尤其是高原西部地区。在这方面我国已经开展了多次大型观测计划，例如通过 2013 年开展的第三次青藏高原大气科学试验，在高原已经建立起了三维点—面结合综合观测系统（Zhao et al.，2017）。而且从图 8-8 中可以看出，在高原西南部已经增加了许多站点，尽管这些站点不是专门为观测降水而设立，但这些数据提供的下垫面条件，水汽垂直分布等信息将会为高原西南部降水的研究带来极大的便利。

　　对 CMIP5 全球气候模式评估的结果表明，当选用不同的参照降水数据时会对结论造成一定的影响。因此，需要寻找一种相对公平而有效的方式去评价气候模式的模拟性能，而

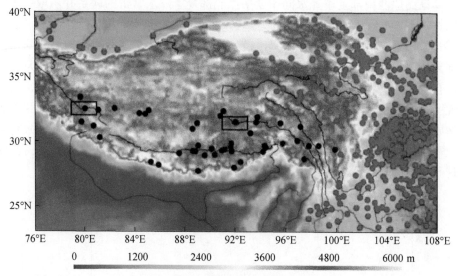

(a)高原上土壤温度湿度观测站点分布

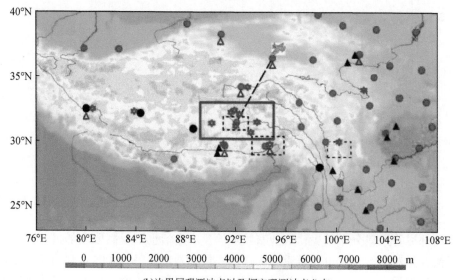

(b)边界层观测站点以及探空观测站点分布

图 8-8　观测站点分布（Zhao et al.，2017）

　　且同时需要思考如何利用这些被认为具有较大偏差的降水数据，尤其是有关高原降水的未来预估。在这方面可以借鉴前人的研究方法，例如，Lin 等（2018）同样利用 CMIP5 模式发现美国大平原地区具有干暖偏差。这是模式在美国大平原地区的一个顽疾，在几代全球气候模式中都有存在，甚至在区域模式中也有发现。但他们利用模式中降水偏差同温度偏差之间的关系，订正了模式在未来对该地区温度和降水的模拟。同样的思路可以运用到青藏高原上，用模式自身的约束条件来限制和订正未来降水的模拟结果。

　　尽管 CMIP5 全球气候模式都高估了高原上夏季降水分布，但无论是历史试验还是未来情景预估试验都能抓住高原西南部夏季降水同印度平原北部夏季降水的联系。这表明那些能够较好模拟印度季风的模式能够模拟出高原夏季降水的变化特征，暗示了印度平原的季风系统可能为青藏高原西南部夏季降水提供了水汽。

第 9 章　冰冻圈分量模式的未来发展趋势

由于冰冻圈组成成分多样，各分量的内部动力机制，时空分布和气候响应都不相同，因此需要各种不同形式的冰冻圈分量模式。目前，冰冻圈分量模式主要有积雪、冻土、海冰、冰川冰盖等模式。冰冻圈动态变化过程、趋势及其影响研究已经是全球气候变化研究的焦点之一。发展冰冻圈过程的区域与全球气候模式已经是冰冻圈与气候研究的主要趋势之一。自 20 世纪中叶以来，国际科学界在冰冻圈各分量的物理-动力-热力模型发展方面取得了长足的进展。现阶段，冰冻圈研究已由过程描述、统计分析向机理分析、数值模拟方向发展，且多学科综合研究已经成为冰冻圈科学研究的总趋势（秦大河和丁永建，2009）。本章主要参考了 Niu 和 Zeng（2012）以及 Bitz 和 Marshall（2012）在《气候变化模拟方法》（Rasch 主编）一书中的相关内容。

9.1　积　　雪

由于积雪具有高反照率、低导热率、融化吸热等特点，故积雪是气候系统中不可或缺的重要组成部分。此外，积雪融水是高寒地区的河流及地下水补给的主要来源。另外，由于积雪-反照率正反馈机制，积雪的减少会加速北极升温。早期许多学者应用全球气候模式针对积雪覆盖对全球或区域气候的影响做过一些研究，发现积雪覆盖区域的森林冠层对地表能量和气候调节起重要作用。北半球积雪覆盖区域在空间和时间上均表现出 7% ~ 40% 的季节性波动（Hall，1988）。从 20 世纪 80 年代中期开始由于全球升温，北半球积雪覆盖面积一直在减少（Robinson and Frei，2000；Brown，2000）。

陆面模式可以计算雪水当量（SWE）、雪深以及积雪覆盖度。第一、第二代陆面模式对积雪过程的描述相对简单，主要采用单一雪层模型（Yang et al.，1997）。第三代陆面模式开始利用多层积雪模型来解决一些积雪的内部过程，如积雪致密、液水流动、水的多相变化等（Douville et al.，1995；Dai et al.，2003）。多层模型通常包含一个薄表面层来更精确地模拟地表热通量和雪表温度（Niu et al.，2011）。单层模型通常将积雪和土壤表层视为一个整体，如 BATS 和 SiB 利用强迫恢复法来求解雪温。然而，强迫恢复法不能精确解决积雪表面强迫和温度的高频变化，容易导致融雪误差。大部分多层积雪模型通常在积雪内部过程中采用一些简化处理，如雪粒个头的增长及积雪层中液态水的重力流动（Anderson，1976；Jordan，1991）。在多层模型中，如 CLM4，雪的质量平衡包含积雪和液态水，却忽略了气态水。积雪致密过程包含等温形变或破坏、表层雪过重导致压缩，以及融化变形等。超过保持容量（液态水体积与雪层的自由空间比率）的多余液水会流向下一层。每一层融化（或者冻结）的能量确定为将该雪层温度变为凝固点温度所需的能量。此外，用于水文应用和气候研究的积雪模型还需要考虑植物冠层的辐射效应（Davies et al.，1997）及其对雪的拦截作用（Essery et al.，2003）。植物冠层以下的感热通量也会明显影响地面融雪（Niu and Yang，2004）。然而，这些研究还没有完全应用到地球系统模式中。由于土地覆盖、地形、积雪、融雪和气象条件的非均匀性，雪深在次网格尺度上的变化很大（Liston，2004）。在陆面模型中，次网格积雪分布通常用积雪覆盖度（一个模型网格上积雪所占面积，通常和雪深存在一简单经验关系）来表示。目前地球系统模式中积雪和大气相互作用模拟的最大不确定性之一就源于积雪覆盖度公式及其相关参数，不同积雪覆盖度公式会导致气候模型积雪模拟的巨大差异。大部分积雪覆盖度公式导致大多数模型均低估积雪覆盖度的模拟（Frei and Gong，2005）。大多数积雪覆盖度公式都依赖于网格单元中平均雪深以及地面粗糙度（Yang et al.，1997），还有一些也考虑次网格地形变化（Douville et al.，1995）。利用网格雪深和雪水当量分析，Niu 和 Yang（2004）发现积雪覆盖度与雪深的关系随着季节变化而变化，在已有的积雪覆盖度算法中引入积雪密度可以更好地模拟积雪覆盖度与雪深的季节变化关系。

现阶段大部分气候系统模式中的陆面过程模式耦合了多层积雪模型，考虑了土壤冻融过程、积雪分布的次网格参数化、积雪–植被相互作用以及风吹雪再分布等。积雪模型目前最大的挑战是如何考虑积雪老化和雪粒子大小变化对密度和反射率的影响、液态水的渗透和存储、吹雪的再分布、植被对雪的拦截作用等。积雪的次网格分布和海冰上积雪分布的考虑也是重要的发展方向。

9.2 冻 土

冻土在土壤热力和水文特性、生态系统多样性和生产率以及土壤的温室气体排放中扮演着重要的角色。冻土中随着全球变暖排放的温室气体，特别是甲烷，是未来全球变化很大的一个不确定性。土壤水的冻结减少了冬季地表的冷却，冻土融化降低了夏季地表的升温，而且冻土能够通过降低土壤渗透性从而影响融雪径流和土壤水文性质。北冰洋大约50%的净淡水通量来自北极径流，这个比例相对于热带海洋的淡水输入来说是相当大的，热带海洋的淡水输入主要是通过降水实现的。径流和淡水程度均影响着海水的盐度、海冰情况以及温盐环流。

早期的陆面模型没有明确地考虑土壤冰成分。由于冻土对土壤渗透性的影响在不同季节不同，这些陆面模型对春季土壤湿度及径流的模拟相对于其他季节来说显得更加分散（Luo et al.，2003）。还有一些模型，如简化的 SiB 和 BATS 模型（Dickinson et al.，1993），不考虑低于冰点温度的土壤渗透。由于低估了渗透性，这些处理方法不能再现春季的土壤湿度高值（Robock et al.，1995；Xue et al.，1996）。基于 SiB2 模型（Sellers et al.，1996），Xue 等（1996）将低于冰点温度的土壤渗透系数每降一度按10%的递减率来处理，提升了模型对于春季土壤湿度高峰期的模拟。实地研究表明，冻土对渗透的影响取决于尺度大小、雪地地表条件以及植被和土壤结构。土壤的结构、孔隙度、冰含量以及冻融循环的次数是影响冻土渗透性的主导因素。最近的实验以及实地研究（利用染料示踪技术）（Stadler et al.，2000）也表明即使在很小的区域尺度上，土壤水也能够通过冻结时形成的大孔隙这种优先路径深入到深层土壤中。

一维全耦合水热模型（Koren et al.，1999；Cox et al.，1999；Stähli et al.，2001；Hansson et al.，2004）采用一系列方法来参数化土壤的水文性质。还有一些模型（Cox et al.，1999；Hansson et al.，2004）考虑到土壤水势和液态水含量的依赖性，假定冻融过程与干湿过程类似。然而这个假设会导致非常低的渗透率甚至导致向上的水运动，从而造成地表的冰起伏运动。另外一些模型（Koren et al.，1999；Stähli et al.，2001）提出了多种方案来计算水文性质以产生更大的渗透率。Stähli 等（2001）提出了对于水渗透采用两个部分来分别考虑，分别为水通过液态水膜间的低流动区域以及水通过大的气孔隙的高流动区域。Koren 等（1999）假设冻土由于土壤结构的聚集、裂缝、坏死树根影响以及虫洞可造成土壤渗透，从而降低了冻土对径流量的影响。Niu and Yang（2006）引入了部分渗透面积这一概念，将地球系统模式网格单元分为不可渗透和可渗透部分，并且使用总土壤水分（液态和固态水）来计算可渗透部分的土壤水势和渗透系数。当土壤水冻结时，由于土壤颗粒施加的吸附和毛细作用，最接近土壤颗粒的水仍能保持液态形式。出于这个原因，冻土在低于0℃的一定温度范围内可以冰水共存。低于0℃以下的过冷水含量可以通过冰点降低公式（Koren et al.，1999；Niu and Yang，2006）或者基于观测数据的参数化方法求解。大部分陆面模型只考虑冰态和液态水而忽略气态水。

在冻土的数值模拟方面，一维水热耦合模型 FROSTB、SHAW（simultaneous heat and water）模型可以较好地模拟冻融过程中通过植被、积雪和土层的一维水、热通量动态过程。冻土过程受不同的地表覆盖、植被、积雪分布以及水平温度梯度等因素的影响，要综合考虑三维过程的影响。但目前全球气候模式主要关注冻土深度的变化和一维土壤温度结构，通常采用一些比较简单的冻土模型。冻土也是陆面模型的一个有机组成部分，但由于其变化的时间尺度较长，和气候模式的耦合更多的是离线方式。早期的冻土模式主要是一维热扩散模型。目前全球气候模式中的冻土模型仍然相对比较简单，主要考虑冻土深度、活动层变化和一维的温度分布。一维和二维的冻土模型应用在加入气候模式之前就有了很大进步。冻土模型主要考虑地球表层 2km 深度以上的一维热扩散，这一层主要由基岩、沉积物和土壤组成。在温度低于冰点的地方，土壤冰会占据岩石的空隙和裂缝，冻结线向下延伸的深度受地热通量的限制。多年冻土模型基于年平均地表温度和下层的地热通量来模拟冻土的进退，可以细致地模拟表面活动层的季节性冻结与融化。真实情况下，多年冻土动力学包括更复杂的热力和水文过程。例如，水流可以平流输送热量，还有由地表植被多样性、微地形、积雪覆盖和地表湖泊引起的地表水平温度梯度带来的三维热效应。另外，地下水的冻结不仅仅局限于空隙中，由低毛细管压引起的向土壤和沉积物间隙流动的水也会导致大量底冰的形成。目前气候模式中使用的简单多年冻土模型忽略了这些过程，仅关注大尺度的多年冻土深度和一维地底温度结构。未来的发展要合理考虑这些复杂的过程。

9.3 海　冰

从 IPCC 第一次评估报告（1990 年）开始，海冰模式就是所有耦合模式的重要组成部分。海冰模式作为地球（气候）系统模式的分量模式，它与海洋和大气环流模式的区别主要在于海冰的物理特性（如流体特性、热力学过程等）与大气和海洋流体的不同。作为一个整体的海冰模型的发展从 20 世纪 90 年代开始，美国和欧洲的相关研究机构开始致力于海冰模式的发展，使海冰模式由简单的动力学、热力学模式发展为较为完善的热力-动力学模式，如 NOAA FMS 的海冰模拟器（sea ice simulator，SIS）、NASA GISS 模式的海冰子模式、NCAR CCSM3 的海冰模式（community sea ice model，CSIM）、NCAR CCSM4 和 CESM 的海冰模式（community ice codE，CICE）。发展较为完善的海冰模式主要包括动力模型、热力模型和厚度分布模型三个主要组成部分。近年来人们已充分认识到在耦合模式中使用过于简化的海冰模式无法再现符合实际的极区气-海-冰耦合系统。海冰模式不断发展完善，如 Bitz 和 Lipscomb（1999）进一步考虑了海冰内卤水对海冰融化的作用，对海冰热力学模式的发展做出了重要的贡献。

海冰模型虽然发展较晚且较简化，但一开始它就和全球气候模式很好地耦合在一块。海冰流变学的发展比冰川晚了将近 20 年，1979 年，Hibler 第一次把海冰模型拓展到了整个北冰洋。随后在 1980 年，他又把海冰厚度分布方案引入海冰模型。模式网格上的海冰厚度变化的次网格参数化［海冰厚度分布（ITD）］，由 Thorndike 和他的同事发展而来，并由 Hibler（1980）在海盆尺度上施以应用。基于 Semtner（1976）的简化，最早的全球气候模型把海冰当作一致的平板，没有冰间水道（浮冰间的缺口）、融池、或卤池（brine pockets）。海冰的移动完全由表面海流平流输送，即"自由漂移"。一旦海冰的厚度达到一定的临界值（通常 4m），在大部分全球耦合气候模式中它就会被保持基本不动，来避免在辐合区海冰的过度增长。直到 Flato 和 Hibler 通过把海冰当作成穴流体（CF）从而简化了 VP 模型，全球气候模式开发者开始尝试用一个本构关系来表达海冰动力学。然而，相对于 VP 模型，缺少切变强度的 CF 模型模拟的精确性有所下降。不久之后，Hunke 和 Ducowicz（1996）发展了一种新技术，把海冰当作有弹性的黏性塑料材料，这是一种趋近完整 VP 模型解的数值近似，这个技术高效且并行化，并且格点选择灵活。Zhang 和 Hibler（1997）继续把 VP 模型解变得更高效和并行化。这些新动力方案引领了气候模式里海冰动力学快速发展的时代，现在 EVP 和 VP 动力学海冰模型在气候模式里得到广泛应用。相比之下，海冰热力学在全球气候模式中进展缓慢。全球气候模式刚刚开始考虑海冰厚度分布和卤池物理过程（Bitz et al.，2001；Holland et al.，2006）。融池参数化和包括散射在内的辐射传输还仅考虑一维情况，它们作为下一代气候模式的应用还处于早期阶段。目前海冰动力学方面主要以 EVP（elastic-viscous-plastic）或 VP 流变学为基础。在海冰热力学方面，不仅考虑海冰厚度分布，也开始考虑融池和辐射传输等物理过程。另外，海冰模式方面的一个发展方向是加入海冰相关的生物地球化学过程。

与冰冻圈的陆地成分相比，全球气候模式的需求通常推动着海冰模式的发展。例如，使用海洋中尺度涡分辨率的海洋模式正在向大的浮冰尺度发展，其中海冰（假设在同一网格上）不再被看作连续体。试图将海冰作为粒状物质的流变学可能是一种好的手段，它可以将连续模型的效用扩展到更小的尺度上。目前为止，这种浮冰模型在海冰变形中的作用较好，但是冻结过程中的浮冰结合过程尚未得到很好解决（Hopkins and Hibler，1991；

Hopkins，1996）。最近的海冰观测发现了海冰中一些长而窄的开口或引线，这表明了存在某些定向的缺陷，而这些区域被称为线性运动学特征（Kwok，2001）。这些特征出现在具有各向同性流变学的海冰模型中，如黏塑型模型，其在高分辨率下具有一定程度的实际意义（Hutchings et al.，2005）。然而，这种通过保持引线方向的轨迹和计算引线方向的开口阻力来明确解释这种各向异性的模型，还需要更好的观测结果匹配（Coon et al.，2007）。在全球气候模式中对碳循环和生态系统动力学的模拟促进了对海冰藻类和营养物循环的模拟。当海水冻结，海藻黏在冰粒上，当冰粒互相结合时它们便将盐水、营养物质和生物体"捕获"在卤池中。海冰中的生物量浓度可能比海水高出数百倍，而且海冰中的碳和主要营养物质占了海冰覆盖区的绝大部分。海冰融化时，这些物质被释放到海水中，太阳辐射和融水径流达到高值，为海洋生物爆发创造了有利条件。关于这些过程已经发展了一些离线模型（Arrigo et al.，1993，1997；Jin et al.，2007），而且很快会被应用到全球气候模式的海冰模式中。海冰中的生态系统动力学模型仍然需要对海水渗透、盐水排水、融水冲刷进行更多处理，这必然涉及建立海冰盐度模型（Vancoppenolle et al.，2010），但海冰盐度模型的发展目前还处于起步阶段。

在国际上使用较广泛的海冰模式中，CICE 是目前公认物理过程考虑最详细的海冰模式。在 IPCC-CMIP5 的模式中，至少有 7 个是采用 CICE4 版本，这些模式在 CMIP6 中多数会进一步使用 CICE5+版本，同时，会有更多其他耦合模式使用 CICE 模式代替原来的气候系统中的海冰模式。我国于 20 世纪 80 年代初开始先后研制和发展了 3 层黏-塑型海冰模式、质点-网格多类冰厚分布海冰模式，应用于区域海域（渤海、波罗的海）的预报，并与海洋模式耦合进行了模拟试验。此外，通过与芬兰和瑞典的国际合作，我国参加了波罗的海国际海冰研究项目和野外观测试验，在海冰研究方面积累了丰富经验。鉴于我国海冰模式的研究基础，根据对当前国际上现有海冰模式的对比研究（包括模式的网格、数值计算方法、物理过程参数化及模拟效果），中国科学院大气物理研究所的刘骥平等利用 CICE4 替代了 IAP/LASG 气候系统模式中的海冰模式，同时利用近年来自主发展的更为合理的热力动力参数化方案，对海冰模式中的物理过程进行了改善，具体包括：海冰反射率（包括表面融池）、海冰中盐度分布和守恒及其热力和动力效应、太阳辐射在海冰中的传输、冰间水道、大气-海洋-海冰界面的通量交换、海冰间相互作用（各向异性本构关系，漂移、形变和辐合）等。通过一系列敏感性数值试验对上述参数化方案的可靠性及模拟效果进行了系统检验，其中部分改善的物理过程已应用于中国科学院大气物理研究所和北京师范大学参与 IPCC 第 5 次耦合模式比较计划（CMIP5）试验的 FGOALS-g2、BNU-ESM 等气候系统模式的海冰模式中。

具体来讲，海冰模式未来发展的主要方向包括：继续完善近年来发展的海冰反射率参数化，重点是融池参数化；太阳辐射在积雪、海冰和海洋中传输的参数化，特别是在融池中的传输；海冰盐度变化及其动力和热力效应参数化方案，特别是盐度变化的热力效应。提高水平分辨率，海冰模式的分辨率接近于大浮冰尺度，在这一点上海冰将不再被认为是一个连续统一体，预计一些海冰模式将采用非连续海冰动力学，在 5～10 年的时间内打破浮冰级分辨率极限；提高垂直分辨率以更好地体现海冰内温度和盐度廓线及相应的热力过程；增加海冰类型来更好地体现海冰类型的转换；实现海冰拉格朗日追踪方案；根据高分辨率卫星反演的冰间水道变化特征，发展冰间水道随机参数化，实现在海冰模式中体现冰间水道；改进海冰-海洋的热量和盐度通量交换参数化，特别是海冰侧向融化参数化。实现基于局部奇异值演化集合卡尔曼滤波的海冰模式同化，为海冰和气候预测提供更合理的初始场。

9.4　冰　川　冰　盖

　　虽然陆冰和海冰的动力学主要是连续介质力学和流体力学，但它们的实现方式不同，需要分开考虑。20 世纪末一维和二维冰川动力模式的发展趋于成熟，并向三维（全阶）模型快速迈进。50 年代，Nye（1957）通过简化基本物理过程建立了冰川模型的理论基础框架，随后 Glen 提出冰川的变形可用非线性黏性流体来描述，他提出的冰川流变学的本构关系一直使用到今天。加上质量、动量和能量守恒，这些因素构成了现代冰川模型的基础。80 年代后期，Huybrechts（1990）发展了第一个三维热动力学冰盖模型。该模型在南极和格陵兰冰盖的研究中得到广泛的应用。至今，在全球气候模式中使用的低阶冰盖模型是基于冰盖流的简化表示，但它不能很好地适用于冰架、冰流以及冰盖边缘。由于冰盖系统中的冰架、冰流以及冰盖边缘变化快速，当前的发展主要集中在冰盖动力学的高阶解决方案（Pattyn，2003；Pattyn et al.，2008）。虽然一些全球气候模式开始采用了 Huybrechts 型冰盖模型，但完整的冰盖模型在全球气候模式中的全耦合目前只在 CESM 模式中开始发展（Rutt et al.，2009）。大多数全球气候模式没有包含冰盖模式的原因是冰盖变化的时间尺度是百年至千年。近年来的观测表明冰盖能够在年际-年代际时间尺度上对海洋和大气的变化做出响应。自 20 世纪 90 年代开始，格陵兰和南极冰盖的物质损失在增加。在格陵兰，全球增暖已经通过增强的表面消融和升华导致更多的冰盖物质损失。同时，溢出冰川和快速冰流将更多的物质带入海洋（Howat et al.，2007；Rignot et al.，2008），可能的原因是漂浮冰架底部温暖海水的侵蚀作用（Shepherd et al.，2004；Holland et al.，2008；Pritchard et al.，2012）。在过去十几年，两极冰盖的物质损耗速率为 $300\sim500Gt/a$，对海平面上升速率的贡献约为 1mm/a。

　　由于冰盖和气候模式之间的时空尺度不一致，如何将从气候模式中获取的表面物质平衡输出到高精度的冰盖模式网格中是一个重要的课题（Pollard，2010）。目前的冰盖和大气耦合的一个普遍做法是假设全球气温递减率是均一的，并将温度和湿度在各海拔类上进行降尺度处理。同时还需要改进基于气温递减率的向下长波辐射，以及基于降尺度表面温度的雨雪降水形态。随时空变化的气温递减率可以改进 SMB 的模拟精度。当然理想情况下是将气候模式的分辨率提高，显然这要优于降尺度方法。同时，大气冰盖耦合模式的模拟精度与冰盖模式本身也是密切相关的。目前国际上普遍认同在接地线附近采用较高网格精度的 Stokes 或者高阶冰流模式，且需要加入实际的诸如底部滑动、冰底水系传输以及冰崩等物理过程（Lipscomb et al.，2007）。此外，冰盖模式还需和气候模式进行耦合来研究大气和海洋之间相互作用。两者之间的耦合主要是通过冰盖的表面物质平衡。表面物质平衡可在陆面模式中根据能量平衡方法计算。能量平衡方法比度日因子方法更为复杂且更可靠。毫无疑问，在耦合系统中增加冰盖，会增加气候系统的复杂性，但冰盖的存在及其演化是影响大气环流、海洋淡水通量和区域气候特征的基本因素。增加冰盖分量模型对理解气候系统变化带来新的变革。此外，流域尺度陆地冰川径流变化的模拟研究是冰川水文水资源研究的核心内容，对于区域或流域尺度上冰川响应及未来情景的模拟研究也提出了一些新的研究思路，主要考虑完整的冰川应力和不同的应变状态。

在非线性流变学的基础上，再加上质量、动量和能量守恒，它们构成了冰川和冰盖模拟的基础。目前的南极和格陵兰冰盖模型都建立在 Huybrechts 在 20 世纪 80 年代晚期开发的第一个热动力冰盖模型的基础上。目前已有多个全球气候模型加入了 Huybrechts 冰盖模型来研究全球气候同冰盖形状和范围之间的相互作用及影响。极地冰盖和山地冰川的大部分区域的基本冰川数据仍然较少，包括冰厚度、热状况和冰河底部的状况，并且很难将水文和基流模型应用于格陵兰岛和南极大陆的大部分地区，因为我们对其中的地下排水、沉积物性质和其他冰底环境知之甚少。这要求我们有必要更好地理解冰川底部基本的物理过程（Clark，2004），并将这些次网格尺度的物理过程参数化应用到大尺度模型中。由于我们对冰底的物理过程及环境状况了解有限，对冰山崩离的模拟依然存在物理以及数值方面的挑战，目前尚未建立合理的裂冰方案。

目前国际上越来越关注冰川系统模型的建立，包括冰川底部的物理化学过程及其水文演化过程等（Flowers et al.，2005），但这些研究还停留在初级阶段。考虑到这些因素的限制，根据目前对冰川和冰盖的了解，至少在以下两个方面有可能取得重大进展：①通过采用高分辨率的全斯托克斯（full-Stokes）解决方案；②通过改进冰盖与气候模型之间的耦合，包括耦合单条冰川（Paul and Kotlarski，2010）和大陆冰盖（Toniazzo and Gregory，2010；Ridley et al.，2010）。在冰盖边缘，改进浮冰区、接地区以及快速移动流域盆地的应力-应变方案将更好地描述冰盖的年际及年代际变化，这也将提高模式模拟冰川和冰盖对气候变化的敏感性。至少在冰盖边缘的复杂流动区及陡峭区域中，模拟极地冰盖需要1km 的分辨率。对于山谷冰川，输入场及冰动力过程的模拟可能需要 100m 的分辨率，如果我们希望模拟出冰川末端的年际变化，需要的分辨率甚至达到 10m。值得注意的是，即使采用全斯托克斯求解方案，由于模式中没有相关过程和驱动数据，冰流、浪涌运动、冰架不稳定性以及冰盖内快速流动的区域都不会自发出现在正确的区域。尽管最近有证据表明冰盖对海洋变暖具有较高的敏感性，到目前为止，海洋与冰盖间相互作用的模拟研究依然非常有限。

迄今为止，关于气候模式和冰盖模式的耦合方面研究较少。大多数冰盖模拟采用"离线"强迫方式，即气候模式的结果单向传给冰盖模型。在长时间尺度的冰盖演化中这可能是一种合理的方法，但是冰盖反照率和地形的演变对大气反馈的时间尺度在数十年到千年尺度。此外，气候和冰川、冰盖的动力过程之间有直接的季节性时间尺度联系，其中包括地表融水的影响以及可能存在的沿海海温和海冰、注出冰川动力学之间的联系。这些过程模拟性能的提高都需要改进气候与冰盖模式的耦合技术。这在海-冰界面尤为重要，而当前的模式对于它们之间的质量和能量交换还没有建立很好的物理模型。一般来说，气候模式模拟的质量平衡场（聚合-融化）对于完全耦合的冰盖-气候模式来说是不够精确的，也不能在冰盖演化所关注的千年时间尺度上整合复杂的大气模式。然而，在改进的区域尺度气象及冰川质量平衡模型方面的发展，允许直接从气象模型中估算地表质量平衡，从而可以模拟出这些场是如何随着冰盖的几何形状的变化而变化的。

在山地冰川和多年冻土的表面质量平衡及地表气候强迫方面还存在着更大的挑战。山地冰川有着复杂的地形，温度和降水梯度都很大。即使在区域气候模式中，地形以及相关的气象过程也不能很好地得到解决，因此需要某种形式的气候降尺度方法来描述冰川模式中的质量平衡。而这些方法通常没有考虑能量和质量守恒，还需要更多的改进。对于多年冻土模拟有很多不同的方法，但是仍然都与地形及地表气候的分辨率有关。支配多年冻土进化及退化的年平均地表温度取决于当地的植被、积雪深度、水文过程、土壤特性，这些过程空间尺度往往较小。因此对一个区域来说，全球尺度的多年冻土和积雪模型应该理解为"统计性的"（即在一个给定的气候模式网格单元中，基于该区域的地表覆盖和积雪条件而得到的多年冻土深度以及雪深分布）。

总结来看，如今对于冰冻圈的模拟不仅仅只是简单地描述地表反照率，全球气候模型需要与足够复杂的冰冻圈分量模型有机耦合，才能用以研究涉及海平面上升、北极海冰退缩、多年冻土融化等现代科学问题。冰冻圈不同分量的时空尺度差异巨大，与大气和海洋的相互作用途径多样复杂，如何更好地、更系统合理地考虑冰冻圈不同分量在地球系统模式中的描述和作用仍然是一个具有挑战性的工作。

参 考 文 献

白淑英，吴奇，史建桥，等．2015．青藏高原积雪深度时空分布与地形的关系．国土资源遥感，27（4）：171-178.

卞林根，陈百炼，辛羽飞．2007．极地气象与全球变化．气象，33（3）：3-9.

常燕，吕世华，罗斯琼．2016．CMIP5 耦合模式对青藏高原冻土变化的模拟和预估．高原气象，35（5）：1157-1168.

车涛，李新．2005．1993—2002 年中国积雪水资源时空分布与变化特征．冰川冻土，27（1）：64-67.

陈渤黎，罗斯琼，吕世华，等．2014．陆面模式 CLM 对若尔盖站冻融期模拟性能的检验与对比．气候与环境研究，19（5）：649-658.

陈海山，孙照渤．2004．积雪季节变化特征的数值模拟及其敏感性试验．气象学报，62（3）：269-284.

陈浩．2015．Noah 模型对青藏高原典型区冻土分布和冻土特征的模拟研究．兰州：中国科学院寒区旱区环境与工程研究所博士学位论文．

陈肖柏，刘建坤，刘鸿绪，等．2006．土的冻结作用与地基．北京：科学出版社．

陈雅琼．2012．积雪的类型．北京：中国气象报社．

程国栋．1984．我国高海拔多年冻土地带性规律之探讨．地理学报，39（2）：185-193.

程国栋．2003．局地因素对多年冻土分布的影响及其对青藏铁路设计的启示．中国科学：地球科学，33（6）：602-607.

程国栋，王绍令．1982．试论中国高海拔多年冻土带的划分．冰川冻土，4（2）：1-17.

程国栋，赵林．2000．青藏高原开发中的冻土问题．第四纪研究，20（6）：521-531.

丁永建，秦大河．2009．冰冻圈变化与全球变暖：我国面临的影响与挑战．中国基础科学，11（3）：4-10.

丁永建，效存德．2013．冰冻圈变化及其影响研究的主要科学问题概论．地球科学进展，28（10）：1067-1076.

丁永建，叶佰生，刘时银，等．2000．青藏高原大尺度冻土水文监测研究．科学通报，45（2）：208-214.

方之芳，宇如聪，金向泽，等．1998．1966～1991 年北极海冰模拟结果与观测的对比．大气科学，22（3）：305-317.

冯松．1999．青藏高原十到千年尺度气候变化的综合分析及原因探讨．兰州：中国科学院兰州高原大气物理研究所博士学位论文．

高懋芳，邱建军．2011．青藏高原主要自然灾害特点及分布规律研究．干旱区资源与环境，25（8）：101-106.

高培，魏文寿，刘明哲．2012．中国西天山季节性积雪热力特征分析．高原气象，31（4）：1074-1080.

高艳红，程国栋，崔文瑞，等．2006．陆面水文过程与大气模式的耦合及其在黑河流域的应用．地球科学进展，21（12）：1283-1292.

郭东林，杨梅学．2010．SHAW 模式对青藏高原中部季节冻土区土壤温、湿度的模拟．高原气象，29（6）：1369-1377.

郭洪纪．2010．青藏地区在中印地缘战略中的突出地位及国土安全分析．青海师范大学学报（哲学社会科学版），32（5）：21-30.

郭彦，董文杰，任福民，等．2013．CMIP5 模式对中国年平均气温模拟及其与 CMIP3 模式的比较．气候变化研究进展，9（3）：181-186.

郭智昌，赵进平．1998a．北极海冰数值模拟研究述评．海洋与湖沼，29（2）：219-228.

郭智昌，赵进平.1998b.北极海冰运移和消退的数值模拟.冰川冻土，20（4）：330-342.

韩振宇，周天军.2012.Aphrodite 高分辨率逐日降水资料在中国大陆地区的适用性.大气科学，36（2），361-373.

何思为，南卓铜，张凌，等.2015.用 VIC 模型模拟黑河上游流域水分和能量通量的时空分布.冰川冻土，37（1）：211-225.

胡国杰，赵林，李韧，等.2013.基于 COUPMODEL 模型的冻融土壤水热耦合模拟研究.地理科学，33（3）：356-362.

胡和平，叶柏生，周余华，等.2006.考虑冻土的陆面过程模型及其在青藏高原 GAME/Tibet 试验中的应用.中国科学：地球科学，36（8）：755-766.

胡芩，姜大膀，范广洲.2014.CMIP5 全球气候模式对青藏高原地区气候模拟能力评估.大气科学，385：924-938.

黄安宁，张耀存.2007.BATS 1e 陆面模式对 $P-\sigma$ 九层区域气候模式性能的影响.大气科学，31（1）：155-166.

黄培培，南卓铜，赵林.2012.利用扩展的地面冻结数模型模拟青藏高原冻土分布//马巍，牛富俊.寒旱区工程与环境研究：程国栋院士七十华诞学术研讨会文集.兰州：兰州大学出版社：240-252.

计晓龙，吴昊旻，黄安宁，等.2017.青藏高原夏季降水日变化特征分析.高原气象，365：1188-1200.

季劲钧，胡玉春.1992.大气-植被-土壤系统模式及初步试验//李崇银.气候变化若干问题研究——LASG 研究文集之二.北京：气象出版社：205-214.

季顺迎，王瑞学，毕祥军，等.2003.海冰拖曳系数的确定方法研究.冰川冻土，25（s2）：99-103.

金会军，李述训，王绍令，等.2000.气候变化对中国多年冻土和寒区环境的影响.地理学报，55（2）：161-173.

金会军，王绍令，吕兰芝，等.2010.黄河源区冻土特征及退化趋势.冰川冻土，32（1）：10-17.

康尔泗，程国栋，宋克超，等.2004.河西走廊黑河山区土壤-植被-大气系统能水平衡模拟研究.中国科学：地球科学，34（6）：544-551.

李弘毅，王建.2013.积雪水文模拟中的关键问题及其研究进展.冰川冻土，35（2）：430-437.

李慧林，李忠勤，沈永平，等.2007.冰川动力学模式及其对中国冰川变化预测的适应性.冰川冻土，29（2）：201-208.

李佳.2003.土壤水文特征对陆面过程影响的研究.北京：中国气象科学研究院硕士学位论文.

李荣社，杨永成，孟勇.2004.青藏高原 1∶25 万区域地质调查主要成果和进展综述（北区）.地质通报，23（5）：421-426.

李述训，吴通华.2005.青藏高原地气温度之间的关系.冰川冻土，27（5）：627-632.

李树德，程国栋.1996.青藏高原冻土图.兰州：甘肃文化出版社.

李伟平，刘新，聂肃平，等.2009.气候模式中积雪覆盖率参数化方案的对比研究.地球科学进展，24（5）：512-522.

李新，程国栋.1999.高海拔多年冻土对全球变化的响应模型.中国科学：地球科学，29（2）：185-192.

李震坤，武炳义，朱伟军，等.2011.CLM3.0 模式中冻土过程参数化的改进及模拟试验.气候与环境研究，16（2）：137-148.

林朝晖，刘辉志，谢正辉，等.2008.陆面水文过程研究进展.大气科学，32（4）：935-949.

林振耀，赵昕奕.1996.青藏高原气温降水变化的空间特征.中国科学，（4）：226-234.

刘春光，刘时银.2012.山地冰川流动模型探讨.冰川冻土，34（4）：821-827.

刘华强，孙照渤，王举，等.2005.青藏高原东西部积雪效应的模拟对比分析.高原气象，243：

357-365.

刘钦政. 1998. 用于气候研究的海冰模式. 青岛：青岛海洋大学博士学位论文.

刘钦政, 黄嘉佑, 白珊, 等. 2000. 全球冰-海洋耦合模式的海冰模拟. 地学前缘, (b08)：219-230.

刘喜迎, 张学洪, 俞永强. 2003. 北半球高纬海冰主要气候特征的全球海冰气耦合模式数值模拟. 地学前缘, 10 (2)：419-426.

刘喜迎, 刘海龙, 李薇, 等. 2007. 北半球高纬地区年际尺度循环过程中的气-海-冰相互作用关系. 气象学报, 65 (3)：384-392.

卢鹤立, 邵全琴, 刘纪远, 等. 2007. 近44年来青藏高原夏季降水的时空分布特征. 地理学报, 629：946-958.

罗立辉, 张耀南, 周剑, 等. 2013. 基于WRF驱动的CLM模型对青藏高原地区陆面过程模拟研究. 冰川冻土, 35 (3)：553-564.

罗斯琼, 吕世华, 张宇, 等. 2008. CoLM模式对青藏高原中部BJ站陆面过程的数值模拟. 高原气象, 27 (2)：259-271.

罗斯琼, 吕世华, 张宇, 等. 2009. 青藏高原中部土壤热传导率参数化方案的确立及在数值模式中的应用. 地球物理学报, 52 (4)：919-928.

马丽娟, 秦大河. 2012. 1957—2009年中国台站观测的关键积雪参数时空变化特征. 冰川冻土, 34 (1)：1-11.

马丽娟, 罗勇, 秦大河. 2011. CMIP3模式对未来50a欧亚大陆雪水当量的预估. 冰川冻土, 33 (4)：707-720.

马巍, 程国栋, 吴青柏. 2002. 多年冻土地区主动冷却地基方法研究. 冰川冻土, 24 (5)：579-587.

牟龙江, 赵进平. 2015. 北极冰海耦合模式对两种不同大气再分析资料响应的分析. 海洋学报, 37 (11)：79-91.

穆松宁, 周广庆. 2012. 欧亚北部冬季增雪"影响"我国夏季气候异常的机理研究——陆面季节演变异常的"纽带"作用. 大气科学, 36 (2)：297-315.

南卓铜, 李述训, 刘永智. 2002. 基于年平均地温的青藏高原冻土分布制图及应用. 冰川冻土, 24 (2)：142-148.

南卓铜, 李述训, 程国栋. 2004. 未来50与100a青藏高原多年冻土变化情景预测. 中国科学：地球科学, 34 (6)：528-534.

南卓铜, 李述训, 程国栋, 等. 2012. 地面冻结数模型及其在青藏高原的应用. 冰川冻土, 34 (1)：89-95.

欧阳斌, 车涛, 戴礼云, 等. 2012. 基于MODIS LST产品估算青藏高原地区的日平均地表温度. 冰川冻土, V (2)：296-303.

庞强强, 李述训, 吴通华, 等. 2006. 青藏高原冻土区活动层厚度分布模拟. 冰川冻土, 28 (3)：390-395.

庞强强, 赵林, 李述训. 2011. 局地因素对青藏公路沿线多年冻土区地温影响分析. 冰川冻土, 33 (2)：349-356.

蒲健辰, 姚檀栋, 王宁练, 等. 2004. 近百年来青藏高原冰川的进退变化. 冰川冻土, 26 (5)：517-522.

《气候变化国家评估报告》编写委员会. 2011. 第二次气候变化国家评估报告. 北京：科学出版社.

秦大河, 丁永建. 2009. 冰冻圈变化及其影响研究——现状、趋势及关键问题. 气候变化研究进展, 5 (4)：187-195.

秦大河, 效存德, 丁永建, 等. 2006. 国际冰冻圈研究动态和我国冰冻圈研究的现状与展望. 应用气象学报, 17 (6): 649-656.

秦大河, 董文杰, 罗勇, 等. 2012. 中国气候与环境演变: 2012. 第一卷: 科学基础. 北京: 气象出版社.

秦大河, 周波涛, 效存德. 2014. 冰冻圈变化及其对中国气候的影响. 气象学报, 72 (5): 869-879.

任国玉. 2012. 气候变化与青藏高原工程设计. 中国工程科学, 14 (9): 90-95.

施雅风. 2000. 中国冰川与环境: 现在、过去和未来. 北京: 科学出版社.

施雅风. 2005. 简明中国冰川目录. 上海: 上海科学普及出版社.

舒启, 乔方利, 鲍颖, 等. 2015. 对地球系统模式 FIO-ESM 同化实验中北极海冰模拟的评估. 海洋学报, 37 (11): 33-40.

宋洁, 孙照渤. 2005. 一个热动力海冰模式的改进与实验. 大气科学学报, 28 (4): 433-441.

苏洁, 王松, 刘骥平, 等. 2008. 国内北极海冰模拟研究进展. 极地研究.

孙立涛, 王磊, 阳坤, 等. 2015. 陆面模式中积雪和冻土参数化的研究现状及存在的问题.

孙菽芬. 2005. 陆面过程的物理、生化机理和参数化模型. 北京: 气象出版社.

孙菽芬, 李敬阳. 2002. 用于气候研究的雪盖模型参数化方案敏感性研究. 大气科学, 26 (4): 558-576.

孙菽芬, 金继明, 吴国雄. 1999. 用于 GCM 耦合的积雪模型的设计. 气象学报, 57 (3): 293-300.

孙肖柏, 刘建坤, 刘鸿绪. 2006. 土的冻结作用与地基. 北京: 科学出版社.

谭慧慧, 张录军, 储敏, 等. 2015. BCC_CSM 对全球海冰范围和厚度模拟及其误差成因分析. 大气科学, 39 (1): 197-209.

田静, 苏红波, 孙晓敏, 等. 2011. GDAS 数据和 NOAH 陆面模式在中国应用的精度检验. 地理科学进展, 30 (11): 1422-1430.

汪方, 丁一汇. 2011. 不同排放情景下模拟的 21 世纪东亚积雪面积变化趋势. 高原气象, 30 (4): 869-877.

王斌, 周天军, 俞永强, 等. 2008. 地球系统模式发展展望. 气象学报, 66 (6): 857-869.

王澄海, 靳双龙, 施红霞. 2014. 未来 50a 中国地区冻土面积分布变化. 冰川冻土, 36 (2): 1-8.

王传印, 苏洁. 2015. CICE 海冰模式中融池参数化方案的比较研究. 海洋学报, 37 (11): 41-56.

王根绪, 李元首, 吴青柏, 等. 2006. 青藏高原冻土区冻土与植被的关系及其对高寒生态系统的影响. 中国科学: 地球科学, 36 (8): 743-754.

王磊, 李秀萍, 周璟, 等. 2014. 青藏高原水文模拟的现状及未来. 地球科学进展, 29 (6): 674-682.

王立全, 朱弟成, 潘桂棠. 2004. 青藏高原 1:25 万区域地质调查主要成果和进展综述 (南区). 地质通报, 23 (z1): 413-420.

王庆元, 李清泉, 等. 2010. SIS 海冰模式中两种盐度参数化方案的差异. 极地研究, 22 (1): 23-32.

王绍武, 罗勇, 赵宗慈, 等. 2013. 气候模式. 气候变化研究进展, 9 (2): 150-154.

王秀成, 刘骥平, 俞永强, 等. 2010. 海冰模式 CICE4.0 与 LASG/IAP 气候系统模式的耦合试验. 大气科学, 34 (4): 780-792.

王学忠, 孙照渤, 胡邦辉. 2003. 近年来国外海冰模式发展的回顾. 大气科学学报, 26 (3): 424-432.

王园香, 赵平. 2010. GLIMMER 3D 陆冰模式及其在青藏高原的应用. 冰川冻土, 32 (3): 524-531.

王之夏, 南卓铜, 赵林. 2011. MODIS 地表温度产品在青藏高原冻土模拟中的适用性评价. 冰川冻土, 33 (1): 132-143.

王芝兰, 王澄海. 2012. IPCC AR4 多模式对中国地区未来 40a 雪水当量的预估. 冰川冻土, 34 (6): 1273-1283.

吴吉春, 盛煜, 吴青柏, 等. 2009. 青藏高原多年冻土退化过程及方式. 中国科学: 地球科学, 39 (11): 1570-1578.

吴通华.2005.青藏高原多年冻土对气候变化的响应研究.北京：中国科学院研究生院博士学位论文.

吴统文,钱正安.2000.青藏高原冬春积雪异常与我国东部地区夏季降水关系的进一步分析.气象学报,58（5）：570-581.

吴统文,钱正安,李培基,等.1998.青藏高原多、少雪年后期西北干旱区降水的对比分析.高原气象,17（4）：364-372.

吴统文,钱正安,宋敏红.2004a.CCM3 模式中 LSM 积雪方案的改进研究（Ⅰ）：修改方案介绍及其单点试验.高原气象,23（4）：444-452.

吴统文,钱正安,蔡英.2004b.CCM3 模式中 LSM 积雪方案的改进研究（Ⅱ）：全球模拟试验分析.高原气象,23（5）：569-579.

武炳义,黄荣辉,高登义.2000.与北大西洋接壤的北极海冰和年际气候变化.科学通报,45（18）：1993.

武炳义,卞林根,张人禾.2004.冬季北极涛动和北极海冰变化对东亚气候变化的影响.极地研究,16（3）：211-220.

希爽,张志富.2013.中国近50a积雪变化时空特征.干旱气象,31（3）：451-456.

夏坤,王斌.2015.欧亚大陆积雪覆盖率的模拟评估及未来情景预估.气候与环境研究,20（1）：41-52.

夏坤,罗勇,李伟平.2011.青藏高原东北部土壤冻融过程的数值模拟.科学通报,56（22）：1828-1838.

辛羽飞,卞林根,张雪红.2006.CoLM 模式在西北干旱区和青藏高原区的适用性研究.高原气象,25（4）：567-574.

闫炎,陈效逑.2012.陆面方案 SSiB 对中国夏季降水模拟的影响研究.第29届中国气象学会年会.

严中伟,季劲钧.1995.陆面过程模式中积雪过程的参数化及初步试验.高原气象,V14（4）：415-424.

阳勇,陈仁升,吉喜斌,等.2010.黑河高山草甸冻土带水热传输过程.水科学进展,21（1）：30-35.

杨清华,张占海,刘骥平,等.2010.海冰反照率参数化方案的研究回顾.地球科学进展,25（1）：14-21.

杨兴国,秦大河,秦翔.2012.冰川/积雪-大气相互作用研究进展.冰川冻土,34（2）：392-402.

姚檀栋,刘时银,蒲健辰,等.2004.高亚洲冰川的近期退缩及其对西北水资源的影响.中国科学：地球科学,34（6）：535-543.

姚檀栋,秦大河,沈永平,等.2013.青藏高原冰冻圈变化及其对区域水循环和生态条件的影响.自然杂志,35（3）：179-186.

于震宇,邢宇航,张志国.2008.利用热动力模式模拟1979～1998年北极海冰流出量的变化.黑龙江气象,25（4）：39-41.

余志豪,白学志.1998.海冰热力模式及北极海冰季节变化的数值模拟.海洋预报,2：1-15.

宇如聪.2014.气候系统模式介绍.北京：中国气象报社.

张世强,丁永建,卢健,等.2005a.青藏高原土壤水热过程模拟研究（Ⅱ）：土壤温度.冰川冻土,27（1）：95-99.

张世强,丁永建,卢建,等.2005b.青藏高原土壤水热过程模拟研究（Ⅲ）：蒸发量、短波辐射与净辐射通量.冰川冻土,27（5）：645-648.

张伟,王根绪,周剑,等.2012.基于 CoupModel 的青藏高原多年冻土区土壤水热过程模拟.冰川冻土,34（5）：1099-1109.

张学洪,俞永强,金向泽,等.1997.基于通量距平的大气-海洋-海冰耦合模式.应用气象学报,（a00）：175-182.

张艳武,吕世华,李栋梁,等.2003.初冬青藏高原冻土过程的数值模拟.高原气象,22（5）：471-477.

张宇, 宋敏红, 吕世华, 等. 2003. 冻土过程参数化方案与中尺度大气模式的耦合. 冰川冻土, 25 (5): 541-546.

张中琼, 吴青柏. 2012. 气候变化情景下青藏高原多年冻土活动层厚度变化预测. 冰川冻土, 34 (3): 505-511.

赵林, 程国栋, 丁永建. 2004. 中国冻土研究进展. 地理学报: 英文版, (4): 411-416.

赵林, 李韧, 丁永建. 2008. 唐古拉地区活动层土壤水热特征的模拟研究. 冰川冻土, 30 (6): 930-937.

赵林, 丁永建, 刘广岳, 等. 2010. 青藏高原多年冻土层中地下冰储量估算及评价. 冰川冻土, 32 (1): 1-9.

赵宗慈, 罗勇, 黄建斌. 2013. 对地球系统模式评估方法的回顾. 气候变化研究进展, 9 (1): 1-8.

周剑, 王根绪, 李新, 等. 2008. 高寒冻土地区草甸草地生态系统的能量-水分平衡分析. 冰川冻土, 30 (3): 398-407.

周幼吾, 郭东信, 邱国庆等. 2000. 中国冻土. 北京: 科学出版社.

朱献, 董文杰. 2013. CMIP5 耦合模式对北半球 3~4 月积雪面积的历史模拟和未来预估. 气候变化研究进展, 9 (3): 173-180.

朱玉祥, 丁一汇. 2007. 青藏高原积雪对气候影响的研究进展和问题. 气象科技, 35 (1): 1-8.

朱玉祥, 丁一汇, 刘海文. 2009. 青藏高原冬季积雪影响我国夏季降水的模拟研究. 大气科学, 33 (5): 903-915.

Albrecht O, Jansson P, Blatter H. 2000. Modelling glacier response to measured mass-balance forcing. Annals of Glaciology, 31 (1): 91-96.

Alexander M A, Bhatt U S, Walsh J E, et al. 2004. The atmospheric response to realistic sea ice anomalies in an AGCM during winter. Journal of Climate, 17: 890-905.

Alexeev V A, Langen P L, Bates J R. 2005. Polar amplification of surface warming on an aquaplanet in "ghost forcing" experiments without sea ice feedbacks. Climate Dynamics, 24 (7): 655-666.

Allard M, Wang B L, Pilon J A. 1995. Recent cooling along the southern shore of the Hudson Strait, Quebec, Canada, documented from permafrost temperatuure-measurements. Arctic & Alpine Research, 27: 157-166.

Anderson E A. 1968. Development and testing of snow pack energy balance equations. Water Resources Research, 4 (1): 19-37.

Anderson E A. 1973. National weather service river forecast system-snow accumulation and ablation model. NOAA Technical Memorandum NWS-HYDRO-17, United States Department of Commerce, National Oceanic and Atmospheric Administration, National Weather Service, Washington, DC, USA.

Anderson E A. 1976. A point of energy and mass balance model of snow cover. Noaa Tech. rep. nws, 19: 1-150.

Andreas E L, Persson P O G, Jordan R E, et al. 2010. Parameterizing turbulent exchange over sea ice in winter. Journal of Hydrometeorology, 11 (1): 87-104.

Anisimov O A. 2001. Predicting patterns of near-surface air temperature using empirical data. Climatic Change, 50 (3): 297-315.

Anisimov O A, Nelson F E. 1996. Permafrost distribution in the Northern Hemisphere under scenarios of climatic change. Global and Planetary Change, 14 (1): 59-72.

Anne Mangeney. 1998. The shallow ice approximation for an isotopic ice. Journal of Geophysical Research, 103: 691-735.

Arendt A A, Sharp M J. 1999. Energy balance measurements on Canadian high Arctic glacier and their implications for mass balance modelling. Interactions between the Cryosphere, Climate and Greenhouse Gases, IUGG symposium, Birmingham.

Arendt A, et al. 2012. Randolph Glacier Inventory [v2.0]: A Dataset of Global Glacier Outlines. Global Land Ice Measurements from Space, Boulder Colorado, USA. Digital Media.

Arrigo K R, Kremer J N, Sullivan C W. 1993. A simulated Antarctic fast ice ecosystem. 98 (C4): 6929-6946.

Arrigo K R, Worthen D L, Lizotte M P, et al. 1997. Primary production in Antarctic sea ice. Science, 276 (5311): 394-397.

Bao H. 2015. Development of an enthalpy-based frozen soil model and its validation in a cold region in China. AGU Fall Meeting. AGU Fall Meeting Abstracts.

Bao H, Koike T, Yang K, et al. 2016. Development of an enthalpy-based frozen soil model and its validation in a cold region in China. Journal of Geophysical Research: Atmosphere, 121: 5259-5280.

Bao Q, Lin P F, Zhou T J, et al. 2013. The Flexible Global Ocean-Atmosphere-Land System model, Spectral Version 2: FGOALS-s2. Advances in Atmospheric Sciences, 30 (3): 561-576.

Barnett T P, Dümenil L, Schlese U, et al. 1936. The effect of eurasian snow cover on regional and global climate variations. Journal of the Atmospheric Sciences, 46 (5): 661-686.

Barton N P, Klein S A, Boyle J S. 2014. On the contribution of longwave radiation to global climate model biases in Arctic lower tropospheric stability. Journal of Climate, 27 (19): 7250-7269.

Bekryaev R V, Polyakov I V, Alexeev V A. 2010. Role of polar amplification in long-term surface airtemperature variations and modern arctic warming. Journal of Climate, 23 (14): 3888-3906.

Berg P, Döscher R, Koenigk T. 2016. On the effects of constraining atmospheric circulation in a coupled atmosphere-ocean Arctic regional climate model. Climate Dynamics, 46 (11-12): 3499-3515.

Betts A K, Viterbo P, Beljaars A, et al. 1998. Evaluation of land-surface interaction in ECMWF and NCEP/NCAR reanalysis models over grassland (FIFE) and boreal forest (BOREAS). Journal of Geophysical Research Atmospheres, 103 (D18): 23079-23023.

Bintanja R, Broeke M R V D. 1995. Momentum and scalar transfer coefficients over aerodynamically smooth antarctic surfaces. Boundary-Layer Meteorology, 74 (1): 89-111.

Bitz C M, Lipscomb W H. 1999. An energy-conserving thermodynamic model of sea ice. Journal of Geophysical Research Atmospheres, 104 (C7): 15669-15677.

Bitz C M, Marshall S J. 2012. Modeling of cryosphere//Rasch P J. Climate change modeling methodology. New York: Springer: 31-62.

Bitz C M, Holland M M, Weaver A J, et al. 2001. Simulating the ice-thickness distribution in a coupled climate model. Journal of Geophysical Research, 106 (C2): 2441-2463.

Blatter H. 1995. Velocity and stress fields in grounded glaciers: A simple algorithm for including deviatoric stress gradients. Journal of Glaciology, 41 (41): 333-344.

Blazey B A, Holland M M, Hunke E C. 2013. Arctic Ocean sea ice snow depth evaluation and bias sensitivity in CCSM. Cryosphere, 7 (6): 1887-1900.

Boli C, Siqiong L, Shihua L, et al. 2014. Effects of the soil freeze-thaw process on the regional climate of the Qinghai-Tibet Plateau. Climate Research, 59 (3): 243-257.

Bollasina M A, Ming Y, Ramaswamy V. 2011. Anthropogenic Aerosols and the Weakening of the South Asian Summer Monsoon. Science, 3346055: 502-505.

Bouillon S, Fichefet T, Legat V, et al. 2013. The elastic-viscous-plastic method revisited. Ocean Modelling, 71 (7): 2-12.

Bourassa M A, Gille S T, Bitz C, et al. 2013. High-latitude ocean and sea ice surface fluxes: Challenges for climate research. Bulletin of the American Meteorological Society, 94 (3): 403-423.

Bowen I S. 1926. The ratio of heat losses by conduction and by evaporation from any water surface. Physical Review, 27: 779-787.

Boé J, Hall A, Qu X. 2009a. Deep ocean heat uptake as a major source of spread in transient climate change simulations. Geophysical Research Letters, 36 (22): 469-481.

Boé J, Hall A, Qu X. 2009b. September sea-ice cover in the Arctic Ocean projected to vanish by 2100. Nature Geoscience, 2 (2): 341-343.

Bromwich D H, Hines K M, Bai L S. 2009. Development and testing of polar weather research and forecasting model: 2. Arctic Ocean. Journal of Geophysical Research Atmospheres, 114 (D8). doi: 1029/2008JD010300.

Bromwich D H, Otieno F O, Hines K M, et al. 2013. Comprehensive evaluation of polar weather research and forecasting model performance in the Antarctic. Journal of Geophysical Research Atmospheres, 118 (2): 274-292.

Bromwich D H, Wilson A B, Bai L, et al. 2016. A comparison of the regional Arctic System Reanalysis and the global ERA-Interim reanalysis for the Arctic. Quarterly Journal of the Royal Meteorological Society, 142 (695): 644-658.

Brown R D. 2000. North hemisphere snow cover variability and change, 1915-1997. Journal of Climate, 13: 2339-2355.

Brown, Kholodov, Romanovsky, et al. 2010. The Thermal State of Permafrost: the IPY-IPA snapshot (2007-2009). Conference Canadiennede Geotechnique, 63: 1228-1234

Bryan K. 1969. A numerical method for the study of the circulation of the world ocean. Journal of Computational Physics, 4 (3): 347-376.

Budd W F, Jenssen D. 1989. The dynamics of the Antarctic ice sheet. Annals of Glaciology, 12: 16-22.

Budyko M I. 1958. The heat balance of the Earth's surface. Stepanova N A, Rendition. Washington: U. S. Weather Bureau, 255.

Burn C R, Kokelj S V. 2009a. The environment and permafrost of the Mackenzie Delta Area. Permafrost & Periglacial Processes, 20: 83-105.

Burn C R, Zhang Y. 2009b. Permafrost and climate change at Herschel Island (Qikiqtaruq), Yukon Territory, Canada. Journal of Geophysical Research, 114: F02001.

Calov R. 1994. Das thermomechanische Verhalten des grönländischen Eisschildes unter der Wirkung verschiedener Klimaszenarien-Antworten eines theoretisch-numerischen Modells. Doctoral dissertation, Ph. D. thesis, Technischc Hochschule, Darmstadt.

Castellani G, Lüpkes C, Hendricks S, et al. 2014. Variability of Arctic sea-ice topography and its impact on the atmospheric surface drag. Journal of Geophysical Research Atmospheres, 119 (10): 6743-6762.

Chen B, Luo S, Lu S, et al. 2014. Effects of the soil freeze-thaw process on the regional climate of the Qinghai-Tibet Plateau, Climate Research, 59 (3): 243-257.

Chen B, Xu X D, Yang S, et al. 2012. On the origin and destination of atmospheric moisture and air mass over the Tibetan Plateau. Theoretical and Applied Climatology, 110 (3): 423-435.

Chen Y, Yang K, He J, et al. 2011. Improving land surface temperature modeling for dry land of China. Journal of Geophysical Research Atmospheres, 116 (116): D20104.

Chen Y Y, Yang K, Tang W J, et al. 2012. Parameterizing soil organic carbon's impacts on soil porosity and thermal parameters for Eastern Tibet grasslands. Science China Earth Sciences, 55 (6): 1001-1011.

Cheng G, Wu T. 2007. Responses of permafrost to climate change and their environmental significance, Qinghai-Tibet Plateau. Journal of Geophysical Research Earth Surface, 112 (F2): 93-104.

Cherkauer K A, Lettenmaier D P. 1999. Hydrologic effects of frozen soils in the upper Mississippi River basin. J. Geophys. Res. , 104: 19599-19610.

Cherkauer K A, Lettenmaier D P. 2003. Simulation of spatial variability in snow and frozen soil. Journal of Geophysical Research Atmospheres, 108 (D22): 1663-1675.

Chow K C, Chan J C L. 2009. Diurnal variations of circulation and precipitation in the vicinity of the Tibetan Plateau in early summer. Climate Dynamics, 32 (1): 55-73.

Christiansen H H, Etzelmüller B, Isaksen K, et al. 2010. The thermal state of permafrost in the Nordic area during the International Polar Year 2007-2009. Permafrost & Periglacial Processes, 21: 156-181.

Christiansen H H, Guglielmin M, Noetzli J, et al. 2012. Cryopsphere, Permafrost thermal state. Special Suppl. to Bull. Am. Meteorol. Soc. , 93 (July), 19-21.

Christensen T R. 2004. Thawing sub-arctic permafrost: Effects on vegetation and methane emissions. Geophysical Research Letters, 31 (4): L04501.

Clapp R B, Hornberger G M. 1978. Empirical equations for some soil hydraulic properties. Water Resources Research, 14 (4): 601-604.

Clarke G K C. 2004. Subglacial Processes. Annual Review of Earth & Planetary Sciences, 33 (33): 247-276.

Cline D W. 1997. Snow surface energy exchanges and snowmelt at a continental, midlatitude alpine site. Water Resources Research, 33 (4), 689-701.

Cohen, Judah, Rind D. 1936. The effect of snow cover on the climate. Journal of Climate, 4 (7): 689-706.

Coon M, Kwok R, Levy G, et al. 2007. Arctic ice dynamics joint experiment (aidjex) assumptions revisited and found inadequate. Journal of Geophysical Research Oceans, doi: 10. 1029/2005jc003393.

Coon M D, Maykut G A, Pritchard R S, et al. 1974. Modeling the pack ice as an elastic-plastic material. AIDJEX Bull, 24: 1-105.

Cox P M, Betts R A, Bunton C B, et al. 1999. The impact of new GCM land-surface physics on the GCM simulation of climate and climate sensitivity. Climate Dynamics, 15 (3), 183-203.

Cui X, Graf H F. 2009. Recent land cover changes on the Tibetan Plateau: A review. Climate Change, 94: 47-61.

Curio J, Scherer D. 2016. Seasonality and spatial variability of dynamic precipitation controls on the Tibetan Plateau. Earth System Dynamics, 1611 (7): 1-30.

Curry J A, Schramm J L, Ebert E E. 1995. Sea ice-Albedo climate feedback mechanism. Journal of Climate, 8 (2): 240-247.

Dai Y, Zeng Q. 1997. A land surface model (IAP94) for climate studies. Part I: Formulation and validation in off-line experiments. Advance in Atmospheric Sciences, 14: 443-460.

Dai Y, Zeng X, Dickinson R E, et al. 2003. The common land model (CLM) . Bulletin of the American Meteorological Society, 84 (8): 1013-1023.

Danilov S, Wang Q, Timmermann R, et al. 2015. Finite-element sea ice model (FESIM), version 2. Geoscientific Model Development Discussions, 8 (2): 855-896.

Davis R E, Hardy J P, Ni W, et al. 1997. Variation of snow cover ablation in the boreal forest: A sensitivity study on the effects of conifer canopy. Journal of Geophysical Research Atmospheres, 102 (D24): 29389-29395.

Deardorff J W. 1978. Efficient prediction of ground surface temperature and moisture, with inclusion of a layer of vegetation. Journal of Geophysical Research, 83: 1889-1903.

Dee D P, Uppala S M, Simmons A J, et al. 2011. The ERA-Interim reanalysis: Configuration and performance of the data assimilation system. Quarterly Journal of the Royal Meteorological Society, 137 (656): 553-597.

Dickinson R, Henderson-Sellers A, Kennedy P. 1993. Biosphere-atmosphere transfer scheme (BATS) version 1e as coupled to the NCAR Community Climate Model. NCAR Tech. Note TH-387+STR.

Dickinson R E. 1986. Henderson-Sellers A, et al. Biosphere-Atmosphere Transfer Scheme (BATS) for the NCAR Community Climate Model. National Center for Atmospheric Research, NCAR Tech, Note NCAR/TN-275+STR.

Dickinson R E. 1988. The force-rest ore model f or surface temperatures and its generalizations. Journal of Climate, 1 (10): 1086-1097.

Dickinson R E, Henderson-Sellers A, Kennedy P J. 2010. Biosphere-atmosphere transfer scheme (BATS) version 1e as coupled to the NCAR community climate model. National Center for Atmospheric Research, Climate and Global Dynamics Division.

Ding Y, Liu S, Li J, et al. 2006. The retreat of glaciers in response to recent climate warming in western China. Annals of Glaciology, 43 (1): 97-105.

Dorn W, Dethloff K, Rinke A. 2009. Improved simulation of feedbacks between atmosphere and sea ice over the Arctic Ocean in a coupled regional climate model. Ocean Modelling, 29 (2): 103-114.

Dorn W, Dethloff K, Rinke A. 2012. Limitations of a coupled regional climate model in the reproduction of the observed Arctic sea-ice retreat. Cryosphere Discussions, 6 (5): 985-998.

Dong W, Lin Y, Wright J S, et al. 2016. Summer rainfall over the southwestern Tibetan Plateau controlled by deep convection over the Indian subcontinent. Nature Communications, 7 (3): 10925.

Duan A, Wu G. 2006a. Change of cloud amount and the climate warming on the Tibetan Plateau. Geophysical Research Letters, 33 (22): 217-234.

Duan A, Wu G. 2006b. Role of the Tibetan Plateau thermal forcing in the summer climate patterns over subtropical Asia. Climate Dynamics, 24 (7-8): 793-807.

Duan A, Wu G, Liu Y, et al. 2012. Weather and climate effects of the Tibetan Plateau. Advances in Atmospheric Sciences, 29 (5): 978-992.

Duan A, Wang M, Lei Y, et al. 2013. Trends in summer rainfall over China associated with the Tibetan Plateau sensible heat source during 1980-2008. Journal of Climate, 26 (1): 261-275.

Ebert E E, Schramm J L, Curry J A. 1995. Disposition of solar radiation in sea ice and the upper ocean. Journal of Geophysical Research Oceans, 100 (C8): 15965-15975.

Edson J B, Fairall C W, Mestayer P G, et al. 1991. A study of the inertial-dissipation method for computing air-sea fluxes. Journal of Geophysical Research Oceans, 96 (C6): 10689-10711.

Essery R, Pomeroy J, Parviainen J, et al. 2003. Sublimation of snow from coniferousforests in a climate model. Journal of Climate, 16 (11): 1855-1864.

Eugster W, Rouse W R, Pielke Sr, et al. 2000. Land-atmosphere energy exchange in Arctic tundra and boreal forest: Available data and feedbacks to climate. Global Change Biology, 6: 84-115.

Fabre A, Letreguilly A, Ritz C, et al. 1995. Greenland under changing climates: Sensitivity experiments with a new three-dimensional ice-sheet model. Annals of Glaciology, 21: 1-7.

Fastook J L, Chapman J E. 1989. A map-plane finite-element model: Three modeling experiments. Glacial, 35 (119): 48-52.

Feltham D L, Untersteiner N, Wettlaufer J S, et al. 2006. Sea ice is a mushy layer. Geophysical Research Letters, 33 (14): 145-180.

Feng L, Zhou T. 2012. Water vapor transport for summer precipitation over the Tibetan Plateau: Multidata set analysis. Journal of Geophysical Research Atmospheres, 117 (D20): 20114.

Feng S, Tang M, Wang D. 1998. New evidence supports that the Tibetan Plateau is the trigger region of China. Chinese Science Bulletin, 43 (6): 633-636.

Feng X, Sahoo A, Arsenault K, et al. 2008. The impact of snow model complexity at three CLPX sites. Journal of Hydrometeorology, 9 (6): 1464-1481.

Fichefet T, Maqueda M A M. 1997. Sensitivity of a global sea ice model to the treatment of ice thermodynamics and dynamics. Journal of Geophysical Research Atmospheres, 102 (C6): 12609-12646.

Flato G M, Hibler W D. 1989. The effect of ice pressure on marginal ice zone dynamics. IEEE Transactions on Geoscience & Remote Sensing, 27 (5): 514-521.

Flato G M, Hibler W D I. 1992. Modeling pack ice as a cavitating fluid. Journal of Physical Oceanography, 22 (6): 626-651.

Flerchinger G N, Saxton K E. 1989. Simultaneous heat and water model of a freezing snow-residue-soil system II. American Society of Agricultural Engineers, 32 (2): 0573-0576.

Flerchinger G N, Pierson F B. 1991. Modeling plant canopy effects on variability of soil temperature and water. Agricultural & Forest Meteorology, 56 (3-4): 227-246.

Flocco D, Feltham D L, Turner A K. 2010. Incorporation of a physically based melt pond scheme into the sea ice component of a climate model. Journal of Geophysical Research Oceans, 115 (C08012).

Flowers G E, Marshall S J, Björnsson H, et al. 2005. Sensitivity of Vatnajökull ice cap hydrology and dynamics to climate warming over the next 2 centuries. Journal of Geophysical Research, 110 (110): F02011.

Foken T, Wimmer F, Mauder M, et al. 2006. Some aspects of the energy balance closure problem. Atmospheric Chemistry and Physics, 6: 4395-4402.

Franz K J, Hogue T S, Sorooshian S. 2008. Operational snow modeling: Addressing the challenges of an energy balance model for National Weather Service forecasts. Journal of Hydrology, 360 (1): 48-66.

Frei A, Gong G. 2005. Decadal to century scale trends in North American snow extent in coupled atmosphere-ocean general circulation models. Geophysical Research Letters, 32 (32): 18502.

Fréville H, Brun E, Picard G, et al. 2014. Using MODIS land surface temperatures and the Crocus snow model to understand the warm bias of ERA-Interim reanalyses at the surface in Antarctica. Cryosphere, 8 (1): 55-84.

Fuchs M, Campbell G S, Papendick R I. 1978. An analysis of sensible and latent heat flow in a partially frozen unsaturated soill. Soil Science Society of America Journal, 42 (3): 379-385.

Fujisaki A, Yamaguchi H, Toyota T, et al. 2009. Measurements of air-ice drag coefficient over the ice-covered Sea of Okhotsk. Journal of Oceanography, 65 (4): 487-498.

Furuya N, Kawano K, Shimazu H. 2009. Diurnal variations of summertime precipitation over the Tibetan Plateau in relation to orographically-induced regional circulations. Environmental Research Letters, 4 (4): 940-941.

Gardner A S, Moholdt G, Cogley J G, et al. 2013. A reconciled estimate of glacier contributions to sea level rise: 2003 to 2009. Science, 340: 852-857.

Glen J W. 1958. The flow law of ice. a discussion of the assumptions made in glacier theory, their experimental foundations and consequences. International Association of Scientific Hydrology Publication, 47: 171-183.

Goodison B, Ryabinin V, Asrar G, et al. 2008. Global cryosphere watch: A new WMO initiative. American

Geophysical Union.

Goodrich L E. 1982. The Influence of Snow Cover on the Ground Thermal Regime. Can Geotech J, 19 (4): 421-432.

Grab S. 2002. Characteristics and palaeoenvironmental significance of relict sorted patterned ground, Drakensberg plateau, southern Africa. Quaternary Science Reviews, 21 (14): 1729-1744.

Gruber S, Haeberli W. 2007. Permafrost in steep bedrock slopes and its temperature-related destabilization following climate change. Journal of Geophysical Research, 112: 10 (F02S18).

Guglielmin M, Balks M R, Adlam L S, et al. 2011. Permafrost thermal regime from two 30-m deep boreholes in Southern Victoria Land, Antarctica. Permafrost & Periglacial Processes, 22: 129-139.

Guo D, Wang H. 2013. Simulation of permafrost and seasonally frozen ground conditions on the Tibetan Plateau, 1981-2010. Journal of Geophysical Research Atmospheres, 118 (11): 5216-5230.

Guo Y, Dong W, Ren F, et al. 2013. Assessment of CMIP5 simulations for China annual average surface temperature and its comparison with CMIP3 simulations. Progressus Inquisitiones De Mutatione Climatis, 9 (3): 181-186.

Haeberli W, Cheng G D, Gorbunov A P, et al. 1993. Mountain permafrost and climatic change. Permafrost and Periglacial Processes, 4: 165-174.

Hall D K. 1988. Assessment of polar climate change using satellite technology. Reviews of Geophysics, 26 (1): 26-39.

Hamada A. 2011. An automated quality control method for daily rain-gauge data. Global Environ Res, 15: 165-172.

Hansson K, Šimůnek J, Mizoguchi M, et al. 2004. Water Flow and Heat Transport in Frozen Soil. Vadose Zone Journal, 3 (2): 527-533.

Harris C, Haeberli W, Mühll D V, et al. 2001. Permafrost monitoring in the high mountains of Europe: the PACE Project in its global context. Permafrost & Periglacial Processes, 12 (1): 3-11.

He J. 2010. Development of surface meteorological dataset of China with high temporal and spatial resolution. Beijing: M. S. thesis, Institute of Tibetan Plateau Research, Chinese Academy of Sciences.

Hibler W D I, Bryan K. 1987. A diagnostic ice ocean model. Journal of Physical Oceanography, 17 (7): 987-1015.

Hibler W D I, Walsh J E. 1982. On modeling seasonal and interannual fluctuations of arctic sea ice. Journal of Physical Oceanography, 12 (12): 1514-1523.

Hibler W D I. 1979. A dynamic thermodynamic sea ice model. Journal of Physical Oceanography, 9 (4): 815-846.

Hibler W D. 2009. Modeling a variable thickness sea ice cover. Monthly Weather Review, 108: 1943-1973.

Hindmarsh R C A. 2004. A numerical comparison of approximations to the Stokes equations used in ice sheet and glacier modeling. Journal of Geophysical Research, 109 (F1): F01012.

Hines K M, Bromwich D H. 2008. Development and testing of polar weather research and forecasting (WRF) model. Part I: Greenland ice sheet meteorology. Monthly Weather Review, 136 (6): 1971-1989.

Hines K M, Bromwich D H, Bai L S, et al. 2009. Development and testing of polar WRF. Part III: Arctic Land. Journal of Climate, 24 (24): 26-48.

Hines K M, Bromwich D H, Bai L, et al. 2015. Sea ice enhancements to polar WRF. Monthly Weather Review, 143 (6): 2363-2385.

Hinkel K M, Paetzold F, Nelson F E, et al. 2001. Patterns of soil temperature and moisture in the active layer and upper permafrost at barrow, Alaska: 1993-1999. Global & Planetary Change, 29 (3): 293-309.

Holland D M, Thomas R H, De Young B, et al. 2008. Acceleration of jakobshavn isbræ triggered by warm subsurface ocean waters. Nature Geoscience, 1 (10): 659-664.

Holland J F. 1993. The results of near-field thermal and mechanical calculations of thermal loading schemes: 868-873.

Holland M M, Bitz C M. 2003. Polar amplification of climate change in coupled models. Climate Dynamics, 21 (21): 221-232.

Holland M M, Bitz C M, Hunke E C, et al. 2006. Influence of the sea ice thickness distribution on polar climate in CCSM3. Journal of Climate, 19 (11): 2398-2414.

Holtslag A A M, De Bruin H A R. 1988. Applied modeling of the nighttime surface energy balance over land. Journal of Applied Meteorology, 27 (1988): 689-704.

Hong J, Kim J. 2010. Numerical study of surface energy partitioning on the Tibetan plateau: Comparative analysis of two biosphere models. Biogeosciences, 6 (6): 557-568.

Hooke R L. 1981. Flow law for polycrystalline ice in glaciers: Comparison of theoretical predictions, laboratory data, and field measurements. Reviews of Geophysics, 19 (4): 664-672.

Hopkins M A. 1996. On the mesoscale interaction of lead ice and floes. Journal of Geophysical Research Atmospheres, 101 (C8): 18315-18326.

Hopkins M A, Hibler W D I. 1991. On the ridging of a thin sheet of lead ice. Journal of Optical Technology C/c of Opticheskii Zhurnal, 73 (11): 760-763.

Howat I M, Joughin I, Scambos T A. 2007. Rapid changes in ice discharge from greenland outlet glaciers. Science, 315 (5818): 1559-1561.

Huffman G A, Adler R, et al. 2007. The TRMM multisatellite precipitation analysis: Quasi-global, multiyear, combined sensor precipitation estimates at fine scale. Journal of Hydrometeorology, 8: 38-55.

Hunke E C. 2016. Weighing the importance of surface forcing on sea ice: A September 2007 modelling study. Quarterly Journal of the Royal Meteorological Society, 142 (695): 539-545.

Hunke E C, Dukowicz J K. 1997. An elastic-viscous-plastic model for sea ice dynamics. Office of Scientific & Technical Information Technical Reports, 27 (9): 1849.

Hunke E C, Dukowicz J K. 1999. A comparison of sea ice dynamics models at high resolution. Monthly Weather Review, 127 (3): 396-408.

Hunke E C, Lipscomb W H. 2010. CICE: The los alamos sea ice model, documentation and software user's manual, version 4. 1//Version 4. 0, LA-CC-06-012, Los Alamos National Laboratory.

Hunke E C, Lipscomb W H, Turner A K. 2011. Sea-ice models for climate study: Retrospective and new directions. Journal of Glaciology, 56 (200): 1162-1172.

Hunke E C, Hebert D A, Lecomte O. 2013. Level-ice melt ponds in the Los Alamos sea ice model, CICE. Ocean Modelling, 71 (71): 26-42.

Hunkins K. 1975. The oceanic boundary layer and stress beneath a drifting ice floe. Journal of Geophysical Research, 80 (24): 3425-3433.

Hutchings J K, Heil P, Hibler W D. 2005. Modeling linear Kinematic features in sea ice. Monthly Weather Review, 133 (12): 3481-3497.

Hutter K. 1983. Theoretical Glaciology: Material Science of Ice and the Mechanics of Glaciers and Ice Sheets. Heidelberg：Springer.

Hutter K. 2009. Dynamics of Ice Sheets and Glaciers. Heidelberg：Springer.

Huybrechts P. 1990. A 3-D model for the Antarctic ice sheet：A sensitivity study on the glacial-interglacial contrast. Climate Dynamics, 5（2）：79-92.

Immerzeel W W, Bierkens M F P. 2010. Seasonal prediction of monsoon rainfall in three Asian river basins：the importance of snow cover on the Tibetan Plateau. International Journal of Climatology, 30（12）：1835-1842.

IPCC. 2001. Climate Change 2001, Contribution of working group I to the Third Assessment Report of the Intergovernmental Panel of Climate Change. Cambridge：University Press.

IPCC. 2007. Climate Change 2007：The Physical Science Basis. Contribution of Working Group I to the Fourth Assessment Report of the Intergovernmental Panel on Climate Change. Cambridge：Cambridge University Press.

IPCC. 2013. Climate Change 2013：The Physical Science Basis. Contribution of Working Group I to the Fifth Assessment Report of the Intergovernmental Panel on Climate Change. Cambridge：Cambridge University Press.

Isaksen K, Ødegård R S, Etzelmüller B. 2011. Degrading mountain permafrost in southern Norway：Spatial and temporal variability of mean ground temperatures, 1999-2009. Permafrost & Periglacial Processes, 22：361-377.

Ishikawa M, Sharkhuu N, Jambaljav Y, et al. 2012. Thermal state of Mongolian permafrost. Proceedings of the 10th International Conference on Permafrost, June, 2012, Salekhard.

Jansson P E, Moon D S. 2001. A coupled model of water, heat and mass transfer using object orientation to improve flexibility and functionality. Environmental Modelling and Software, 16（1）：37-46.

Jansson P E, Karlberg L. 2004. Coupled heat and mass transfer model for soil-plant-atmosphere systems. Royal Institute of Technology, Dept of Civil and Environment Engineering, Stockholm.

Jarosch A H. 2008. Icetools：A full Stokes finite element model for glaciers. Computers & Geosciences, 34（8）：1005-1014.

Ji D, Wang L, Feng J, et al. 2014a. Basic evaluation of Beijing Normal University earth system model （BNU-ESM） Version 1. Geoscientific Model Development, 7（5）：2039-2064.

Ji D, Wang L, Feng J, et al. 2014b. Description and basic evaluation of bnu-esm version 1. Geoscientific Model Development Discussions, 7（2）：1601-1647.

Jin H, Li S, Cheng G, et al. 2000. Permafrost and climatic change in China. Global & Planetary Change, 26（4）：387-404.

Jin H, Zheng Z, Gao M, et al. 2007. Effective induction of phytase in pichia pastoris fed-batch culture using an ANN pattern recognition model-based on-line adaptive control strategy. Biochemical Engineering Journal, 37（1）, 26-33.

Jin J, Gao X, Yang Z L, et al, 1998. Comparative analyses of physically based snowmelt models for climate simulations. Journal of Climate, 12（8）：2643-2657.

Jin M, Deal C J, Wang J, et al. 2006. Vertical mixing effects on the phytoplankton bloom in the southeastern Bering Sea midshelf. Journal of Geophysical Research Oceans, 111（C3）：227-235.

Johannesson T, Raymond C, Waddington E. 1989. Time-scale for adjustment of glaciers to changes in mass balance. Journal of Glaciology, 35（121）：355-369.

Jordan R. 1991. A one-dimensional temperature model for a snow cover：Technical documentation for SNTHERM. 89. Cold Regions Research and Engineering Laboratory Special Report, 91-16：49.

Jordan R E, Andreas E L, Makshtas A P. 1999. Heat budget of snow-covered sea ice at north pole. Journal of Geophysical Research Oceans, 104 (C4): 7785-7806.

Jorgenson M T, Shur Y L, Pullman E R. 2006. Abrupt increase in permafrost degradation in Arctic Alaska. Geophysical Research Letter, 33: 4 (L02503).

Josberger E G. 1979. Laminar and turbulent boundary layers adjacent to melting vertical ice walls in salt water. Ph. D. thesis, Department of Oceanogr, University of Washington, Seattle.

Kang S C, Xu Y W, You Q L, et al. 2010. Review of climate and cryospheric change in the Tibetan Plateau. Environmental Research Letters, 5 (1): 015101.

Koren V, Schaake J, Mitchell K, et al. 1999. A parameterization of snowpack and frozen ground intended for NCEP weather and climate models. Journal of Geophysical Research Atmospheres, 104 (D16): 19569-19585.

Koven C D, Riley W J, Stern A. 2013. Analysis of permafrost thermal dynamics and response to climate change in the CMIP5 Earth System Models. Journal of Climate, 26 (6): 1877-1900.

Kreyscher M, Harder M, Lemke P, et al. 2000. Results of the sea ice model intercomparison project: Evaluation of sea ice rheology schemes for use in climate simulations. Journal of Geophysical Research Oceans, 105 (c5): 11299-11320.

Krinner G, Genthon C, Li Z X, et al. 1997. Studies of the Antarctic climate with a stretched-grid general circulation model. Journal of Geophysical Research, 102 (102): 731-745.

Kurylyk B L, Macquarrie K T B, Mckenzie J M. 2014. Climate change impacts on groundwater and soil temperatures in cold and temperate regions: Implications, mathematical theory, and emerging simulation tools. Earth-Science Reviews, 138: 313-334.

Kwok R. 2001. Deformation of the Arctic Ocean Sea Ice Cover between November 1996 and April 1997: A Qualitative Survey. IUTAM Symposium on Scaling Laws in Ice Mechanics and Ice Dynamics. Netherlands: Springer.

Lang H. 1968. Relations between glacier runoff and meteorological factors observed on and outside the glacier. IAHS Publ, 79: 429-439.

Lau K M, Kim M K, Kim K M. 2006. Asian summer monsoon anomalies induced by aerosol direct forcing: The role of the Tibetan Plateau. Climate Dynamics, 267-8: 855-864.

Laxon S W, Giles K A, Ridout A L, et al. 2013. CryoSat-2 estimates of Arctic sea ice thickness and volume. Geophysical Research Letters, 40 (4): 732-737.

Le Meur Emmanuel. 2004. Glacier flow modeling: a comparison of the Shallow Ice Approximation and the full-Stokes solution. Comptes Rendus Physique, 5: 709-722.

Lecomte O, Fichefet T, Flocco D, et al. 2015. Interactions between wind-blown snow redistribution and melt ponds in a coupled ocean-sea ice model. Ocean Modelling, 87 (3): 67-80.

Lemke P, Ren J, Alley R B, et al. 2007. Observations: Changes in Snow, Ice and Frozen Ground//Climate Change 2007: The Physical Science Basis. Contribution of Working Group I to the Fourth Assessment Report of the Intergovernmental Panel on Climate Change: 337-383.

Lenaerts J T M, van den Broeke M R, Déry S J, et al. 2012. Modeling drifting snow in Antarctica with a regional climate model: 1. Methods and model evaluation. Journal of Geophysical Research, 117: D05108, doi: 10. 1029/2011JD016145.

Li G G. 1996. Response of Tibetan snow cover to global warming. Acta Geographica Sinica, 5 (3): 69-76.

Li L, Lin P, Yu Y, et al. 2014. The Flexible Global Ocean-Atmosphere-Land System Model, Grid-Point Version 2: FGOALS-g2//Flexible Global Ocean-Atmosphere-Land System Model. Beilin: Springer Berlin Heidelberg:

39-43.

Li L J. 2013. The Flexible Global Ocean-Atmosphere-Land System Model, Grid-point Version 2: FGOALS-g2. Advances in Atmospheric sciences, 30 (3): 543-560.

Li L J, Wang B, Dong L, et al. 2013. Evaluation of grid-point atmospheric model of IAP LASG version 2 (GAMIL2). Advances in Atmospheric Sciences, 30 (3): 855-867.

Li Q, Sun S, Dai Q. 2009. The numerical scheme development of a simplified frozen soil model. Advances in Atmospheric Sciences, 26 (5): 940-950.

Li Q, Sun S, Xue Y. 2010. Analyses and development of a hierarchy of frozen soil models for cold region study. Journal of Geophysical Research Atmospheres, 115 (D3): 315-317.

Li W, Liu X, Nie S, et al. 2009. Comparative studies of snow cover parameterization schemes used in climate models. Advances in Earth Science, 24 (5): 512-522.

Li X, Cheng G D. 1999. A GIS aided response model of high altitude permafrost to global change. Science in China (Series D), 42 (1): 72-79.

Li X, Cheng G D, Jin H J, et al. 2008. Cryospheric change in China. Global Planet Change, 62: 210-218.

Li X, Li X, Li Z, et al. 2009. Watershed allied telemetry experimental research. Journal of Geophysical Research: Atmospheres, 114 (D22): 2191-2196.

Li X, Zhao J, Li T, et al. 2010. A study of water properties and convection under sea ice in winter amundsen gulf. Chinese Journal of Polar Research, 22 (4): 404-414.

Li X, Su J, Zhang Y, et al. 2011. Discussion on the Simulation of Arctic Intermediate Water under the NEMO Modeling Framework, The proceedings of the Twenty First International Offshore and Polar Engineering Conference, Hawaii, (1): 953-957.

Li X, Su J, Wang Z L, et al. 2013. Modeling Arctic intermediate water: The effects of Neptune parameterization and horizontal resolution. Advances in Polar Science, 24 (2): 98-105.

Lin Y L, Dong W H, Zhang M H, et al. 2018. Causes of model dry and warm bias over central US and impact on climate projections. Nature Communications, 9 (1): 149.

Lin Z Y, Zhao X Y. 1996. Spatial characteristics of changes in temperature and precipitation of the Qinghai-Xizang (Tibet) Plateau. Science in China Ser D, 39 (4): 442-448.

Lipscomb W H, Hunke E C. 2004. Modeling sea ice transport using incremental remapping. Monthly Weather Review, 132 (6): 1341-1354.

Lipscomb W H, Hunke E C, Maslowski W, et al. 2007. Improving ridging schemes for high-resolution sea ice models. Journal of Geophysical Research 112: C03S91, doi: 10.1029/2005JC003355.

Liston G E. 2004. Representing subgrid snow cover heterogeneities in regional and global models. Journal of Climate, 17: 1381-1397.

Liu F, Mao X, Zhang Y, et al. 2014. Risk analysis of snow disaster in the pastoral areas of the Qinghai-Tibet Plateau. Journal of Geographical Sciences (地理学报英文版), 243: 411-426.

Liu J P. 2010. Sensitivity of sea ice and ocean simulations to sea ice salinity in a coupled global climate model. Science in China Series D: Earth Sciences, 53: 911-918.

Liu X, Chen B. 2000. Climatic warming in the Tibetan Plateau during recent decades. International Journal of Climatology, 2014: 1729-1742.

Liu X, Bai A, Liu C. 2009. Diurnal variations of summertime precipitation over the Tibetan Plateau in relation to orographically-induced regional circulations. Environmental Research Letters, 44.

Liu X, Yin Z, Shao X, et al. 2006. Temporal trends and variability of daily maximum and minimum, extreme temperature events, and growing season length over the eastern and central Tibetan Plateau during 1961-2003. Journal of Geophysical Research, 111 (D19): 4617-4632.

Liu Y, Jiang L M, Shi J C, et al. 2011. Validation and sensitivity analysis of the snow thermal model (SNTHERM) at Binggou basin, Gansu. Journal of Remote Sensing, 15 (4): 792-810.

Loth B, Graf H F. 1996. Modeling the snow cover for climate studies. Max-Planck-Institute for Meteorology, 190: 12-30.

Loth B, Graf H, Oberhuber J M. 1993. Snow cover model for global climate simulations. Journal of Geophysical Research Atmospheres, 98 (D6): 10451-10464.

Lu P, Li Z, Cheng B, et al. 2011. A parameterization of the ice-ocean drag coefficient. Journal of Geophysical Research Oceans, 116 (C7): 71-78.

Lu P L, Li Z, Han H. 2016. Introduction of parameterized sea ice drag coefficients into ice free-drift modeling. Acta Oceanologica Sinica, 35 (1): 53-59.

Lundquist J D, Flint A L. 2006. Onset of snowmelt and streamflow in 2004 in the western United States: How shading may affect spring streamflow timing in a warmer world. Journal of Hydrometeorology, 7 (6): 1199-1217.

Luo L, Robock A, Vinnikov K Y, et al. 2003. Effects of frozen soil on soil temperature, spring infiltration, and runoff: Results from the PILPS 2 (d) experiment at Valdai, Russia. Journal of Hydrometeorology, 4 (2): 334-351.

Lynch-Stieglitz M. 1994. The development and validation of a simple snow model for the GISS GCM. Journal of Climate, 7 (12): 1842-1855.

Lüpkes C, Birnbaum G. 2005. Surface drag in the Arctic marginal sea-ice zone: A comparison of different parameterisation concepts. Boundary-Layer Meteorology, 117 (2): 179-211.

Lüpkes C, Gryanik V M, Hartmann J, et al. 2012. A parametrization, based on sea ice morphology, of the neutral atmospheric drag coefficients for weather prediction and climate models. Journal of Geophysical Research Atmospheres, 117 (D13): 13112.

Lüpkes C, Gryanik V M, Rösel A, et al. 2013. Effect of sea ice morphology during Arctic summer on atmospheric drag coefficients used in climate models. Geophysical Research Letters, 40 (2): 446-451.

Ma Y M, Kang S C, Zhu L P, et al. 2008. Tibetan observation and research platform atmosphere-landInteraction over a heterogeneous landscape. Bull. amer. meteor. soc, 89 (10): 1487-1492.

Ma Y, Su Z, Li Z, et al. 2002. Determination of regional net radiation and soil heat flux over a heterogeneous landscape of the Tibetan Plateau. Hydrological Processes, 16 (15): 2963-2971.

Ma Y, Wang Y, Wu R, et al. 2009. Recent advances on the study of atmosphere-land interaction observations on the Tibetan Plateau. Hydrology & Earth System Sciences, 13 (6): 1103-1111.

Mae D H, Granger R J. 1981. Snow surface energy exchange. Water Resources Research, 17 (3): 609-627.

Mahrt L. 1996. The bulk aerodynamic formulation over heterogeneous surfaces. Boundary-Layer Meteorology, 78 (1): 87-119.

Makokha G O, Wang L, Zhou J, et al. 2016. Quantitative drought monitoring in a typical cold river basin over tibetan plateau: An integration of meteorological, agricultural and hydrological droughts. Journal of Hydrology, 543: 782-795.

Malik M J, Velde R V D, Vekerdy Z, et al. 2014. Improving modeled snow albedo estimates during the spring melt season. Journal of Geophysical Research Atmospheres, 119 (12): 7311-7331.

Malkova G V. 2008. The last twenty-five years of changes in permafrost temperature of the European Russian Arctic. Proceedings of the 9th International Conference on Permafrost, 29 June-3 July 2008, Institute of Northern Engineering, University of Alaska, Fairbanks.

Manabe S. 1969. Climate and the ocean circulation: I. The atmospheric circulation and the hydrology of the earth's surface. Monthly Weather Review, 97: 739-774.

Marchenko S S, Gorbunov A P, Romanovsky V E. 2007. Permafrost warming in the Tien Shan Mountains, Central Asia. Global Planet Change, 56: 311-327.

Marks D. 1988. Climate, energy exchange, and snowmelt in emerald lake watershed, sierra nevada. Ph. D. Dissertation, University of California, Modeling and Simulation of Automated Highway.

Marsiat I. 1994. Simulation of the northern Hemisphere continental ice sheets over the last glacial-interglacial cycle: Experiments with a latitude -longitude vertically integrated ice sheet model coupled to a zonally averaged climate model. Paleoclimates, 1: 59-98.

Martin E, Lejeune Y. 1998. Turbulent fluxes above the snow surface. Annals of Glaciology, 26: 179-183.

Martinec J, Rango A. 1986. Parameter values for snowmelt runoff modelling. Journal of Hydrology, 84 (3): 197-219.

Martinson D G, Wamser C. 1990. Ice drift and momentum exchange in winter Antarctic pack ice. Journal of Geophysical Research Atmospheres, 95 (C2): 1741-1755.

Masson D, Knutti R. 2011. Climate model genealogy. Geophysical Research Letters, 2011, 38 (8): 167-177.

Maussion F, Scherer D. 2011. WRF simulation of a precipitation event over the Tibetan Plateau, China—An assessment using remote sensing and ground observations WRF simulation of a precipitation event over the Tibetan Plateau, China-an assessment using remote sensing and grou. Hydrology & Earth Systemences, 156: 1795-1817.

Maussion F, Scherer D, Mölg T, et al. 2013. Precipitation Seasonality and Variability over the Tibetan Plateau as Resolved by the High Asia Reanalysis. Journal of Climate, 275: 1910-1927.

Maussion F, Scherer D, Mölg T, et al. 2014. Precipitation Seasonality and Variability over the Tibetan Plateau as Resolved by the High Asia Reanalysis. Journal of Climate, 275: 1910-1927.

Maykut G A. 1982. Large-scale heat exchange and ice production in the central Arctic. Journal of Geophysical Research Oceans, 87 (C10): 7971-7984.

Maykut G A, Untersteiner N. 1971. Some results from a time-dependent thermodynamic model of sea ice. Journal of Geophysical Research, 76 (6): 1550-1575.

Maykut G A, Perovich D K. 1987. The role of shortwave radiation in the summer decay of a sea ice cover. Journal of Geophysical Research Atmospheres, 92 (C7): 7032-7044.

Maykut G A, Mcphee M G. 1995. Solar heating of the arctic mixed layer. Journal of Geophysical Research Oceans, 100 (c12): 24691-24703.

Mcphee M G. 1992. Turbulent heat flux in the upper ocean under sea ice. Journal of Geophysical Research Oceans, 97 (c4): 5365-5379.

Mcphee M G. 2002. Turbulent stress at the ice/ocean interface and bottom surface hydraulic roughness during the SHEBA drift. Journal of Geophysical Research Atmospheres, 107 (107): SHE 11-1- SHE 11-15.

Mcphee M G, Kottmeier C, Morison J H. 1999. Ocean heat flux in the central weddell sea during winter. Journal of Physical Oceanography, 29 (6): 1166-1179.

Mellor M. 1986. Mechanical Behavior of Sea Ice//Untersteiner N. The Geophysics of Sea Ice. NATO ASI Series (Series B: Physics). Boston: Springer.

Miller K G, Wright J D, Browning J V. 2005. Visions of ice sheets in a greenhouse world. Marine Geology, 217 (3): 215-231.

Mocko D M, Walker G K, Sud Y C. 1999. New snow-physics to complement SSiB: Part II: Effects on soil moisture initialization and simulated surface fluxes, precipitation and hydrology of GEOS II GCM. Journal of the Meteorological Society of Japan. Ser. II, 77 (1B): 349-366.

Monteith J. 1995. A reinterpretation of stomatal responses to humidity. Plant, Cell and Environment, 18 (4): 357-364.

Moran T, Marshall S. 2009. The effects of meltwater percolation on the seasonal isotopic signals in an Arctic snow-pack. Journal of Glaciology, 55 (194): 1012-1024.

Morris E M. 1983. Modeling the flows of mass and energy within a snow pack for hydrological forecasting. Ann. Glasiol, 94: 137-149.

Morris E M. 1985. Hydrological Forecasting. New York: John Wiley and Sons.

Munneke P K, Broeke M R V D, Lenaerts J T M, et al. 2011. A new albedo parameterization for use in climate models over the Antarctic ice sheet. Journal of Geophysical Research Atmospheres, 116 (D5): 420-424.

Nelson F E, Anisimov O A. 1993. Permafrost zonation in Russia under anthropogenic climatic change. Permafrost & Periglacial Processes, 4 (2): 137-148.

Nicolsky D J, Romanovsky V E, Alexeev V A, et al. 2007. Improved modeling of permafrost dynamics in a GCM land-surface scheme. Geophysical Research Letters, 34 (8): 162-179.

Niu G Y, Yang Z L. 2004. Effects of vegetation canopy processes on snow surface energy and mass balances. Journal of Geophysical Research, 109 (D23): D23111.

Niu G Y, Yang Z L. 2006. Effects of frozen soil on snowmelt runoff and soil water storage at a continental scale. Journal of Hydrometeorology, 7 (5): 937-952.

Niu G Y, Yang Z L. 2007. An observation-based formulation of snow cover fraction and its evaluation over large North American river basins. J. Geophys. Res., 112 (D21): D21101, doi: 10.1029/2007JD008674.

Niu G Y, Zeng X. 2012. Modeling the land component of earth system model//Rasch P J. Climate Change Modeling Methodology. New York: Springer: 139-168.

Niu G Y, Yang Z L, Mitchell K E, et al. 2011. The community Noah land surface model with multi-parameterization options (Noah-MP): 1. Model description and evaluation with local-scale measurements. Journal of Geophysical Research Atmospheres, 116: D12109.

Noetzli J, Vonder Muehll D. 2010. Permafrost in Switzerland 2006/2007 and 2007/2008. Glaciological Report (Permafrost) No. 8/9 of the Cryospheric Commission of the Swiss Academy of Sciences. Cryospheric Commission of the Swiss Academy of Sciences.

Notz D. 2012. Challenges in simulating sea ice in Earth System Models. Wiley Interdisciplinary Reviews Climate Change, 3 (6): 509-526.

Nye J F. 1957. The Distribution of Stress and Velocity in Glaciers and Ice-Sheets. Proceedings of the Royal Society A Mathematical Physical & Engineering Sciences, 239 (1216): 113-133.

Oberhuber J M. 1993. Simulation of the Atlantic circulation with a coupled sea ice-mixed layer-isopycnal general circulation model. Part I: Model description. Journal of Physical Oceanography, 23 (5): 830-845.

Oberman N G. 2008. Contemporary permafrost degradation of Northern European Russia. Proceedings of the 9th International Conference on Permafrost, 29 June-3 July 2008, Institute of Northern Engineering, University of Alaska, Fairbanks.

Oberman N G. 2012. Long-term temperature regime of the Northeast European permafrost region during contemporary climate warming. Proceedings of the 10th International Conference on Permafrost, June, 2012, Salekhard, Yamel-Nenets Autonomous District, Russian Federation.

Oelke C, Zhang T. 2007. Modeling the active-layer depth over the Tibetan Plateau. Arctic Antarctic & Alpine Research, 39 (4): 714-722.

Ono Y, Irino T. 2004. Southern migration of westerlies in the Northern Hemisphere PEP II transect during the Last Glacial Maximum. Quaternary International, 118 (6): 13-22.

Osterkamp T E. 2005. The recent warming of permafrost in Alaska. Global Planet Change, 49: 187-202.

Osterkamp T E. 2007. Characteristics of the recent warming of permafrost in Alaska. Journal of Geophysical Research Earth Surface, 112 (F2): 488-501.

Osterkamp T E. 2008. Thermal state of permafrost in Alaska during the fourth quarter of the twentieth century. Proceedings of the 9th International Conference on Permafrost, 29 June-3 July 2008, Institute of Northern Engineering, University of Alaska, Fairbanks, Alaska.

Pang Q, Cheng G, Li S, et al. 2009. Active layer thickness calculation over the Qinghai-Tibet Plateau (EI). Cold Regions Science & Technology, 57 (1): 23-28.

Parkinson L, Washington M. 1979. Large-scale numerical model of sea ice. Journal of Geophysical Research, 84: 311-337.

Pattyn F, Perichon L, Aschwanden A, et al. 2008. Benchmark experiments for higher-order and full-Stokes ice sheet models (ISMIP-HOM). Cryosphere, 2 (1): 95-108.

Pattyn F. 2002. Transient glacier response with a higher-order numerical ice-flow model. Journal of Glaciology, 48 (48): 467-477.

Pattyn F. 2003. A new three-dimensional higher-order thermomechanical ice sheet model: Basic sensitivity, ice streamdevelopment, and ice flow across subglacial lakes. Journal of Geophysical Research Solid Earth, 108 (B8): 10-1029.

Paul F, Kotlarski S. 2010. Forcing a distributed glacier mass balance model with the regional climate model REMO. Part II: Downscaling strategy and results for two Swiss glaciers. Journal of Climate, 23 (6): 1589.

Payne A J. 1999. A thermo-mechanical model of ice flow in West Antarctica. Climate Dynamics, 15: 115-125.

Pease C H. 1975. A model for the seasonal ablation and accretion of Antarctic sea ice. AIDJEX Bull. , 29: 151-172.

Perovich D K, Grenfell T C, Light B, et al. 2002. The seasonal evolution of Arctic sea ice albedo. Journal of Geophysical Research Oceans, 107 (8044): SHE 20-1-SHE 20-13.

Perovich D K, Polashenski C. 2012. Albedo evolution of seasonal Arctic sea ice. Geophysical Research Letters, 39 (8): 8501.

Ping C L, Michaelson G J, Jorgenson T, et al. 2008. High stocks of soil organic carbon in North American Arctic region. Nature Geoscience, 1 (9): 615-619.

Pitman A J, Yang Z L, Cogley J G, et al. 1991. Description of bare essentials of surface transfer for the Bureau of Meteorology Research Centre AGCM. BMRC Res. Rep, 32: 117.

Pitman A J, Slater A G, Desborough C E, et al. 1999. Uncertainty in the simulation of runoff due to the parameterization of frozen soil moisture using the Global Soil Wetness Project methodology. Journal of Geophysical

Research Atmospheres, 104（D14）: 16879-16888.

Pollard D. 2010. A retrospective look at coupled ice sheet-climate modeling. Climatic Change, 100 （1）: 173-194.

Poutou E, Krinner G, Genthon C, et al. 2004. Role of soil freezing in future boreal climate change. Climate Dynamics, 23 （6）: 621-639.

Powers J G, Manning K W, Bromwich D H, et al. 2012. A decade of Antarctic science support through Amps. Bulletin of the American Meteorological Society, 93 （11）: 1699-1712.

Pratapsingh, Nareshkumar. 1996. Determination of snowmelt factor in the himalayan region. International Association of Scientific Hydrology Bulletin, 41 （3）: 301-310.

Prowse T D, Ommanney C S L. 1990. Northern hydrology: Canadian perspectives. National Hydrology Research Institute, Environment Canada, Saskatchewan, Canada.

Prowse T D, Ommanney C S L. 2010. Environment Canada, national hydrological research institute science report no. 1. Permafrost & Periglacial Processes, 1 （3-4）: 319-320.

Qiao F, Song Z, Bao Y, et al. 2013. Development and evaluation of a Earth System Model with surface gravity waves. Journal of Geophysical Research: Oceans, 118: 4514-4524.

Qin D, Plattner G K, Tignor M, et al. 2014. Climate change 2013: The physical science basis. Cambridge: Cambridge University Press.

Ramanathan V, Chung C, Kim D, et al. 2005. Atmospheric brown clouds: Impacts on South Asian climate and hydrological cycle. Proceedings of the National Academy of Sciences of the United States of America, 10215: 5326-5333.

Raynolds M K, Breen A L, Walker D A. 2013. The Pan-Arctic Species List （PASL）. Arctic Vegetation Archive （AVA） Workshop.

Ridley J, Gregory J M, Huybrechts P, et al. 2010. Thresholds for irreversible decline of the Greenland ice sheet. Climate Dynamics, 35 （6）: 1049-1057.

Riedlinger S H, Preller R H. 1991. The development of a coupled ice-ocean model for forecasting ice conditions in the Arctic. Journal of Geophysical Research Oceans, 96 （C9）: 16955-16977.

Rignot E. 2008. Changes in west antarctic ice stream dynamics observed with ALOS PALSAR data. Geophysical Research Letters, 35 （12）: 304-312.

Rinke A, Maslowski W, Dethloff K, et al. 2006. Influence of sea ice on the atmosphere: A study with an Arctic atmosphericregional climate model. Journal of Geophysical Research Atmospheres, 111 （D16）: 3463-3470.

Robinson D A, Allan F. 2000. Seasonal variability of Northern Hemisphere snow extent using visible satellite data. Professional Geographer, 52 （2）: 307-315.

Robock A, Vinnikov K Y, Schlosser C A, et al. 1995. Use of midlatitude soil moisture and meteorological observations to validate soil moisture simulations with biosphere and bucket models. Journal of Climate, 8 （1）: 15-35.

Roeckner E, Mauritsen T, Esch M, et al. 2012. Impact of melt ponds on Arctic sea ice in past and future climates as simulated by MPI-ESM. Journal of Advances in Modeling Earth Systems, 4 （3）: 127-135.

Romanovsky V, Burgess M, Smith S, et al. 2002. Permafrost temperature records: Indicators of climate change. Eos Transactions American Geophysical Union, 83 （50）: 589-594.

Romanovsky V E, Smith S L, Christiansen H H. 2010a. Permafrost thermal state in the polar northern hemisphere during the international polar year 2007－2009: A synthesis. Permafrost and Periglacial Processes, 21 （2）:

106-116.

Romanovsky V E, Drozdov D S, Oberman N G, et al. 2010b. Thermal state of permafrost in Russia. Permafrost and Periglacial Processes, 21 (2): 136-155.

Rothrock D A. 1975. The energetics of the plastic deformation of pack ice by ridging. Journal of Geophysical Research, 80 (80): 4514-4519.

Rupp D E, Mote P W, Bindoff N L, et al. 2013. Detection and attribution of observed changes in Northern Hemisphere spring snow cover. Journal of Climate, 26 (18): 6904-6914.

Rutt I C, Hagdorn M, Hulton N R J, et al. 2009. The Glimmer community ice sheet model. Journal of Geophysical Research Earth Surface, 114 (F2): 157-163.

Schaefer K, Lantuit H, Romanovsky V, et al. 2012. Policy implications of warming permafrost. United Nations Environment Programme Special Report. DEW/1621/NA.

Scherler M, Hauck C, Hoelzle M, et al. 2010. Meltwater infiltration into the frozen active layer at an alpine permafrost site. Permafrost & Periglacial Processes, 21 (4): 325-334.

Sellers P J, Mintz Y, Sud Y C, et al. 1986. A Simple Biosphere Model (SiB) for use within general circulation models. Journal of the Atmospheric Sciences, 43: 505-531.

Sellers P J, Berry J A, Collatz G J. 1992. Canopy reflectance, photosynthesis, and transpiration. III. A reanalysis using improved leaf models and a new canopy integration scheme. Remote Sensing of Environment, 42 (3): 187-216.

Sellers P J, Randall D A, Collatz G J, et al. 1996. A revised land surface parameterization (SiB2) for atmospheric GCMs. Part I: Model formulation. Journal of Climate, 9 (4): 676-705.

Semtner A J. 1976. A model for the thermodynamic growth of sea ice in numerical investigations of climate. Journal of Physical Oceanography, 6: 379-389.

Semtner A J. 1987. A numerical study of sea ice and ocean circulation in the arctic. Journal of Physical Oceanography, 17 (17): 1077-1099.

Semtner A J. 2006. A Model for the thermodynamic growth of sea ice in numerical investigations of climate. Journal of Physical Oceanography, 6 (3): 379-389.

Semádeni-Davies A. 1997. Monthly snowmelt modelling for large-scale climate change studies using the degree day approach. Ecological Modelling, 101 (2-3): 303-323.

Serreze M C, Barry R G. 2011. Processes and impacts of Arctic amplification: A research synthesis. Global & Planetary Change, 77 (1-2): 85-96.

Serreze M C, Walsh J E, Chapin F S, et al. 2000. Observational evidence of recent change in the northern high-latitude environment. Climatic Change, 46 (1-2): 159-207.

Sharkhuu A, Sharkhuu N, Etzelmüller B. 2007. Permafrost monitoring in the Hovsgol mountain region, Mongolia. Journal of Geophysical Research Earth Surface, 112: 11 (F02S06).

Shepherd A, Wingham D, Rignot E. 2004. Warm ocean is eroding west antarctic ice sheet. Geophysical Research Letters, 31 (23): 1-4.

Shi Y. 2002. Characteristics of late Quaternary monsoonal glaciation on the Tibetan Plateau and in East Asia. Quaternary International, 97-98 (2): 79-91.

Shi Y, Liu S. 2000. Estimation on the response of glaciers in China to the global warming in the 21st century. Science Bulletin, 45 (7): 668-672.

Shiklomanov N I, Streletskiy D A, Nelson F E. 2012. Northern Hemisphere component of the global circumpolar active layer monitoring (CALM) Program. International Conference on Permafrost, Salekhard, Russia, June 25-29.

Shrestha M, Wang L, Koike T, et al. 2010. Improving the snow physics of WEB-DHM and its point evaluation at the SnowMIP sites. Hydrology & Earth System Sciences, 7 (3): 2577-2594.

Shu Q, Song Z, Qiao F. 2015. Assessment of sea ice simulations in the CMIP5 models. Cryosphere, 9 (1): 399-409.

Siemer A H. 1988. One dimensional EBM of a snow cover taking into account liquid water transmission Report. Ber Inst Meteorol, Klimatol, Univ. Hannover, 34: 126.

Singh K. 1996. Determination of snowmelt factor in the Himalayan region. Journal of Hydrology, 41: 301-310.

Slater A G, Pitman A J, Desborough C E. 2015. The validation of a snow parameterization designed for use in general circulation models. International Journal of Climatology, 18 (6): 595-617.

Smith S, Brown J, Nelson F, et al. 2009. Permafrost: Permafrost and seasonally frozen ground. Terrestrial Essential Climate Variables.

Smith S L, Burgess M M, Dan R, et al. 2005. Recent trends from Canadian permafrost thermal monitoring network sites. Permafrost & Periglacial Processes, 16 (1): 19-30.

Smith S L, Romanovsky V E, Lewkowicz A G, et al. 2010. Thermal state of permafrost in North America: A contribution to the International Polar Year. Permafrost and Periglacial Processes, 21: 117-135.

Smith S L, Throop J, Lewkowicz A G. 2012. Recent changes in climate and permafrost temperatures at forested and polar desert sites in northern Canada. Canadian Journal of Earth Sciences, 49: 914-924.

Sorteberg H K, Engeset R V, Udnæs H C. 2001. A national network for snow monitoring in Norway: Snow pillow verification using observations and models. Phys. Chem. Earth, 26 (10-12): 723-729.

Stadler D, Stähli M, Aeby P, et al. 2000. Dye tracing and image analysis for quantifying water infiltration into frozen soils. Soil Science Society of America Journal, 64 (2): 505-516.

Steele M. 1992. Sea ice melting and floe geometry in a simple ice-ocean model. Journal of Geophysical Research Oceans, 97 (C11): 17729-17738.

Stocker T. 2014. IPCC, 2013: The Physical Science Basis. Working Group I Contribution to the Fifth Assessment Report of the Intergovernmental Panel on Climate Change. Cambridge: Cambridge University Press.

Stocker T F, Qin D, Plattner G K, et al. IPCC, 2013: Climate Change 2013: The Physical Science Basis. Contribution of Working Group I to the Fifth Assessment Report of the Intergovernmental Panel on Climate Change//of the Intergovernmental Panel on Climate Change. 2013: 710-719.

Storey H C. 1955. Frozen soil and spring and winter floods, in Water//The Yearbook of Agriculture. 179 ~ 184. U. S. Dep. of Agric. , Washington.

Stroeve J C, Kattsov V, Barrett A, et al. 2012. Trends in Arctic sea ice extent from CMIP5, CMIP3 and observations. Geophysical Research Letters, 39 (16): 16502.

Stähli M, Nyberg L, Mellander P-E, et al. 2001. Soil frost effects on soil water and runoff dynamics along a boreal forest transact: 2. Simulations. Hydrological Process, 15: 927-941.

Su F, Duan X, Chen D, et al. 2013. Evaluation of the Global Climate Models in the CMIP5 over the Tibetan Plateau. Journal of Climate, 2610: 3187-3208.

Sud Y C, Mocko D M. 1999. New Snow-Physics to Complement SSiB: Part I: Design and Evaluation with ISLSCP Initiative I Datasets. Journal of the Meteorological Society of Japan, 77 (1): 335-348.

Sun S, Jin J, Xue Y. 1999. A simple snow-atmosphere-soil transfer model. Journal of Geophysical Research Atmospheres, 1041 (D16): 19587-19598.

Tarnocai C, Canadell J G, Schuur E A G, et al. 2009. Soil organic carbon pools in the northern circumpolar permafrost region. Global Biogeochemical Cycles, 23 (2): CB2023.

Thomas Mö, Maussion F, Scherer D. 2014. Mid-latitude westerlies as a driver of glacier variability in monsoonal high Asia. Nature Climate Change, 4 (1): 68-73.

Thorndike A S, Rothrock D A, Maykut G A, et al. 1975. The thickness distribution of sea ice. Journal of Geophysical Research, 80 (33): 4501-4513.

Toniazzo T, Gregory J M, Huybrechts P. 2010. Climatic impact of a greenland deglaciation and its possible irreversibility. Journal of Climate, 17 (1): 21-33.

Toppaladoddi S, Wettlaufer J S. 2015. Theory of the sea ice thickness distribution. Physical Review Letters, 115 (14): 148501.

Trenberth K E, Stepaniak D P. 2003. Covariability of components of poleward atmospheric energy transports on seasonal and interannual timescales. Journal of Climate, 16 (16): 3691-3705.

Trenberth K E, Fasullo J T, Kiehl J. 2009. Earth's global energy budget. Bulletin of the American Meteorological Society, 90 (3): 311-324.

Tsamados M, Feltham D L, Wilchinsky A V. 2013. Impact of a new anisotropic rheology on simulations of Arctic sea ice. Journal of Geophysical Research Oceans, 118 (1): 91-107.

Tsamados M, Feltham D, Schroeder D, et al. 2014. Impact of variable atmospheric and oceanic form drag on simulations of Arctic sea ice. Journal of Physical Oceanography, 44 (5): 527-542.

Tsamados M, Feltham D, Petty A, et al. 2015. Processes controlling surface, bottom and lateral melt of arctic sea ice in a state of the art sea ice model. Philosophical Transactions of the Royal Society A, Mathematical, Physical and Engineering Science, 373 (2052): 1-307.

Turner A G, Annamalai H. 2012. Climate change and the South Asian monsoon. Nature Climate Change, 28: 587-595.

Turner A K, Hunke E C, Bitz C M. 2013. Two modes of sea-ice gravity drainage: A parameterization for large-scale modeling. Journal of Geophysical Research-space Physics, 118 (5): 2279-2294.

Turner J, Bracegirdle T J, Phillips T, et al. 2013. An initial assessment of Antarctic sea ice extent in the CMIP5 models. Journal of Climate, 26 (5): 1473-1484.

Uttal T, Curry J A, Mcphee M G, et al. 2002. Surface heat budget of the Arctic Ocean. Bulletin of the American Meteorological Society, 83 (2): 255-276.

Valkonen T, Vihma T, Johansson M M, et al. 2014. Atmosphere-sea ice interaction in early summer in the Antarctic: Evaluation and challenges of a regional atmospheric model. Quarterly Journal of the Royal Meteorological Society, 140 (682): 1536-1551.

Vancoppenolle M, Fichefet T, Goosse H. 2009. Simulating the mass balance and salinity of Arctic and Antarctic sea ice. 2. Importance of sea ice salinity variations. Ocean Modelling, 27 (1): 54-69.

Vancoppenolle M, Goosse H, Montety A D, et al. 2010. Modeling brine and nutrient dynamics in Antarctic sea ice: the case of dissolved silica. Journal of Geophysical Research Atmospheres, 115 (C2): 41-48.

Vavrus S. 2007. The role of terrestrial snow cover in the climate system. Climate Dynamics, 29 (1): 73-88.

Velde R V D, Su Z, Ek M, et al. 2009. Influence of thermodynamic soil and vegetation parameterizations on the simulation of soil temperature states and surface fluxes by the Noah LSm over a Tibetan plateau site. Hydrology & Earth Systemences, 6 (1): 759-777.

Verbitsky M Y, Oglesby R J. 1992. The effect of atmospheric carbon dioxide concentration on continental glaciations of the Norther Hemisphere. Journal of Geophysical Research, 97 (D5): 5895-5909.

Verseghy D L. 1991. Class: A Canadian land surface scheme for GCMS, 1, soil model. International Journal of Climate, 11: 111-133.

Vieira G, Bockheim J, Guglielmin M. 2010. Thermal state of permafrost and active-layer monitoring in the Antarctic: Advances during the International Polar Year 2007-2009. Permafrost and Periglacial Processes, 21: 182-197.

Viterbo P, Beljaars A, Mahfouf J F, et al. 1999. The representation of soil moisture freezing and its impact on the stable boundary layer. Quarterly Journal of the Royal Meteorological Society, 125 (559): 2401-2426.

Waddington E D, Clarke G K C. 1988. Stable-isotope pattern predicted in surge-type glaciers. Canadian Journal of Earth Sciences, 25 (5), 657-668.

Wadhams P, Iii W B T, Krabill W B, et al. 1992. Relationship between sea ice freeboard and draft in the arctic basin, and implications for ice thickness monitoring. Journal of Geophysical Research Oceans, 97 (C12): 20325-20334.

Wan Y L, Eisinger W, Ehrhardt D, et al. 2011. WRF simulation of a precipitation event over the Tibetan Plateau, China-an assessment using remote sensing and ground observations. Hydrology & Earth Systemences, 15 (6): 1795-1817.

Wang B, Bao Q, Hoskins B, et al. 2008. Tibetan Plateau warming and precipitation changes in East Asia. Geophysical Research Letters, 35 (14): 63-72.

Wang B, Liu J, Kim H J, et al. 2013. Northern Hemisphere summer monsoon intensified by mega-El Nino/ southern oscillation and Atlantic multidecadal oscillation. Proceedings of the National Academy of Sciences of the United States of America, 11014: 5347-5352.

Wang L, Koike T, Yang K, et al. 2009. Development of a distributed biosphere hydrological model and its evaluation with the Southern Great Plains Experiments (SGP97 and SGP99). Journal of Geophysical Research Atmospheres, 114 (D8): D08107.

Wang L, Koike T, Yang K, et al. 2010. Frozen soil parameterization in a distributed biosphere hydrological model. Hydrology & Earth System Sciences Discussions, 6 (6): 6895-6928.

Wang L, Sun L, Shrestha M, et al. 2016. Improving snow process modeling with satellite-based estimation of near-surface-air-temperature lapse rate. Journal of Geophysical Research: Atmospheres, 121: 12005-12030.

Wang L, Zhou J, Qi J, et al. 2017. Development of a land surface model with coupled snow and frozen soil physics. Water Resources Research, 53 (6): 5085-5103.

Wang X, Key J R. 2003. Recent trends in Arctic surface, cloud, and radiation properties from space. Science, 299 (5613): 1725.

Wang Y, Liu X. 2014. Immersion freezing by natural dust based on a soccer ball model with the Community Atmospheric Model version 5: Climate effects. Environmental Research Letters, 9 (12): 124020.

Webster P J, Magaña V O, Palmer T N, et al. 1998. Monsoons: Processes, predictability, and the prospects for prediction. Journal of Geophysical Research Atmospheres, 103 (C7): 14451-14510.

Willmott C J, Matsuura K. 2000. Terrestrial air temperature and precipitation: Monthly and annual climatologies. University of Delaware, version 3.02.

Wilson W T. 1941. An outline of the thermodynamics of snowmelt. Trans., Am Geophys. Union, Part I, 182-195.

Wiscombe W J, Warren S G. 1980. A model for the spectral albedo of snow. I: Pure snow. Journal of the

Atmospheric Sciences, 37 (12): 2712-2733.

Wu B, Yang K, Zhang R. 2009. Eurasian snow cover variability and its association with summer rainfall in China. Advances in Atmospheric Sciences, 26 (1): 31-44.

Wu G, Liu Y, He B, et al. 2012. Thermal controls on the Asian summer monsoon. Scientific Reports, 2 (5): 404.

Wu Q, Liu Y. 2004. Ground temperature monitoring and its recent change in Qinghai-Tibet Plateau. Cold Regions Science & Technology, 38 (2-3): 85-92.

Wu Q, Zhang T. 2008. Recent permafrost warming on the Qinghai-Tibetan Plateau. Journal of Geophysical Research Atmospheres, 113 (D13): 3614-3614.

Wu Q, Zhang T. 2010. Changes in active layer thickness over the Qinghai-Tibetan Plateau from 1995 to 2007. Journal of Geophysical Research Atmospheres, 115 (D9): 736-744.

Wu T, Yu R, Zhang F. 2008. A modified dynamic framework for the atmospheric spectral model and its application. Journal of the Atmospheric Sciences, 65 (7): 2235-2253.

Wu T, Yu R, Zhang F, et al. 2010. The Beijing Climate Center atmospheric general circulation model: Description and its performance for the present-day climate. Climate Dynamics, 34 (1): 123-147.

Wu T W, Wu G X. 2004. An empirical formula to compute snow cover fraction in GCMs. Advances in Atmospheric Sciences, 21 (4): 529-535.

Xia K, Wang B, Li L J, et al. 2014. Evaluation of snow depth and snow cover fraction simulated by two versions of the Flexible Global Ocean-Atmosphere-Land System model. Advances In Atmospheric Sciences, 31 (2): 407-420.

Xiao C D, Qin D H, Yao T D, et al. 2008. Progress on observation of cryospheric components and climate-related studies in China. Advances In Atmospheric Sciences, 25 (2): 164-180.

Xiao Cunde, Qin Dahe, Yao Tandong, et al. 2008. Progress on observation of cryospheric components and climate-related studies in China. Advances in Atmospheric Sciences, 25 (2): 164-180.

Xiao Y, Zhao L, Dai Y, et al. 2013. Representing permafrost properties in CoLM for the Qinghai-Xizang (Tibetan) Plateau. Cold Regions Science & Technology, 87 (1): 68-77.

Xu Z X, Gong T L, Li J Y. 2010. Decadal trend of climate in the Tibetan Plateau—regional temperature and precipitation. Hydrological Processes, 22 (16): 3056-3065.

Xue B L, Wang L, Li X, et al. 2013. Evaluation of evapotranspiration estimates for two river basins on the Tibetan Plateau by a water balance method. Journal of Hydrology, 492 (492) . 290-297.

Xue F, Zeng Q, Xue F, et al. 1997. An analysis of present and future seasonal Northern Hemisphere land snow cover simulated by CMIP5 coupled climate models. Cryosphere Discussions, 7 (1): 67-80.

Xue Y, Sellers P J, Kinter J L, et al. 1991. A simplified biosphere model for global climate studies. Journal of Climate, 4 (3): 345-364.

Xue Y, Zeng F J, Schlosser C A. 1996. SSiB and its sensitivity to soil properties-A case study using HAPEX-Mobilhy data. Global & Planetary Change, 13 (1-4): 183-194.

Xue Y, Zeng F J, Mitchell K E, et al. 1999. The impact of land surface processes on simulations of the U. S. hydrological cycle: A case study of the 1993 flood using the ssib land surface model in the NECP ETA regional model. Monthly Weather Review, 129 (12): 2833-2860.

Xue Y, Sun S, Kahan D S, et al. 2003. Impact of parameterizations in snow physics and interface processes on the simulation of snow cover and runoff at several cold region sites. Journal of Geophysical Research: Atmospheres, 108 (D22) . doi: 10. 1029/2002JD00317.

Yamazaki T, Kondo J. 2010. The snowmelt and heat balance in snow-covered forested areas. Journal of Applied Meteorlogy, 31 (11): 1322-1327.

Yang K, Koike T, Fujii H, et al. 2002. Improvement of surface flux parametrizations with a turbulence-related length Quarterly Journal of the Royal Meteorological Society, 128: 2073-2087.

Yang K, Koike T, Ye B, et al. 2005. Inverse analysis of the role of soil vertical heterogeneity in controlling surface soil state and energy partition. Journal of Geophysical Research Atmospheres, 110: D08101.

Yang K, Koike T, Ishikawa H, et al. 2008. Turbulent flux transfer over bare-soil surfaces: Characteristics and parameterization. Journal of Applied Meteorology & Climatology, 47 (1): 276-290.

Yang K, Chen Y Y, Qin J. 2009. Some practical notes on the land surface modeling in the Tibetan Plateau. Hydrology & Earth System Sciences, 13 (5): 687-701.

Yang Z L, Dickinson R E, Robock A, et al. 1997. Validation of the snow submodel of the biosphere-atmosphere transfer scheme with russian snow cover and meteorological observational data. Journal of Climate, 10 (2): 353-373.

Yang Z P, Hua O, Song M H, et al. 2010. Species diversity and above-ground biomass of alpine vegetation in permafrost region of Qinghai-Tibetan Plateau. Chinese Journal of Ecology, 29 (4): 617-623.

Yao T, Thompson L G, Mosbrugger V, et al. 2012a. Third pole environment (TPE). Environmental Development, 3 (1): 52-64.

Yao T, Thompson L, Yang W, et al. 2012b. Different glacier status with atmospheric circulations in Tibetan Plateau and surroundings. Nature Climate Change, 2 (9): 663-667.

Yao Y, Luo Y, Huang J, et al. 2013. Comparison of monthly temperature extremes simulated by CMIP3 and CMIP5 models. Journal of Climate, 26 (19): 7692-7707.

Yao Z, Li W, Zhu Y, et al. 2001. Remote sensing of precipitation on the Tibetan Plateau using the TRMM microwave imager. Journal of Applied Meteorology, 40: 1381-1392.

Yasunari T, Kitoh A, Tokioka T. 1991. Local and remote responses to excessive snow mass over Eurasia appearing in the northern spring and summer climate. Journal of the Meteorological Society of Japan. Ser. II, 69 (4): 473-487.

Yatagai A, Kamiguchi K, Arakawa O, et al. 2012. APHRODITE: Constructing a Long-Term Daily Gridded Precipitation Dataset for Asia Based on a Dense Network of Rain Gauges. Bulletin of the American Meteorological Society, 93 (9): 1401-1415.

Yeh T C, Wetherald R T, Manabe S. 1983. A model study of the short-term climatic and hydrologic effects of sudden snow cover removed. Monthly Weather Review, 111 (5): 1013-1024.

Yen Yin-Chao. 1962. Effective thermal conductivity of ventilated snow. J. Geophys. Res. , 67 (3): 1091-1098.

Yu R, Jin X, Zhang X. 1995. Design and numerical simulation of an Arctic Ocean circulation and thermodynamic sea-ice model. Advances in Atmospheric Sciences, 12 (3): 289-310.

Yuxiang Z, Yihui D. 2009. Simulation of the influence of winter snow depth over the Tibetan Plateau on summer rainfall in china. Chinese Journal of Atmospheric Sciences, 33 (5): 903-915.

Zhang J, Iii W D H. 1997. On an efficient numerical method for modeling sea ice dynamics. Journal of Geophysical Research Atmospheres, 102 (C4): 8691-8702.

Zhang J, Rothrock D A. 2003. Modeling global sea ice with a thickness and enthalpy distribution model in generalized curvilinear coordinates. Monthly Weather Review, 131 (5): 845.

Zhang T J. 2005. Influence of the seasonal snow cover on the groundthermal regime: An overview. Reviews of Geophysics, 43 (4): 589-590.

Zhang T, Barry R G, Knowles K, et al. 2003. Distribution of seasonally and perenially frozen ground in the Northern Hemisphere. International Conference on Permafrost. Swets&Zeitlinger.

Zhang X, Sun S, Xue Y. 2007. Development and testing of a frozen soil parameterization for cold region studies. Journal of Hydrometeorology, 8 (4): 690-701.

Zhang X H, Gao Z Q, Wei D P. 2012. The sensitivity of ground surface temperature prediction to soil thermal properties using the simple biosphere model (SiB2). Advances in Atmospheric Sciences, 29 (3): 623-634.

Zhang Y, Lu S. 2002. Development and validation of a simple frozen soil parameterization scheme used for climate model. Advances in Atmospheric Sciences, 19 (3): 513-527.

Zhang Y, Chen W, Cihlar J. 2003. A process-based model for quantifying the impact of climate change on permafrost thermal regimes. Journal of Geophysical Research Atmospheres, 108 (D22): 2025-2041.

Zhao L, Gray D, Male D. 1997. Numerical analysis of simultaneous heat and mass transfer during infiltration into frozen ground. Journal of Hydrology, 200: 345-363.

Zhao L, Cheng G D, Li S X, et al. 2000. The freezing and melting process of the permafrost active layer near Wu Dao Liang region on Tibetan Plateau. Chinese Science Bulletin, 45 (1): 1-5.

Zhao L, Wu Q, Marchenko S S, et al. 2010. Thermal state of permafrost and active layer in Central Asia during the international polar year. Permafrost & Periglacial Processes, 21 (2): 198-207.

Zhao P, Xu X, Chen F, et al. 2017. The Third Atmospheric Scientific Experiment for Understanding the Earth-Atmosphere Coupled System over the Tibetan Plateau and Its Effects. Bulletin of the American Meteorological Society, 99: 757-776.

Zhou J, Wang L, ZhangY, et al. 2015. Exploring the water storage changes in the largest lake (Selin Co) over the Tibetan Plateau during 2003-2012 from a basin-wide hydrological modeling. Water Resources Research, doi: 10. 1002/2014WR015846.

Zhou T, Yu R, Chen H, et al. 2008. Summer precipitation frequency, intensity, and diurnal cycle over China: A comparison of satellite data with rain gauge observations. Journal of Climate, 21 (2007): 3997-4010.

Zimov S A, Schuur E A G, Chapin F S. 2006. Climate change: Permafrost and the global carbon budget. Science, 312 (5780): 1612-1613.

Zubov N N. 1945. Ldy Arkliki [Arctic ice]. Moscow: Izdatel'stvo Glavsevmorputi.

Zunz V, Goosse H, Massonnet F. 2012. How does internal variability influence the ability of CMIP5 models to reproduce the recent trend in Southern Ocean sea ice extent? Cryosphere, 7 (2): 451-468.

Zunz V, Goosse H, Dubinkina S. 2013. Decadal predictions of Southern Ocean sea ice: Testing different initialization methods with an Earth-system Model of Intermediate Complexity. EGU General Assembly, 15: 4938.

Zuzel J F, Cox L M. 1975. Relative importance of meteorological variables in snowmelt. Water Resources Research, 11 (1): 174-176.

Zwinger T, Moore J C. 2009. Diagnostic and prognostic simulations with a full Stokes model accounting for superimposed ice of Midtre Lovenbreen, Svalbard. The Cryosphere, 3: 217-229.